CMP BOOKS
机工IT

速学 Axure RP

产品原型设计从入门到进阶

小楼一夜听春语 编著

机械工业出版社
CHINA MACHINE PRESS

本书是一本 Axure RP 原型设计实用教程，以适合实际应用为核心思想，将完整详细的 Axure RP 知识内容融入一个完整的原型设计项目，由浅入深地引导新手了解产品原型的设计过程，通过一些独特的方法和技巧提升原型设计工作的效率与质量。全书共 7 章，包括你好 Axure RP、上手 Axure RP——基于线框草图的原型设计、让用户看到我们的原型、Axure RP 交互原型的快速实现、用 Axure RP 让产品文档更精彩、玩转 Axure RP 中的变量与函数、通过中继器实现产品原型的数据交互。

本书全彩印刷，包含 64 个案例动画（通过扫描对应二维码观看），并且提供本书案例所涉及的全套原型文件、素材等相关配套资源。

无论是新手还是有一定使用基础的读者，都能够通过本书对 Axure RP 的使用与应用获取新的认知。

图书在版编目（CIP）数据

速学 Axure RP：产品原型设计从入门到进阶 / 小楼一夜听春语编著. —北京：机械工业出版社，2023.6（2024.1 重印）

ISBN 978-7-111-73085-9

Ⅰ. ①速… Ⅱ. ①小… Ⅲ. ①网页制作工具 Ⅳ. ①TP393.092.2

中国国家版本馆 CIP 数据核字（2023）第 074194 号

机械工业出版社（北京市百万庄大街 22 号 邮政编码 100037）

策划编辑：王 斌　　责任编辑：王 斌 解 芳

责任校对：张爱妮 赵小花　　责任印制：常天培

北京机工印刷厂有限公司印刷

2024 年 1 月第 1 版第 2 次印刷

184mm×240mm・17.25 印张・428 千字

标准书号：ISBN 978-7-111-73085-9

定价：99.00 元

电话服务　　网络服务

客服电话：010-88361066　　机 工 官 网：www.cmpbook.com

010-88379833　　机 工 官 博：weibo.com/cmp1952

010-68326294　　金 书 网：www.golden-book.com

　机工教育服务网：www.cmpedu.com

前言

PREFACE

本书是《跟小楼老师学用 Axure RP 9——玩转产品原型设计》的改版。

在这一版中，删除了上一版中的人物对话，更加直截了当地介绍了知识内容，同时，也对上一版中的一些内容进行了修正。

改版后，本书不仅适合自学读者学习，同时也更适合院校作为教材使用。

本书内容如下。

第 1 章，你好，Axure RP。介绍了 Axure RP 是什么，Axure RP 的安装、基本功能、基本操作。

第 2 章，上手 Axure RP——基于线框草图的原型设计。引领读者通过一个 Web 产品设计案例——产品班网站的设计，分析并梳理产品结构，通过产品结构完成产品原型结构搭建，并进一步完善页面布局和功能组成，最终形成能够体现产品需求的线框草图。在这一章，还对元件与母版的用途进行了详细介绍，让读者能够准确地使用元件，提升原型制作的效率。

第 3 章，让用户看到我们的原型。介绍了如何把 Axure RP 制作的原型文件导出图片发布出来供用户使用。

第 4 章，Axure RP 交互原型的快速实现。介绍了交互的概念以及交互分析的方法，完成线框草图向交互原型的过渡。

第 5 章，用 Axure RP 让产品文档更精彩。介绍了如何通过 Axure RP 将产品原型更好地与产品文档相结合，以便更加明确地通过产品原型设计文件体现产品需求，方便产品设计过程中的沟通与交流。

第 6 章，玩转 Axure RP 中的变量与函数。介绍变量与函数在交互原型中的应用，体现如何通过变量与函数解决原型交互需求，提升原型制作效率，让原型有更好的扩展性与重用性。

第 7 章，通过中继器实现产品原型的数据交互。介绍 Axure RP 中继器元件的使用方法及其在高保真原型中的应用。

本书具有以下特色。

1）以实际应用为主。带领读者从 0 到 1 构建一个完整的产品原型，让读者了解 Axure RP 在产品原型设计中的具体应用。并且，还讲述了如何让产品原型结合产品文档，让产品需求表达得更加清晰、准确。

2）更加便于学习。书中加入了 64 个可以扫描二维码观看的 GIF 动画，让读者能够直观地观看操作步骤的过程演示，了解最终实现的交互效果。

3）更加易于掌握。书中采用思维导图进行交互分析。通过掌握这种方法，让读者能够快速根据交互需求完成交互分析，实现交互效果。

4）内容更加成熟。与以往的图书不同，在编写这本书之前，通过大量的实用实践和案例教学，我对 Axure RP 的功能特性以及实际应用有了更深入的了解，这都体现在了这本书中。

5）全彩印刷。本书采用四色全彩印刷，极大地提升了读者的阅读体验。

另外，本书更加注重让读者掌握实际应用中的一些方法和技巧。

其实，无论编写哪一本图书，我都在想如何让内容变得更简单易懂，如何让读者更易于掌握，如何让学习更加方便，努力为我的读者们奉献出最好的产品。

本书案例所涉及的原型文件、素材等相关配套资源可通过扫描封底二维码，关注机械工业出版社计算机分社官方微信订阅号——IT 有得聊，并回复 73085 直接获取。

小楼一夜听春语

2023 年 4 月

目录

CONTENTS

前言

第 1 章　你好，Axure RP / 1

本章将介绍 Axure RP 软件的安装，软件的功能模块，完成基本设置，并介绍软件的基本操作。

第 2 章　上手 Axure RP——基于线框草图的原型设计 / 18

通过一个完整的 Web 产品设计案例——产品班网站的设计，分析并梳理产品结构，通过产品结构完成产品原型结构搭建，并进一步完善页面布局和功能组成，最终形成能够体现产品需求的线框草图。在这一章中，还对元件与母版的用途进行了详细介绍，让读者能够灵活地使用元件，提升原型制作的效率。

第 3 章　让用户看到我们的原型 / 86

原型设计文件是供产品设计师们和产品经理们讨论产品的一个沟通交流工具，如何把产品原型设计文件发布出来供大家使用是必须掌握的内容。本章将介绍把 Axure RP 制作的原型文件发布出来供用户使用的几种方法。

第 4 章　Axure RP 交互原型的快速实现 / 98

介绍交互的概念以及交互分析的方法，完成线框草图向交互原型的过渡。

第 5 章　用 Axure RP 让产品文档更精彩 / 184

介绍如何通过 Axure RP 将产品原型更好地与产品文档相结合，以更加明确地通过产品原型设计文件体现产品需求，方便产品设计过程中的沟通与交流。

第 6 章 玩转 Axure RP 中的变量与函数 / 193

介绍变量与函数在交互原型中的应用，体现如何通过变量与函数解决原型交互需求，提升原型制作效率，让原型有更好的扩展性与重用性。

第 7 章 通过中继器实现产品原型的数据交互 / 219

介绍中继器元件的使用方法以及其在高保真原型中的应用。

尾声 / 266

第 1 章 你好，Axure RP

本章将介绍 Axure RP 软件的安装，软件的功能模块，完成基本设置，并介绍软件的基本操作。

1.1 什么是 Axure RP

Axure RP 是美国“Axure Software Solution”公司出品的一款快速原型（Rapid Prototyping）软件。

它的用户群体包括商业分析师、信息架构师、可用性专家、产品经理、IT 咨询师、用户体验设计师、交互设计师、界面设计师、软件架构师以及软件开发工程师等。

从目前的使用情况来看，Axure RP 在产品原型设计中应用最为广泛，主要用于产品需求沟通。

产品原型设计通常分为线框草图与交互原型两种形式，它们各有各的用途。

通过线框草图的内容、结构以及布局，能够说明用户将如何与产品进行交互，体现产品设计的构思、用户所期望看到的内容、内容的优先级等。

当面向产品开发人员进行需求沟通时，使用线框草图往往能够得到很好的沟通效果。

但是，当面向产品的目标用户进行需求沟通时，因为线框草图并不能够让用户亲自体验产品的功能，所以往往无法让用户确定产品的最终形态是否符合预期。

而通过交互原型，则能够让用户在产品研发之前进行产品功能的操作体验，获得用户的体验反馈以及产品功能可用性的反馈，从而避免产品开发之后产生的需求变更。

所以，在进行产品原型设计时，要考虑采用哪一种形式能够满足沟通对象的需求，以便让沟通有更高的质量和效率。

1.2 完成 Axure RP 的安装

1.2.1 软件下载

Axure RP 软件可以从软件官网（http://www.axure.com）下载。

1.2.2 软件安装

Axure RP 软件分为 Windows 和 Mac 两个版本，下载对应系统的版本后完成软件的安装。

1. Windows 系统

在 Axure RP 软件许可协议界面中勾选【I accept the terms in the License Agreement（我同意

许可协议中的条款）】，之后全部单击【Next（下一步）】按钮，就可以完成软件的安装，如图 1–1 所示。

在选择安装路径的界面中，单击【Change...】按钮，可以选择安装路径。建议使用默认安装路径，如图 1–2 所示。

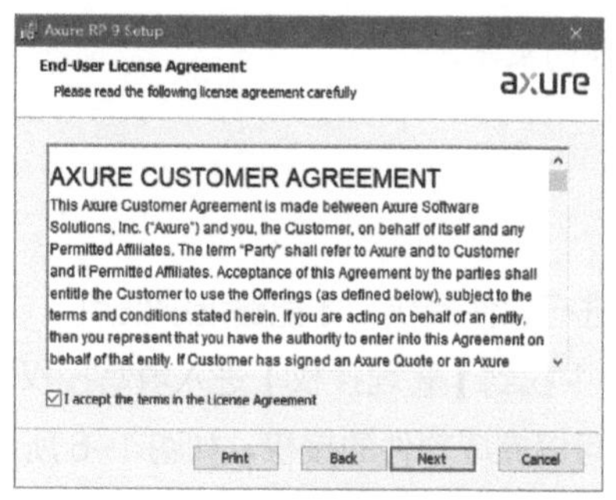

图 1–1　同意软件协议

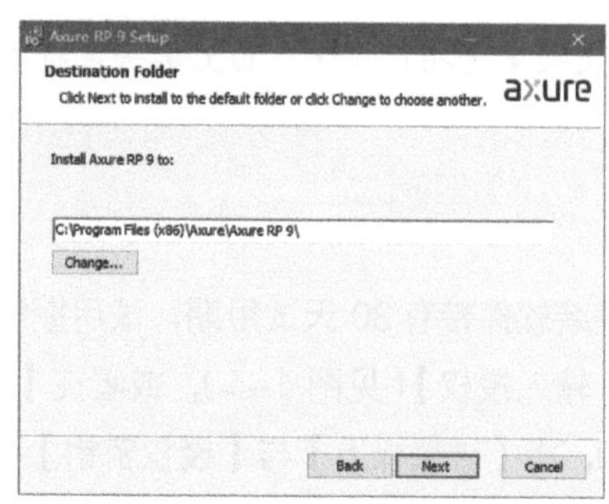

图 1–2　选择安装路径

2. Mac 系统

Mac 系统需要下载“.dmg”后缀的安装文件，双击安装程序后，将安装界面左侧的 Axure RP 图标，拖动到右侧的 Applications 文件夹图标上松开，就可以完成软件安装，如图 1–3 所示。

图 1–3　软件安装界面

1.2.3　软件汉化

软件完成安装后会是英文界面，需要添加汉化文件。

在 Windows 系统中，把下载的汉化文件压缩包解压缩，复制里面的汉化文件并粘贴到软件安装目录下进行替换，就能够完成软件的汉化。

在 Mac 系统中需要通过菜单【前往】【应用程序】，在列表中找到 Axure RP 的程序图标，在图标上单击鼠标右键，在上下文菜单中选择【显示包内容】，即可进入安装目录。操作细节可以参考汉化文件压缩包中的使用说明。

提 示

上下文菜单是指在软件界面上单击鼠标右键时所出现的菜单。

1.2.4 软件授权

首次安装软件带有 30 天试用期，试用期结束后需要进行软件授权，才能够继续使用。

单击【输入授权】(见图 1–4)，或者在【帮助】菜单中找到【管理授权】进入填写授权信息的界面 (见图 1–5)，将【被授权人】与【授权密钥】分别填入就可以完成软件的授权，如图 1–6 所示。

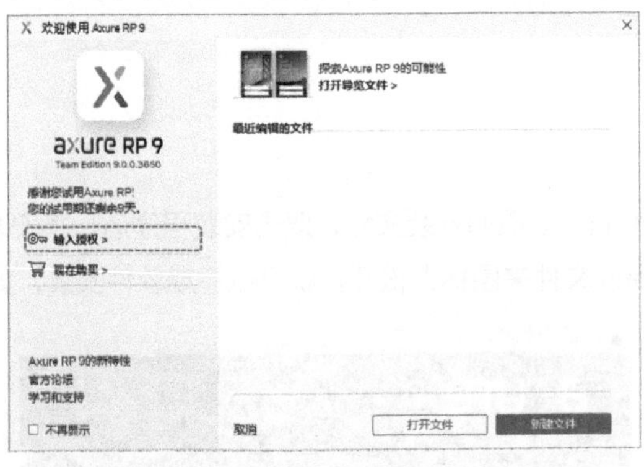

图 1–4 软件欢迎界面

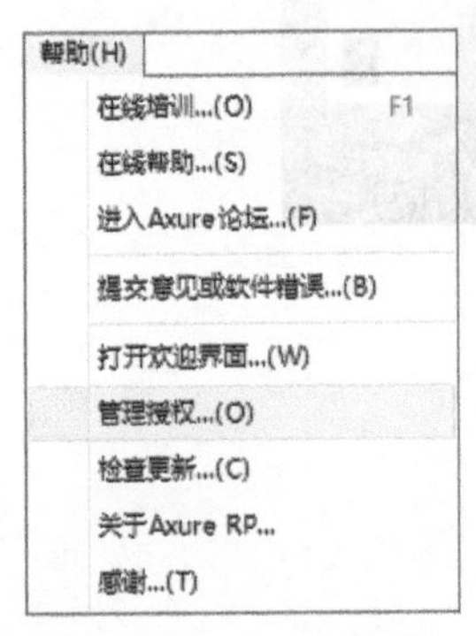

图 1–5 软件帮助菜单

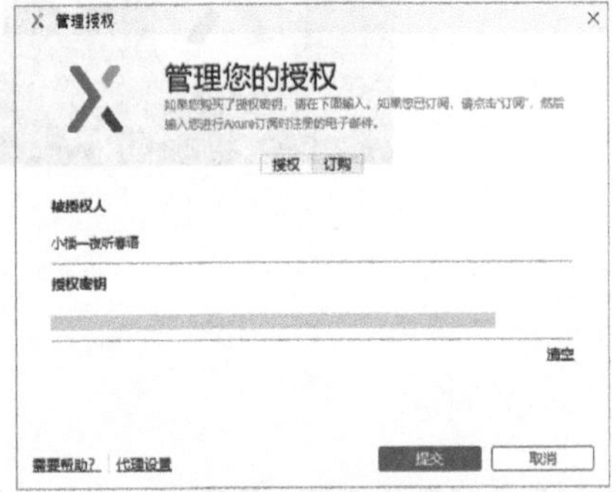

图 1–6 管理授权界面

软件授权可以通过 Axure 官网或国内软件代理商进行购买。

1.3　熟悉 Axure RP 的基本功能

不管使用什么工具，先对其有一个整体的了解才能够用好。

让我们一起了解一下 Axure RP 软件所包含的功能模块和用途。

1.3.1　快捷工具栏

工具栏中包含基本工具和样式工具，能够让我们快速完成一些必需的操作，如图 1–7 所示。

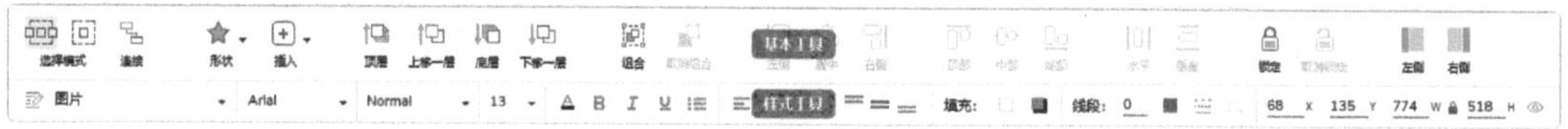

图 1–7　快捷工具栏

工具栏所包含的内容可以自定义，稍后在 1.5.2 节中进行详细讲解。

1.3.2　页面功能面板

页面模块能够进行页面以及页面文件夹的添加、删除、排序、层级等管理操作。另外，上下文菜单中还能够进行【重复】页面与子页面、改变【图表类型】以及【生成流程图】的操作，如图 1–8 所示。

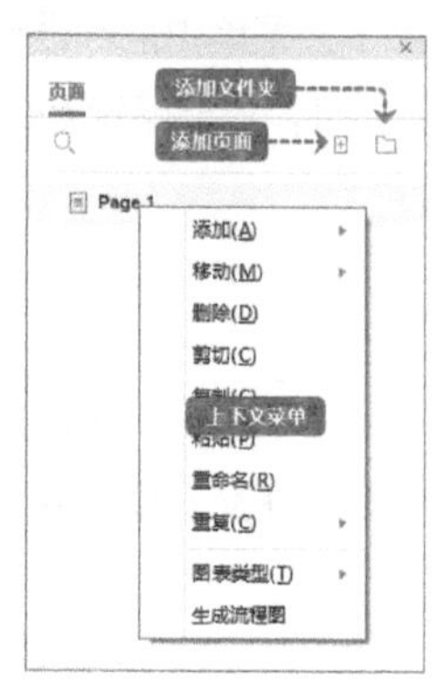

图 1–8　页面功能面板

1.3.3　元件功能面板

元件是组成页面内容的基本元素。

元件模块可以对元件库进行选择、添加、移除、查找、编辑等操作。并且，从 Axure RP 9 开始，支持将一个图片文件夹作为元件库进行管理与使用，如图 1–9 所示。

软件自带了 3 个元件库，分别是默认元件库（Default）、流程元件库（Flow）和图标元件库（Icons）。另外，还附带了一些 UI 设计范例（Sample UI Patterns）。

关于自带元件库中元件的用途，在之后我们再做详细介绍。

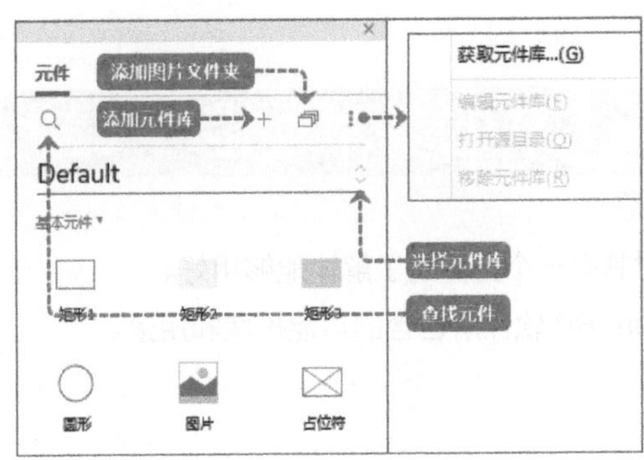

图 1–9　元件功能面板

1.3.4　母版功能面板

母版是用来实现原型中某一部分重复出现内容的重用，以此来提高原型制作与修改的效率。

母版模块能够对母版以及母版文件夹进行添加、删除、排序、层级等管理操作。

上下文菜单中能够进行【重复】母版与子母版、将母版【添加到页面中】以及【从页面中移除】的操作。并且，还能够查看母版在页面中的【使用情况】，如图 1–10 所示。

1.3.5　交互功能面板

在交互模块中，可以添加、删除、编辑各类交互（页面与元件）以及元件的交互样式。

并且，在交互模块中可以进行元件属性的设置以及打开交互编辑器，如图 1–11 所示。

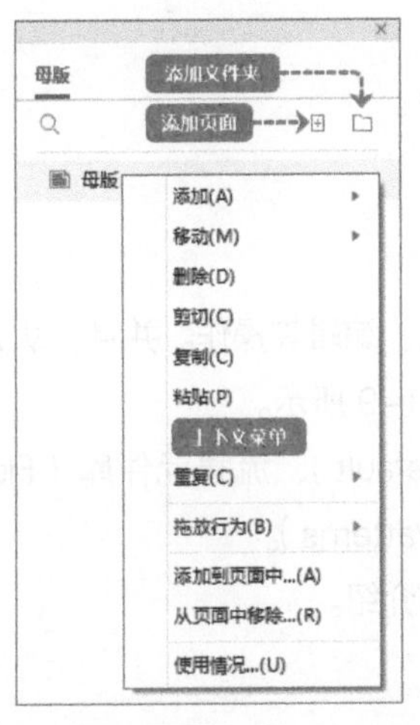

图 1–10　母版功能面板

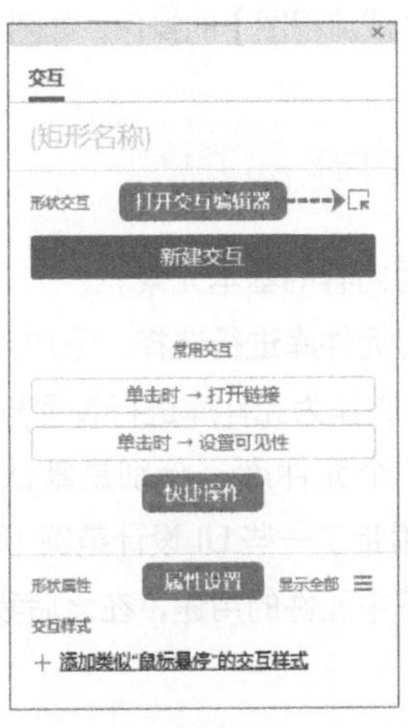

图 1–11　交互功能面板

在 Axure RP 中提供了两种添加交互的方式，既可以直接在交互功能面板中添加，也可以打开交互编辑器进行添加，添加交互的功能采用的是渐进式设计，也就是当用户完成某一步操作，软件会自动转到下一步操作的操作位置。这样的设计对新手更加友好。

1.3.6　样式功能面板

页面与元件默认呈现的样式，需要在样式模块中进行设置。

页面样式主要包括【页面尺寸】设置、查看原型时的【页面排列】方式的设置以及页面背景【颜色】和背景【图片】的设置。另外，还能够将页面转换为【低保真度】的黑白色页面，如图 1–12 所示。

元件样式主要包括元件的【位置和尺寸】、【不透明性】、文本【排版】、【填充】的颜色或图片、【线段】(边框)、【阴影】、【圆角】以及文字与边框的【边距】设置，如图 1–13 所示。

图 1–12　页面样式功能面板

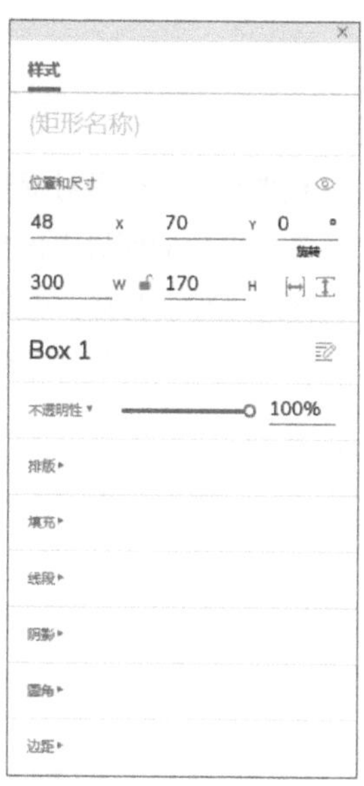

图 1–13　元件样式功能面板

不过，以上仅仅是各个元件比较通用的样式设置，不同元件的样式存在区别，在之后的原型制作过程中，再进行详细的介绍。

1.3.7　说明功能面板

在 Axure RP 中，可以为元件和页面添加一些注释说明，这些说明可以包含在生成的原型或文档中，方便用户查看，如图 1–14 所示。

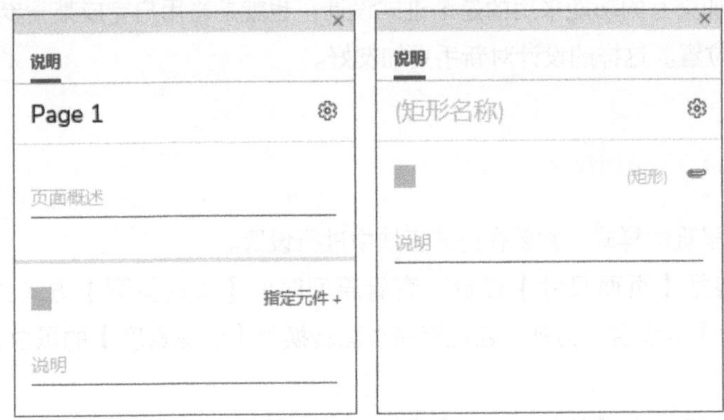

图 1–14　页面与元件说明功能面板

1.3.8　概要功能面板

概要功能面板是对提升原型工作效率非常重要的模块。

在概要功能面板中包含当前编辑页面中所有的元件内容，并且可以对这些元件进行选择、编辑、排序、筛选、层级调整、重命名以及通过上下文菜单进行属性设置等操作。并且，在概要功能面板中可以有条件地显示指定类型的元件内容，如图 1–15 所示。

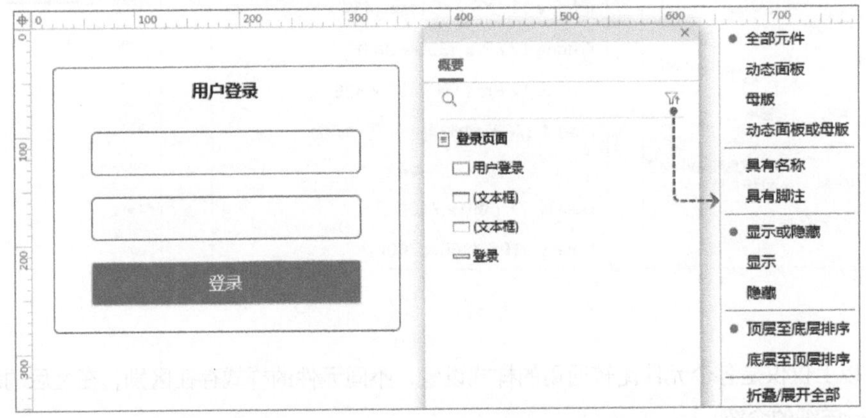

图 1–15　概要功能面板

最后，有一点非常重要，各个功能面板中内容的排序与层级调整都可以通过拖动或上下文菜单中的选项来完成（元件与样式除外）。

1.3.9　画布

软件的中央区域是画布，我们所绘制的原型就在这一区域完成，如图 1–16 所示。

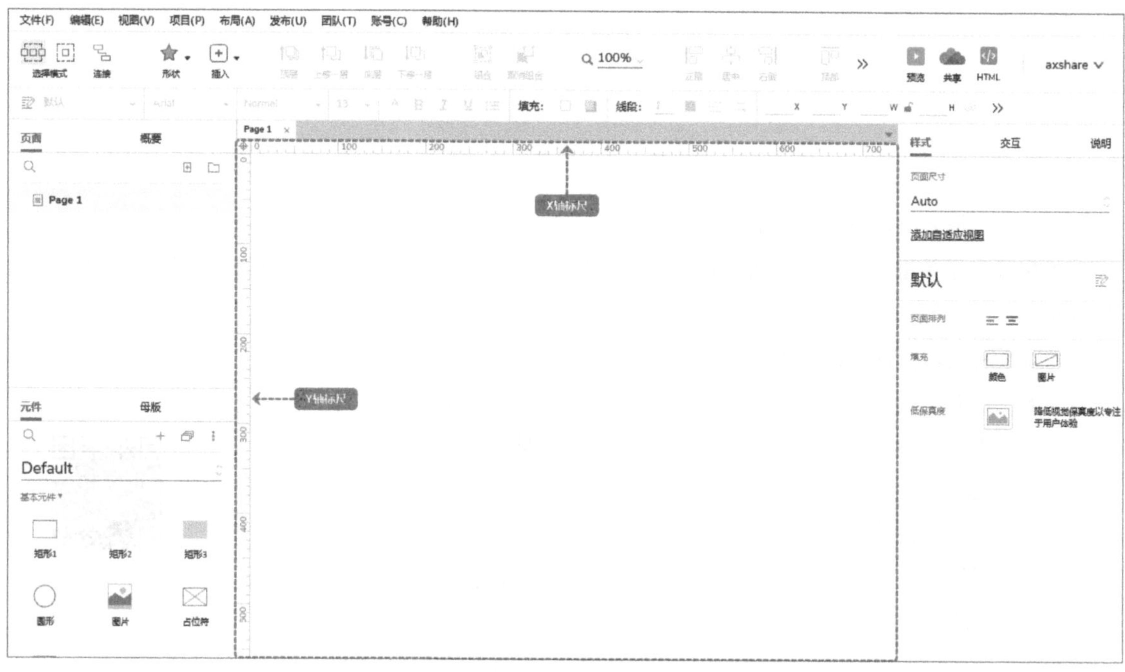

图 1–16　画布与标尺

画布的上方与左侧分别是 X 轴与 Y 轴的标尺，单位为像素。

我们能够看到，X 轴标尺的数值是向右变大，Y 轴标尺的数值是向下变大。

所以，在一些操作的设置中，在 X 轴填入正数值是向右，填入负数值是向左。而在 Y 轴填入正数值是向下，填入负数值是向上。

另外，在 Axure RP 中，画布支持显示负坐标区域，如图 1–17 所示。

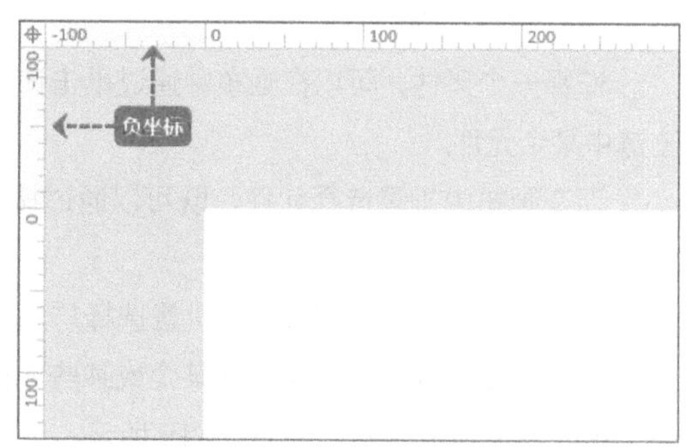

图 1–17　画布的负空间

1.4 画布中的操作技巧

1.4.1 元件的操作

1. 添加元件

元件通过拖入操作添加到画布中。

如果开启了单键快捷键，也可以按一下单键快捷键，在画布中通过拖动添加相应尺寸的元件。（案例动画 1）

添加元件的单键快捷键如下。

动画 1

添加元件到画布

- R：矩形。
- O：圆形。
- T：文本。
- L：线段。
- P：绘画。

另外，使用单键快捷键还可以进行以下操作。

- S：图片切割。
- C：图片裁剪。
- X：创建交互。
- N：添加说明。
- >：预览原型。
- /：发布原型到 Axure 云。
- 0：元件透明度 0%与 100%切换。
- 1～9：元件透明度 10%～90%。

2. 选择元件

选择一个元件，可以在画布中通过单击该元件选中它，也可以在【概要】功能面板的元件列表中单击选中某个元件。

而在画布中批量选择元件，既可以通过按〈Ctrl〉键后单击多个元件进行选择，还可以通过划选的方式完成。

默认情况下，通过划选能够批量选择与划选区域相交的元件。

如果需要划选区域完全包含某个或某些元件时才能够选择，可以在工具栏中将选择模式由【相交选中】更改为【包含选中】，如图 1-18 所示。

另外，还可以在画布空白处任意一处单击鼠标右键，在上下文菜单中单击【选择上方全部】或【选择下方全部】来批量选择元件，如图 1-19 所示。

图 1–18　选择元件

图 1–19　批量选择元件

3. 复制元件

通过通用快捷键〈Ctrl+C〉进行复制，再通过〈Ctrl+V〉快捷键粘贴，即可复制元件。(案例动画 2)

动画 2

复制元件的操作

另外，也可以通过〈Ctrl+D〉快捷键进行复制。还可以按住〈Ctrl〉快捷键不放，通过拖动元件进行复制。

1.4.2　画布的操作

1. 返回原点

单击画布标尺交界处的准星图标或者按〈Ctrl+9〉快捷键，即可让画布快速回到原点，如图 1–20 所示。

如果单击准星图标没有反应，可能是中文输入法的状态栏导致的。可以通过隐藏输入法的状态栏解决。

2. 移动画布

我们可以拉动滚动条移动画布的位置，也可以按〈Spacebar〉键的同时拖动画布进行移动。

另外，使用键盘的〈↑〉、〈↓〉、〈←〉、〈→〉键也可以进行画布移动。

3. 画布比例

画布比例的缩放可以通过工具栏选择缩放比例，也可以通过〈Ctrl〉键配合鼠标滚轮或者〈Ctrl〉键配合〈+〉与〈–〉进行缩放，如图 1–21 所示。

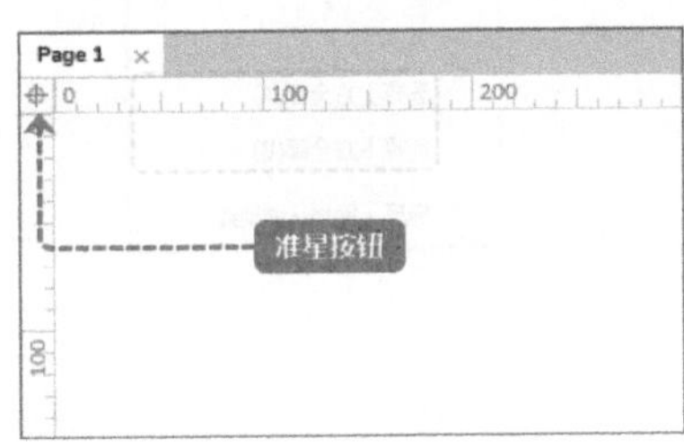

图 1–20　返回原点

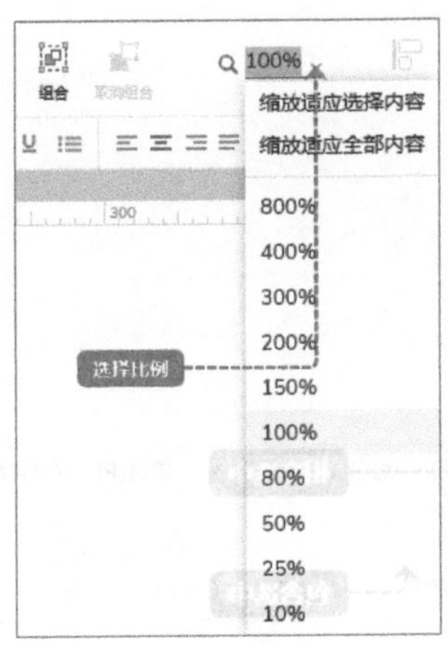

图 1–21　调整画布缩放比例

1.4.3　辅助线的操作

1. 添加辅助线

在画布左侧与顶部的标尺上按住鼠标左键拖动即可出现辅助线。

一些特定的辅助线可以在画布中单击鼠标右键，在上下文菜单的【标尺・网格・辅助线】二级选项中进行选择。（案例动画 3）

动画 3

辅助线的操作

2. 删除辅助线

不需要的辅助线可以拖动到标尺外删除，或者用鼠标指针单击辅助线不松开，按〈Delete〉键删除。还可以通过划选的方式选中多条辅助线，按〈Delete〉键删除。

3. 锁定辅助线

在画布空白处单击鼠标右键，在上下文菜单中可以选择【锁定】辅助线，锁定的辅助线将无法拖动和选中。

1.4.4　页面标签的操作

1. 切换页面

画布上方会显示所有打开页面的标签按钮，单击这些按钮就可以快速切换页面，如图 1–22 所示。

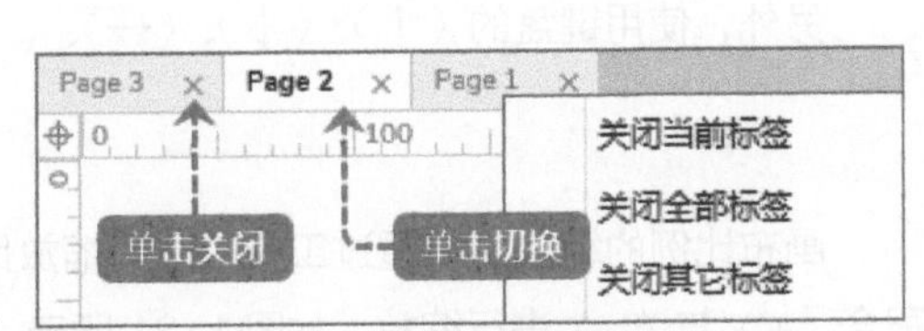

图 1–22　页面标签操作

2．关闭页面

单击页面标签按钮上的关闭（×）图标即可关闭页面，也可以在按钮标签上单击鼠标右键，在上下文菜单中可以进行关闭操作，如图 1–22 所示。

1.5　让 Axure RP 更易用——设置基本工作环境

在使用软件之前，先完成一些基本的设置，这样软件用起来才方便。

1.5.1　偏好设置

在软件的【文件】菜单中，我们能够进行【偏好设置】，如图 1–23 所示。

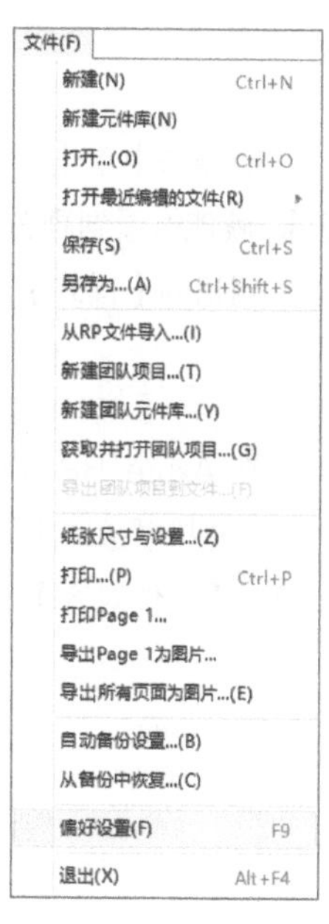

图 1–23　文件菜单

1．画布设置

在【画布】选项卡中，可以更改软件的【外观】为【明亮模式】或者【黑暗模式】，这个可以根据个人喜好选择，如图 1–24 所示。

另外还有一些选项可以根据个人需求或喜好进行设置。

【启用单键快捷键】会导致无法直接在元件上输入文字，必须通过双击元件或者在元件上按下〈Enter〉键，才能够进行输入。也可以在上下文菜单中选择【编辑文本】进行输入。

不过，如果启用【启用单键快捷键】，可以通过按下一个按键进行相应的操作，如添加元件、创建交互、调整透明度以及发布原型等。

【隐藏画布滚动条】的选项启用时，画布的底部与右侧将不会出现滚动条滑块，无法再通过拖动滚动条滑块移动画布位置。可以通过按住〈Spacebar〉不放，拖动画布进行位置的调整。Axure RP 中的画布支持负边界，很难通过拖动滚动条滑块回到画布原点。但是，有时需要快速定位到画布的某个位置，还是通过拖动滚动条比较方便。

如果不需要在画布的负空间中添加内容，建议将【启用画布负空间】项关闭，以免在编辑原型内容时产生干扰。

2．网格设置

【网格】选项卡中可以设置画布中的网格样式为【线段】或【交点】，并且能够设置线段和交点的【间距】与【颜色】，如图 1–25 所示。

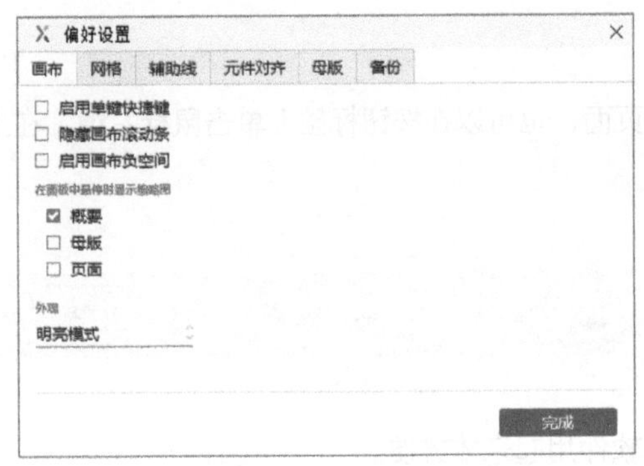

图 1–24　常规设置

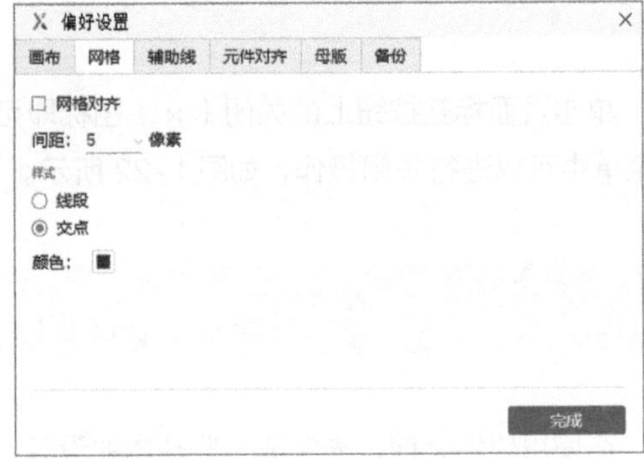

图 1–25　网格设置

在画布中单击鼠标右键，然后上下文菜单中，【标尺・网格・辅助线】的二级菜单中选择【显示网格】，就能够看到画布中出现了网格，如图 1–26 所示。

网格的【样式】建议选择【交点】，选择【线段】会显得非常混乱。

3. 元件对齐设置

在 Axure RP 8 中有一项设置叫作边界对齐，能够选择边框重合或者边框并排。这项设置决定了两个元件并排摆放时中间线段的粗细。但是，在 Axure RP 9 之后的版本中已经没有了这项设置。我们可以通过【元件对齐】选项卡中的【边缘对齐】选项进行设置，来达到同样的效果，如图 1–27 所示。

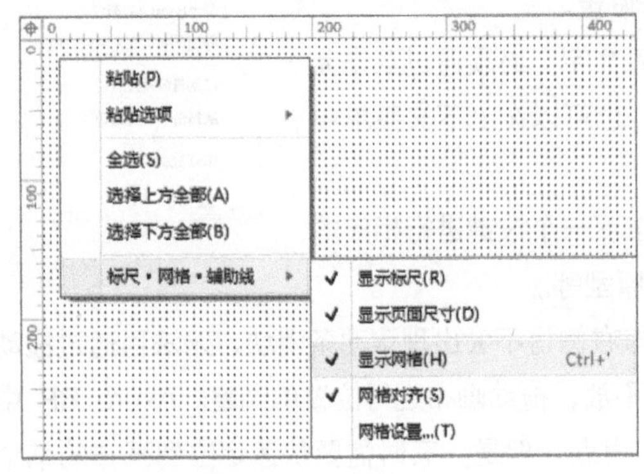

图 1–26　显示网格

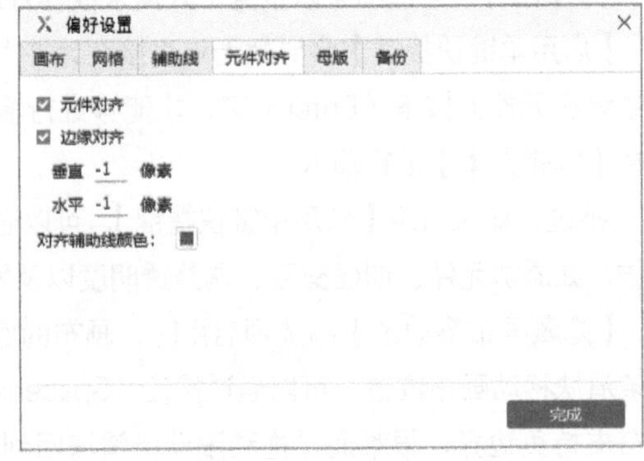

图 1–27　元件对齐设置

启用【边缘对齐】选项，【垂直】和【水平】的数值都填入“–1”。在摆放元件的时候即可达到边框重合的效果。

如果需要边框并排效果的话，【垂直】和【水平】的数值都填入“0”即可。

4. 备份设置

【启用备份】的选项是默认开启的，建议不要关闭。并且，建议将时间间隔由默认的“15”分钟修改为“5”分钟。这样，软件就会每隔 5 分钟帮我们保存一下当前编辑的文件，如图 1-28 所示。如果发生断电、计算机故障以及误操作等情况导致文件未手动保存或者文件丢失，我们都可以从【文件】菜单中选择【从备份中恢复】选项，找回最近自动备份的文件，如图 1-29 所示。

图 1-28　备份设置

图 1-29　从备份中恢复文件

1.5.2　视图设置

软件的工具栏可以进行自定义设置，以方便我们使用。

1. 工具栏设置

在【视图】菜单的【工具栏】二级菜单中，选中【基本工具】和【样式工具】，如图 1-30 所示。再单击【自定义基本工具列表】(见图 1-30)，在列表中根据需求进行工具的选择，如图 1-31 所示。

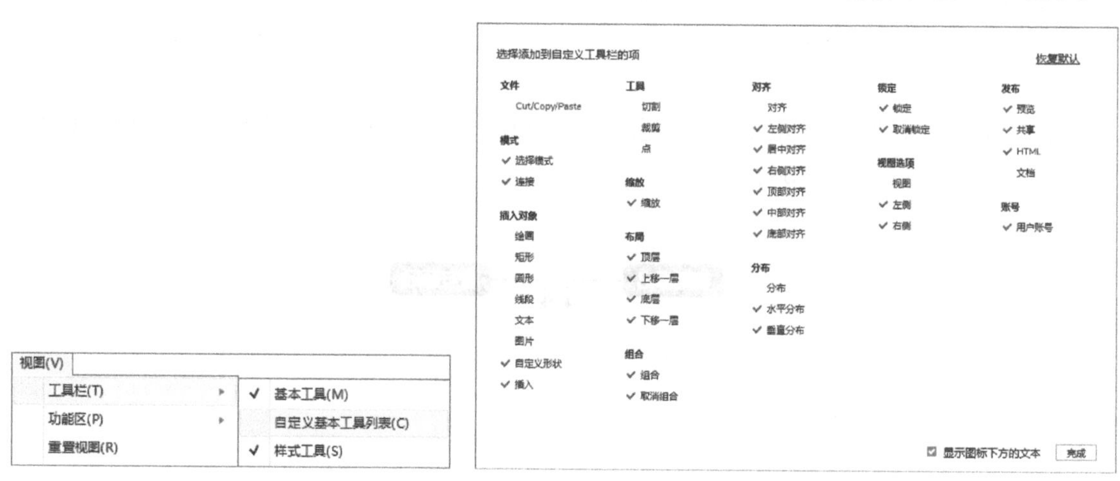

图 1-30　工具栏菜单

图 1-31　自定义基本工具列表

2. 功能区设置

在【功能区】二级菜单中可以打开或关闭指定的功能模块，因为这些功能模块全部都能用到，所以建议全部选中，如图 1–32 所示。

3. 重置视图

【重置视图】能够将软件的所有功能模块全部打开，并恢复初始位置与尺寸，如图 1–33 所示。

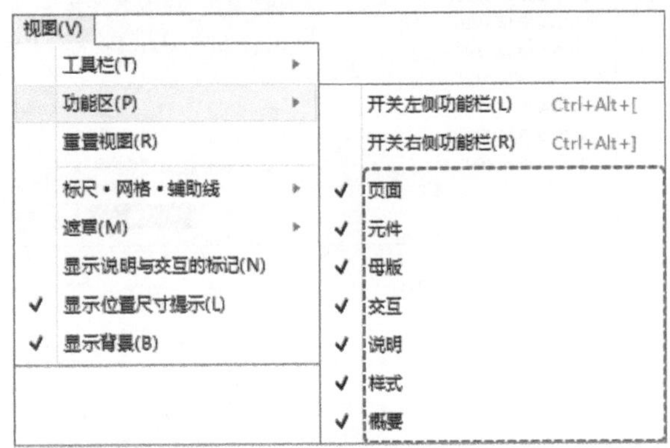

图 1–32 功能区菜单

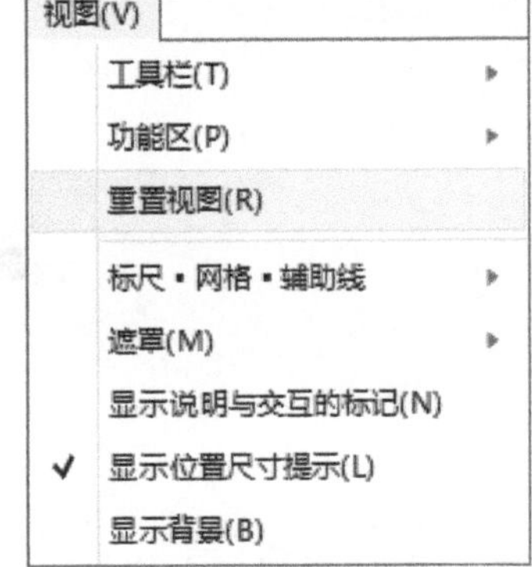

图 1–33 重置视图

4. 遮罩设置

【遮罩】二级菜单中可以选择透明或隐藏元件以及母版的遮罩颜色，方便我们在画布中进行编辑，建议保持默认（全部选中）。

5. 显示说明与交互的标记

标记是指元件添加交互或说明之后，在元件右上角出现的提示图标。如果影响编辑时的视觉感受，可以将此项取消选中，如图 1–34 所示。

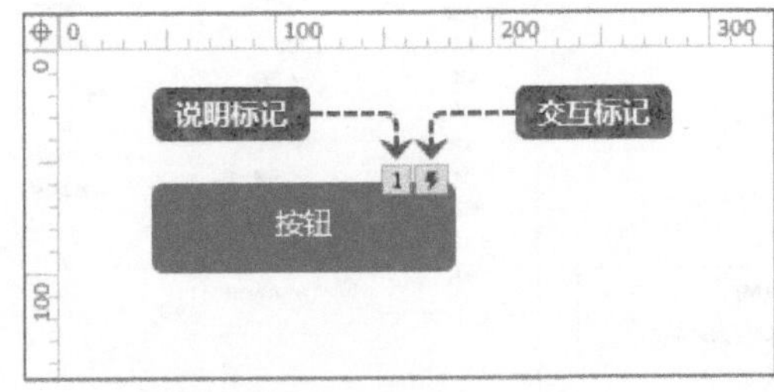

图 1–34 说明与交互图标

6. 显示背景

【显示背景】是指在画布中显示样式功能面板中为页面【填充】的背景【图片】或【颜色】，如果背景影响编辑，可以取消选中。

1.6　认识 Axure RP 的文件类型

Axure RP 相关的文件类型如下（见图 1–35）。

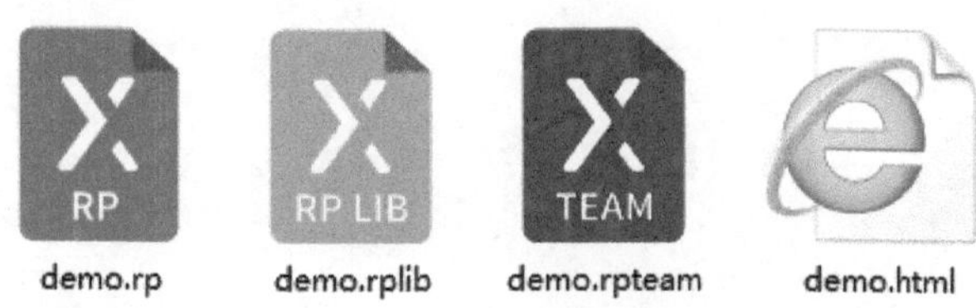

图 1–35　Axure RP 相关的文件类型

- .rp：原型项目的源文件。
- .rplib：元件库文件。
- .rpteam：团队项目源文件。
- .html：通过源文件生成的网页文件。

在软件导航栏的【文件】菜单中，能够进行文件的打开、新建与保存，也可以从其他源文件导入原型内容到当前文件。

第 2 章
上手 Axure RP——基于线框草图的原型设计

通过一个完整的 Web 产品设计案例——产品班网站的设计，分析并梳理产品结构，通过产品结构完成产品原型结构搭建，并进一步完善页面布局和功能组成，最终形成能够体现产品需求的线框草图。在这一章中，还对元件与母版的用途进行了详细介绍，让读者能够灵活地使用元件，提升原型制作的效率。

2.1　了解思维导图工具——Xmind

从现在开始，我们一起完成一个名为“产品班”网站的原型开发。

但是，一个产品的原型不是随随便便画出来的，我们需要先完成产品页面框架的搭建，然后还需要规划每个页面的功能模块组成，再整理出每个功能模块所包含的元素，最后才是画原型的阶段。

产品框架相当于论文的提纲，能体现整体思路，帮助我们树立全局观念，让逻辑和关联关系更加清晰。而且有利于及时调整，避免原型出现大的返工。

产品框架的搭建并不限定使用某种工具，建议使用思维导图软件——Xmind。

2.1.1　关于 Xmind

Xmind 是一款强大的思维导图制作软件，它能跨平台支持 Windows、Mac、Linux 和 iOS 系统，能够制作思维导图、流程图、鱼骨图、二维图、树状图、逻辑图等。

2.1.2　Xmind 下载与安装

Xmind 软件下载地址为https://xmind.cn/xmind/download/。与 Axure RP 一样，软件下载之后，默认安装即可。

本书中使用的是 Xmind 8，其他版本同样可以参考本节内容使用。

2.1.3　设置图表类型

打开 Xmind 之后，选择【新建空白图】，如图 2-1 所示。

在中心主题上单击鼠标右键打开上下文菜单，在【结构】二级菜单中选择【逻辑图(向右)】的图表类型，如图 2-2 所示。

确定了图表的类型，我们就可以梳理产品的框架了。

2.1.4　基本操作

Xmind 图表中，每一级节点都叫作主题，其中中心主题是唯一的。Xmind 的基本操作可以通过上下文菜单完成，但是建议掌握快捷键的操作，具体如下。

- 添加下级主题：〈Tab〉或〈Insert〉。
- 下方添加同级主题：〈Enter〉。
- 上方添加同级主题：〈Shift+Enter〉。
- 从主题创建新画布：〈Ctrl+Alt+T〉。
- 为主题添加关联线：〈Ctrl+L〉。

另外，调整主题的位置和层级关系，可以通过鼠标拖动来完成。

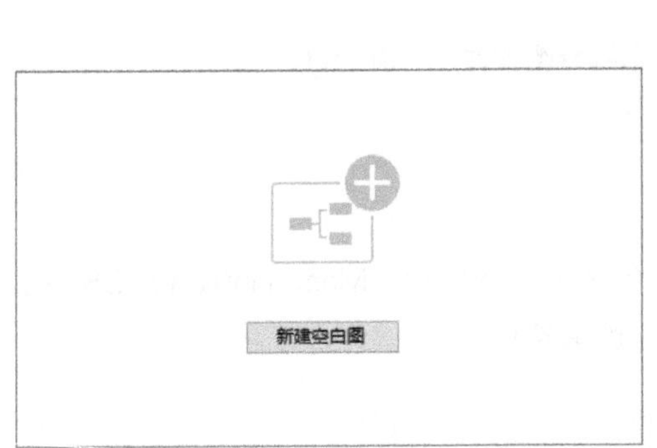

图 2–1　新建图表

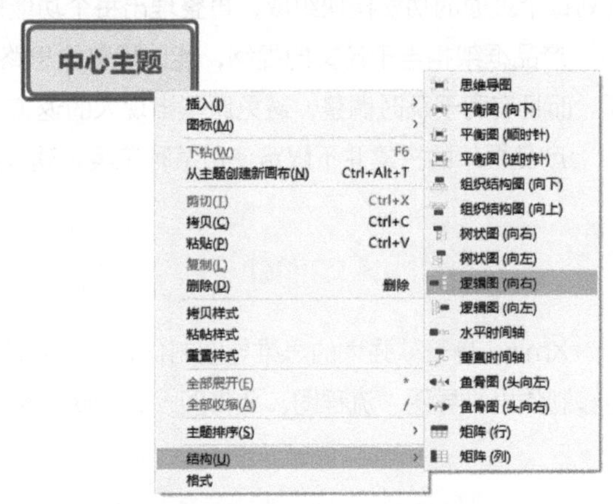

图 2–2　图表结构

2.2　使用 Xmind 建立产品结构

在产品结构中，我们需要整理出产品的页面和功能模块组成。

2.2.1　产品的页面组成

产品班是一个面向产品经理提供相关课程、原型、资源、图书与培训的网站。主要包含以下功能。

（1）免费视频

用户可以浏览免费视频列表页面，并进入在线播放页面进行学习。

（2）付费课程

用户可以浏览付费课程列表页面，并查看商品详情页。

用户可以在商品详情页购买商品，并在购买成功后进行资料下载。

（3）产品原型

用户可以浏览产品原型列表页面，并查看商品详情。

用户可以在商品详情页购买商品，并在购买成功后进行资料下载。

（4）图书

用户可以浏览图书推荐列表页面，并查看专题介绍。

（5）招生培训

用户可以浏览招生培训列表页面，并查看班期详情。

用户可以在班期详情进行培训报名，培训报名需要提供学员信息并完成费用支付。

（6）企业培训

用户可以浏览企业培训专题页面，并进行在线咨询。

（7）资源下载

用户可以浏览免费资源列表页面，并进行资源下载。

（8）用户

用户可以进行注册、登录和找回密码，并进入个人中心进行个人信息、订单以及密码的管理。

基于以上需求，我们进行页面以及功能的规划，如图 2–3 所示。

在 Web 产品结构图中，付费课程与原型都属于商品，商品详情页面可以共用，通过添加关联线表示页面间的关系。

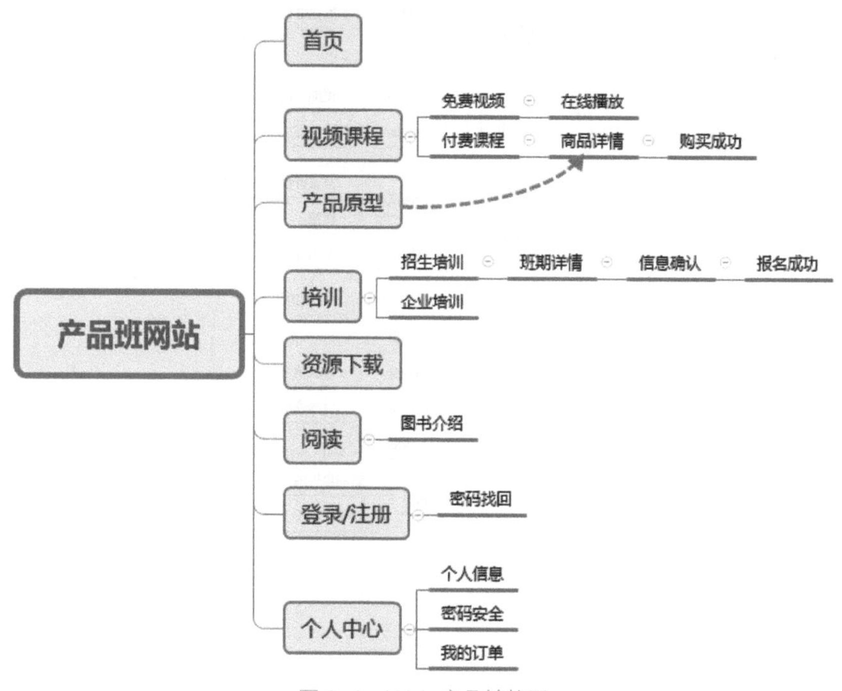

图 2–3　Web 产品结构图

从实际需求来说，这个产品做成 App 没有什么必要，不过可以作为一个练习项目来做。

如果做成 App，可以按照用户的操作进行规划。我们可以想象随着用户进入这个 App，都需要将什么内容呈现给用户进行梳理。

我们先将产品需求调整一下。

从产品需求来说，下载的需求在移动端没有什么必要存在。用户基本上不会在移动端下载资源再传到计算机上使用。而且，如果一个 App 对用户没有任何黏性，那么势必变成一个无用的产品。在移动端需要添加一些能够黏住用户的内容。

定期发布产品相关的文章、教程、资讯等都对用户有很好的黏性，所以在 App 中可以添加这样的内容，并且提供收藏的功能，方便用户查阅。

另外，首页内容更多的还是产品的展示，在 Web 端比较有用。但是，在移动端需要更精简一些，可以直接把产品列表页面作为用户进入 App 之后的首页。并且，课程与原型是两种不同分类的产品，在 Web 端导航中分开呈现，比较方便用户查看，而移动端会让导航栏变得拥挤，需要进行合并，如图 2–4 所示。

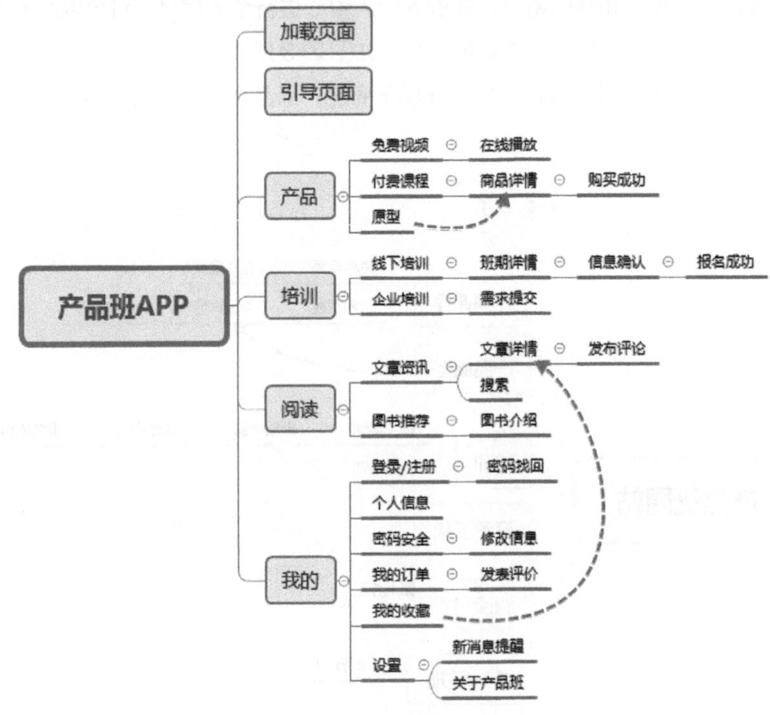

图 2–4　App 产品结构图

2.2.2　产品的功能组成

在页面结构的页面名称上选择【从主题创建新画布】的命令，快捷键是〈Ctrl+Alt+T〉，这样创建的画布会与主题带有链接。单击主题中文字后方的“C”图标，就能够进入页面的画布中。单击页面画布中的中心主题文字后方的“M”图标还能够回到页面结构的画布中，如图 2–5 所示。

以 Web 网站中的首页为例。首页中包含对站内资源的介绍以及内容的推荐，如图 2–6 所示。

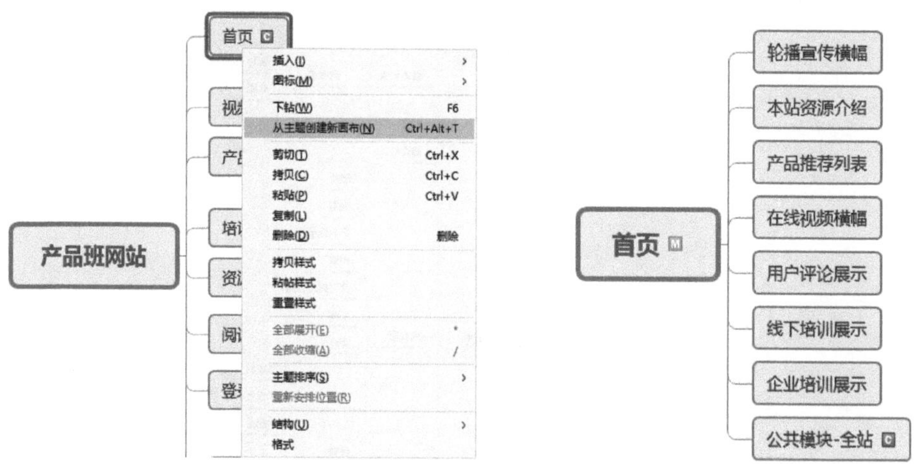

图 2–5　从主题创建新画布

图 2–6　Web 产品页面功能结构图

并且，页面中顶部的导航栏和底部内容是全站页面都带有的模块，这样的模块我们也可以使用【从主题创建新画布】操作，在新的画布中细化这些模块所包含的内容，如图 2–7 所示。

App 产品页面功能结构图如图 2–8 所示。

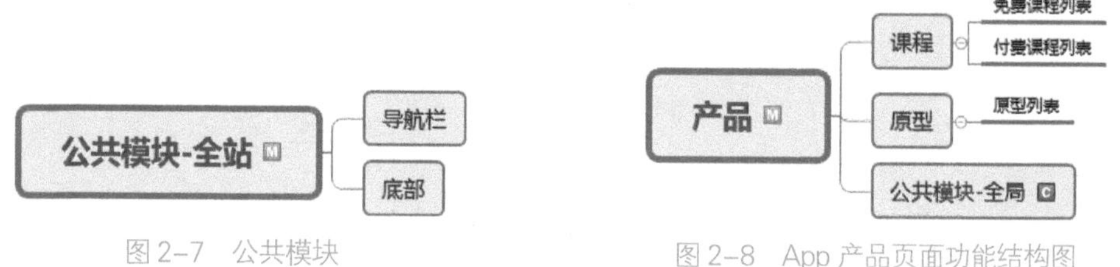

图 2–7　公共模块

图 2–8　App 产品页面功能结构图

2.2.3　产品的元素组成

每一个功能模块都是由子模块以及若干元素组成的，在页面功能组成的基础之上，可以继续对其进行细化，将元素全部添加到结构图中。

注意，我们只整理信息性和功能性的元素，无须添加视觉元素。

例如，我们添加“收藏数量”的元素，无须过多考虑是以图标加数字的形式呈现，还是单纯以数字形式呈现。这样有助于我们专注于为用户反馈什么样的信息或者提供什么样的功能，而不受视觉样式的干扰。

Web 产品首页信息结构图如图 2–9 所示。

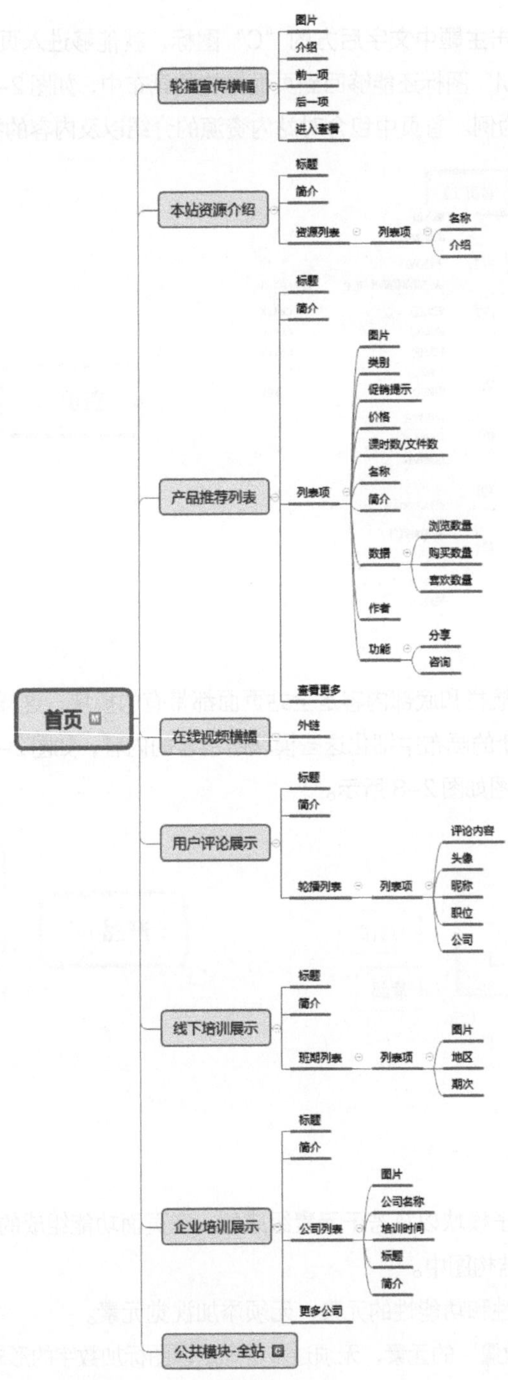

图 2–9　Web 产品页面信息结构图

App 产品页面信息结构图如图 2-10 所示。

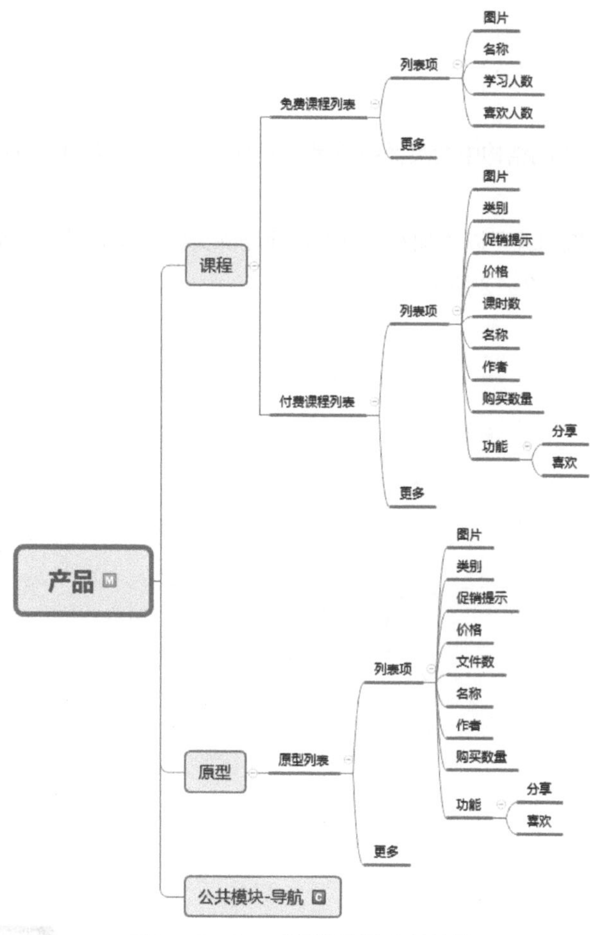

图 2-10　App 产品页面信息结构图

元素的梳理是为了更详细地表达一个模块所包含的功能以及表达的信息。通过页面、功能与元素这三个层级的梳理，最终形成的是产品的信息结构。

2.3　Axure RP 实现产品原型页面布局

完成了产品框架的梳理，就可以绘制原型了。

不过，建议在绘制原型之前，先组织相关人员进行一次产品评审，讨论产品结构是否符合需求，有没有存在遗漏、缺陷。评审过程中可以使用 Xmind 及时调整产品结构。确定无误的产品结构才可作为产品原型与文档的依据和参考，从而避免需求变更导致的设计或研发返工。

接下来，我们要绘制的原型按照梳理产品结构的步骤依次完成。

2.3.1 产品的页面组成

原型中的页面组成和产品结构中的页面组成是一一对应的关系。并且，保持相同的顺序与层级，如图 2–11 所示。

我们单击加号（+）按钮就可以添加新的页面，而删除页面可以通过上下文菜单中的【删除】选项或者〈Delete〉键实现，如图 2–12 所示。

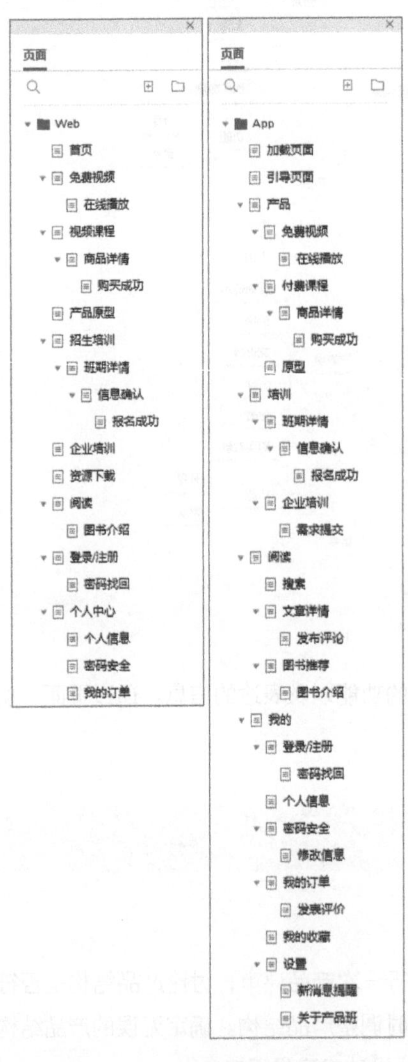

图 2–11 产品原型页面结构

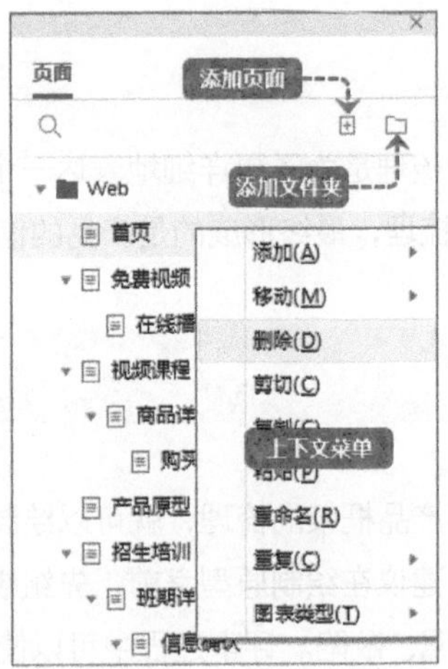

图 2–12 页面操作

在软件功能（页面、概要等）模块中编辑名称时，只需要单击选择某一项之后，再次鼠标单击该项，即可变为编辑状态。（案例动画 4）

动画 4

编辑页面名称的操作

示例中 Web 和 App 两个文件夹是为了分开存放两套不同的产品原型。

单击文件夹图标就能够添加新的文件夹（见图 2-12）。

然后，通过上下文菜单中【移动】子选项能够进行页面的排列和层级操作。不过，更加方便的是通过鼠标拖动进行调整。（案例动画 5）

动画 5

调整页面顺序与层级的操作

2.3.2　产品的功能组成

页面内功能的组成会关系到页面布局的问题。

一般来说，一个页面可以分为顶部（上部）、中部、底部（下部）、左侧、右侧五个部分，如图 2-13 所示。

但并不是每个页面都需要由这五个部分组成的。页面的布局不仅仅是因为美观需要，还因为功能的需要。例如，常见的博客布局，如图 2-14 所示。

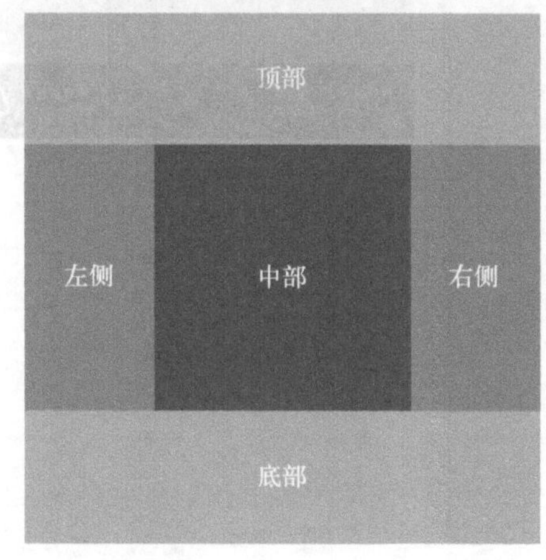

图 2-13　页面布局示例

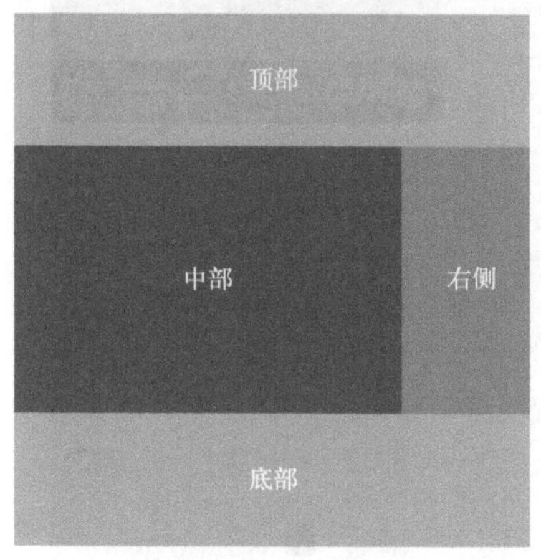

图 2-14　博客的页面布局

还有，管理后台的布局如图 2-15 所示。以及一些资讯网站的布局如图 2-16 所示。

以上这些常见的布局，只是从大的结构上进行划分。

实际上每一个部分，还可以按照 5 个部分进行细分。以 Boss 直聘的一个页面为例，大的布局划分为顶部、中部和底部，如图 2-17 所示。中部的内容再细分，可分为上部和下部，如图 2-18 所示。

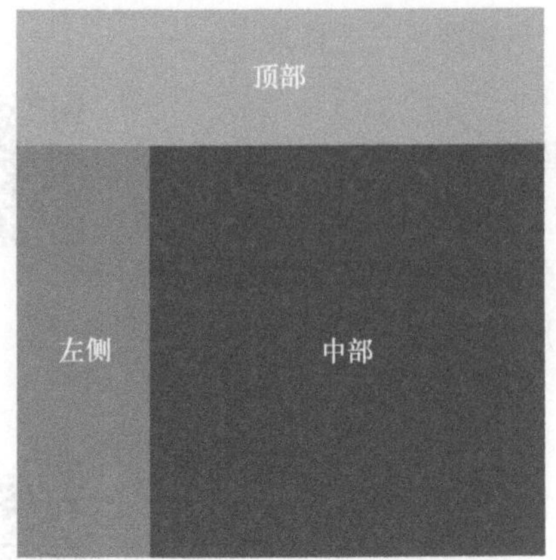

图 2-15　管理后台的页面布局

图 2-16　资讯网站的页面布局

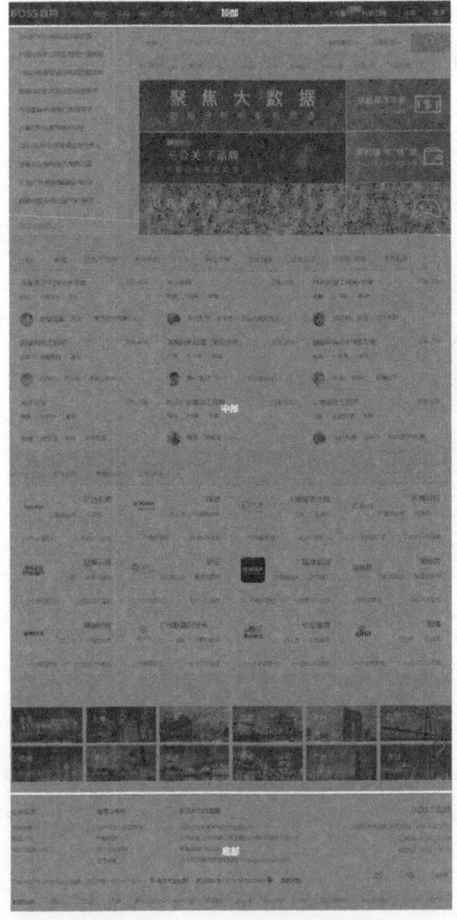

图 2-17　Boss 直聘的页面布局

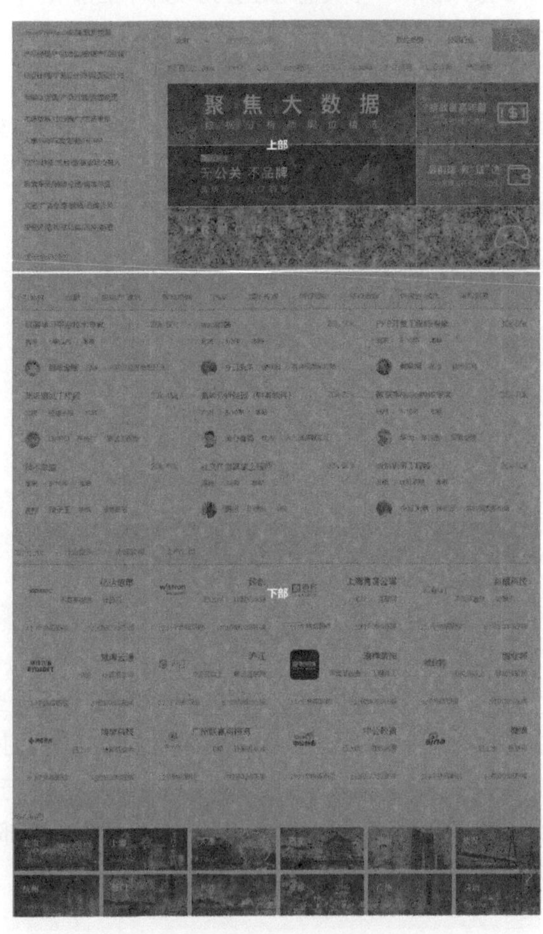

图 2-18　细分后 Boss 直聘的页面布局 1

而上部的内容再细分，还可以分为左侧、上部和下部三个部分，如图 2-19 所示。

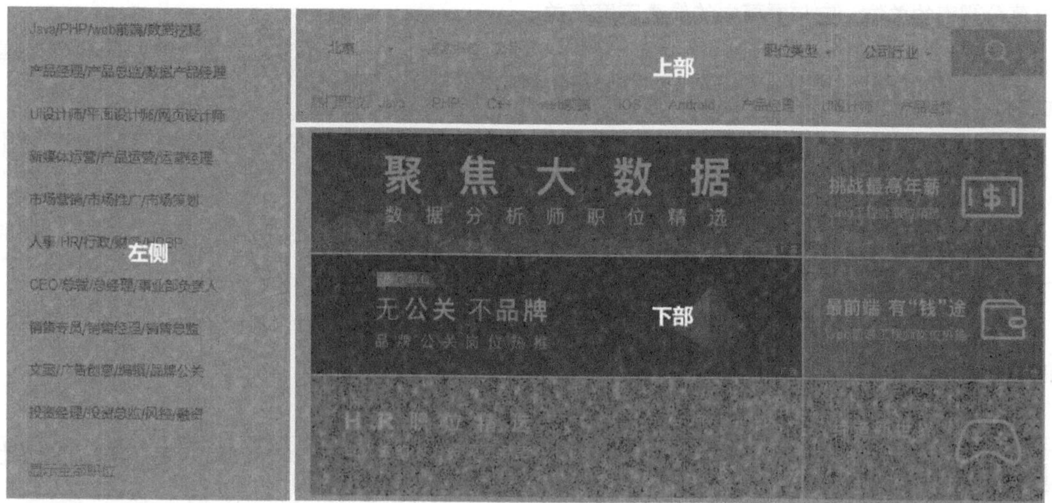

图 2-19 细分后 Boss 直聘的页面布局 2

通过前面的示例，我们能够看到一个页面就是由大大小小的多个功能模块所组成，这些根据产品需求所设定的功能模块，决定了页面如何进行布局。

2.3.3 设置产品原型的尺寸

制作原型有规范的尺寸，对于很多新手来说，这是一个常见的问题。

在 Axure RP 中提供了部分机型的原型尺寸。

1. 移动端

在页面样式功能面板中，我们可以通过选择设备类型的列表完成【页面尺寸】的设置，如图 2-20 所示。

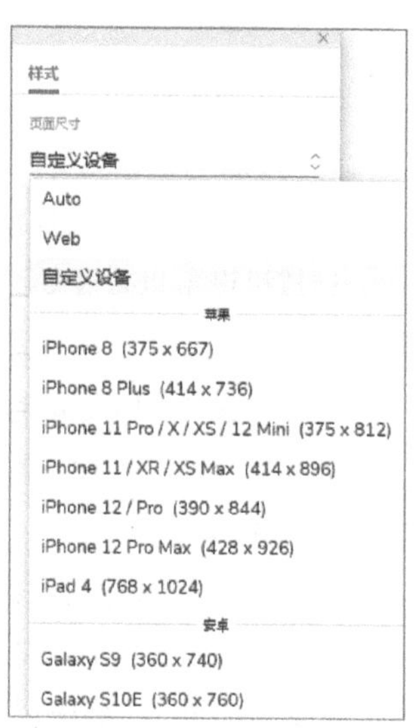

图 2-20 预置设备列表

这个页面尺寸的列表中没有包含任何国产移动设备。那么，怎么才能知道任何一个移动设备的原型页面尺寸应该是多少呢？实际上 Axure RP 所给出的原型页面尺寸是设备的逻辑分辨率。

如果我们能够获得一个设备的逻辑分辨率，就能够准确地知道原型尺寸。

但是，逻辑分辨率不同于物理分辨率。

物理分辨率代表设备物理像素（Device Pixel，DP），就是我们通常在移动设备屏幕参数中所看到的屏幕分辨率的单位，它与屏幕中的像素密度有关。

例如，红米 Note 5A 的屏幕尺寸是 5.5 英寸，分辨率是 1280×720 像素，而小米 Note 3 的屏幕尺寸也是 5.5 英寸，但分辨率是 1920×1080 像素。

很显然，这两款手机具有相同的屏幕尺寸，但分辨率却不一样，所以它们屏幕中像素的密度是不同的。这也说明物理像素并没有固定的尺寸。

逻辑分辨率代表设备独立像素或设备无关像素（Device Independent Pixels，DIP），设备独立像素是一个长度单位，它与屏幕中像素的密度无关。

我们可以将设备独立像素理解为是设备坐标系统中的一个点，这个点代表一个可以由程序使用的虚拟像素。它可以由程序转换为物理像素，转换的比例叫作独立像素比（DPR）。

转换公式为：设备独立像素×独立像素比=物理像素。

还以刚才的两款移动设备为例，红米 Note 5A 的独立像素比是 2，小米 Note 3 的独立像素比是 3。所以这两个设备的逻辑分辨率都是 360×640 像素（独立像素）。

以上内容只是说明了原型页面尺寸一些相关的概念，但具体到每一个设备的原型页面尺寸，还需要借助工具来获取。

本书资源文件中包含能够计算原型尺寸的 HTML 文件，扫描二维码打开文件链接后，即可看到该设备的逻辑分辨率，也就是原型的页面尺寸。

获取原型页面尺寸

2. Web 端

我们所说的 Web 端是指在计算机设备上打开的 Web 网站。

计算机设备的独立像素比通常是 1，也就是说物理分辨率与逻辑分辨率相同。

只是在设计 Web 端原型时，因为页面高度往往是不固定的，一般只需要考虑原型的宽度尺寸。

计算机设备也有很多不同的分辨率，目前主流的分辨率有 1920、1366、1440、1536、1600、1280 六种（按使用量排序）。

那么，这么多种设备分辨率，原型页面的宽度尺寸如何界定呢?

如果是制作水平方向全屏的页面，原型的宽度尺寸不超过设备分辨率宽度减去浏览器滚动条宽度之后的尺寸即可。

但是，不同的浏览器滚动条的宽度也是不一样的，通常取一个最大值，即 21 像素。

如果不是制作水平方向全屏的页面，一般来说网页的主要内容宽度不要超过 1200 像素。

不必担心页面主要内容只有 1200 像素时会不会显得太窄。在高分辨率的设备中，为了能够有比较好的显示效果，通常会对显示内容有一定比例的放大（DPI 适配）。

例如，Windows 10 系统中推荐将文本和应用的缩放比例设置为 125%，如图 2-21 所示。

Windows HD Color

让 HDR 和 WCG 视频、游戏和应用中的画面更明亮、更生动。

Windows HD Color 设置

缩放与布局

更改文本、应用等项目的大小

100%

125% (推荐)

150%

175%

方向

横向

图 2-21　Windows 系统个性化设置

这样缩放之后 1200 像素就会变为 1500 像素，显示效果也非常不错。

2.3.4　栅格化布局

功能模块决定了页面的组成。

如果想要页面中功能模块摆放得整齐、美观，我们还可以借助栅格功能，进行页面布局的设置。

栅格化布局，实际上就是将页面划分成若干等份（列），并设置每个等份之间的固定间隔（间隙）。

每个功能模块占据不同数量的栅格，模块间以间隙分隔。

这就需要我们先确定一个页面的最大宽度、栅格的数量以及间隙的宽度。

另外，还有内容两侧的安全边距。这个安全边距一般是间隙的倍数（如 0、0.5、1、1.5、2、2.5）。

关于栅格化，有一个计算公式：A×n-i=W。

其中，A 表示一个栅格与一个间隙的宽度；n 表示栅格的数量；i 表示间隙的宽度；W 表示页面的宽度。

栅格化布局非常常见，例如京东商城的首页，如图 2-22 和图 2-23 所示。

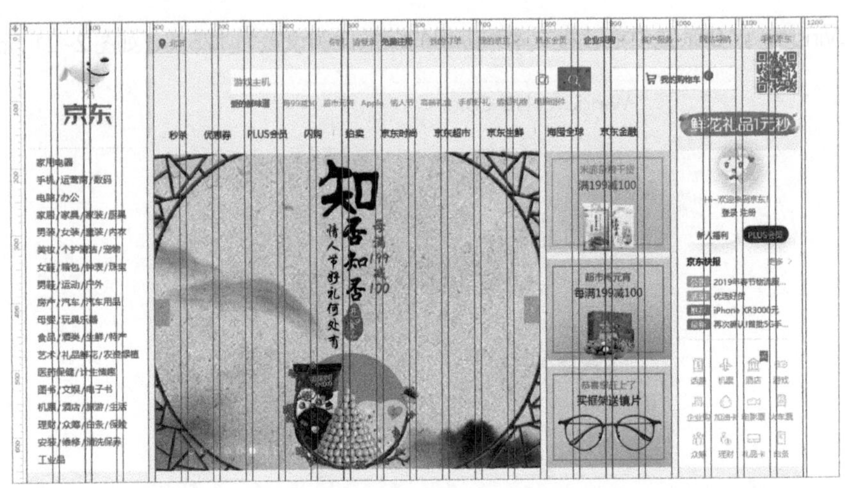

图 2-22　栅格化布局示例 1

图 2-23　栅格化布局示例 2

京东商城首页页面的最大宽度是 1200 像素，栅格数量划分为 24 列的话，栅格宽度是 40 像素，间隙宽度是 10 像素，两侧安全边距是 5 像素。

网上有一些栅格计算工具，如http://grid.guide/。我们只需要填入页面最大宽度和栅格数量以及安全边距的倍数，工具就会自动为我们推荐多种栅格的划分方案，如图 2-24 所示。

图 2-24　栅格化布局计算工具

在 Axure RP 的画布中单击鼠标右键，上下文菜单最后一项【标尺・网格・辅助线】的二级菜单中有【创建辅助线】的选项，如图 2-25 所示。

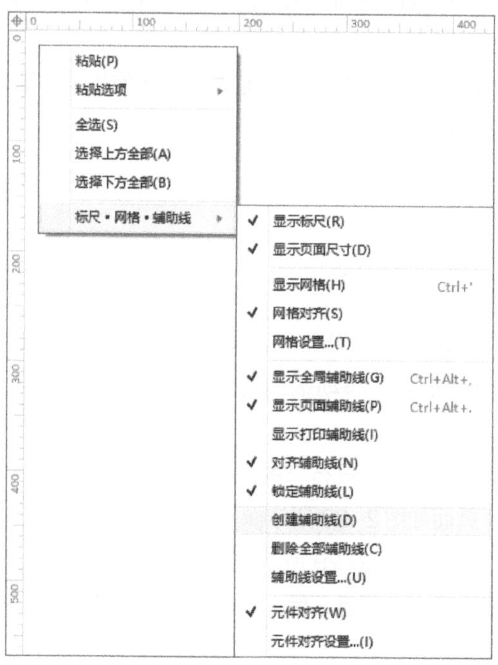

图 2-25 【标尺・网格・辅助线】菜单

在【创建辅助线】的对话框中，填写列数（栅格数量）、列宽（栅格宽度）、间隙以及边距的数值后，单击【确定】按钮，就可以完成辅助线的创建了，如图 2–26 所示。

另外，Axure RP 中也为我们预置了一些常见的栅格设置，如图 2–27 所示。

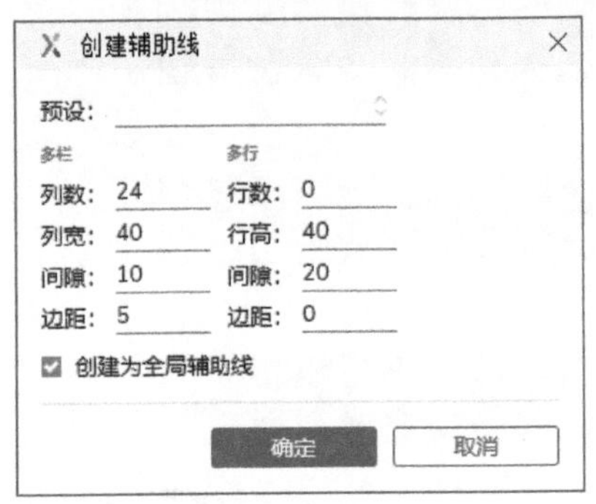

图 2–26　创建辅助线

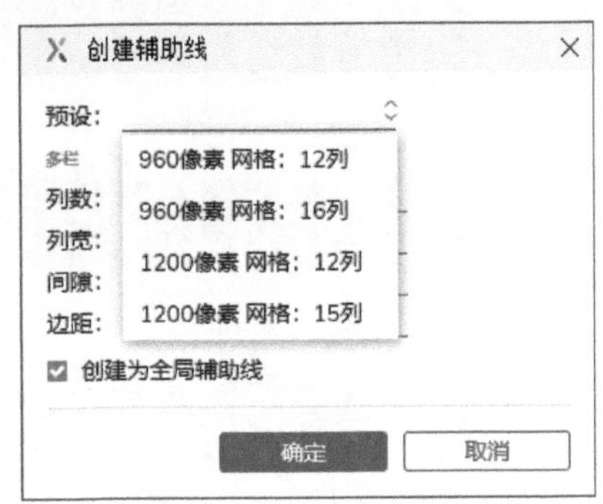

图 2–27　辅助线预设列表

那么，怎么确定栅格划分为多少列呢?

可以根据页面中不同位置所划分的列数来决定。例如页面中有的位置分为 3 列，有的位置分为 4 列，那么 12 列的栅格就可以满足我们的划分需求。如果页面中有的位置分为 3 列，有的位置分为 5 列，那么就可以使用 15 列的栅格。

栅格只是辅助我们进行页面布局，需要根据页面内容灵活使用，不要被栅格所限制。很多不采用栅格化处理的页面布局，也非常美观。

2.3.5　绘制草图

产品班的页面设置如下：

Web 端的页面宽度为 1110 像素，分为 12 列的栅格，栅格宽度为 65 像素，栅格间隙为 30 像素，页面两侧安全边距为 10 像素。移动端的界面尺寸，采用目前安卓系统中比较通用的 360×720 像素。

根据我们所梳理的产品信息结构图，进行草图的创建。

产品班网站中的“首页”页面如图 2–28 所示。

产品班 App 中的“产品”页面如图 2–29 所示。

当我们在 Axure RP 中创建了一个项目之后，切记要单击【保存】按钮或者通过快捷键〈Ctrl+S〉将项目源文件保存。

图 2-28　Web 产品页面草图

图 2-29　App 产品页面草图

2.4 别用错了那个元件——详解 Axure RP 的元件库

原型页面中的内容由元件组成。

软件自带了 3 个功能性元件库：默认元件库（Default）、流程元件库（Flow）和图标元件库（Icons），如图 2–30 所示。

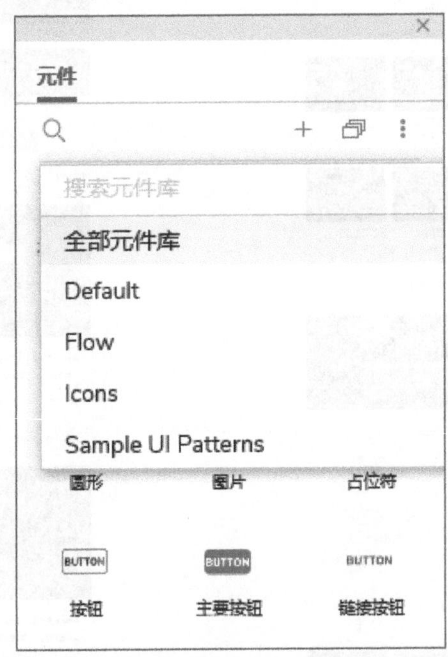

图 2–30 元件库列表

这 3 个元件库能够满足我们绘制原型的大部分需求。

另外，还附带了一些简单的 UI 设计范例（Sample UI Patterns），可供我们在原型中使用或参考。

2.4.1 图标元件库（Icons）

图标元件库中包含了大量的常用图标，将这些图标拖入画布中就能够直接使用，如图 2–31 所示。并且，这些图标都是矢量图标，改变图标的尺寸不会导致失真。

我们可以通过元件库的搜索功能找到所需要使用的图标，如图 2–32 所示。

图 2–31　图标元件库

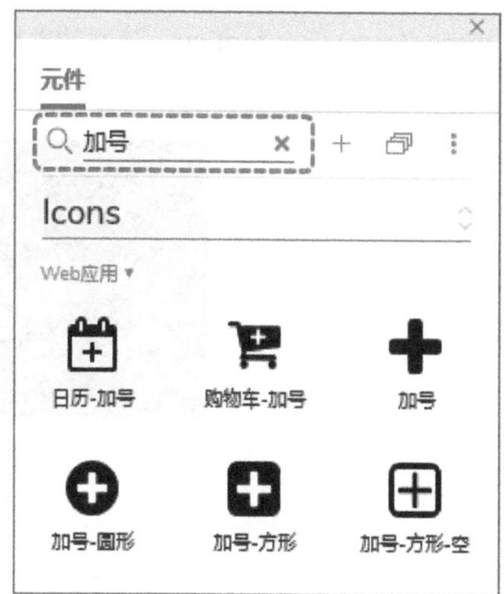

图 2–32　搜索元件

例如，产品班网站“视频课程”页面中每个商品项使用的图标，如图 2–33 所示。

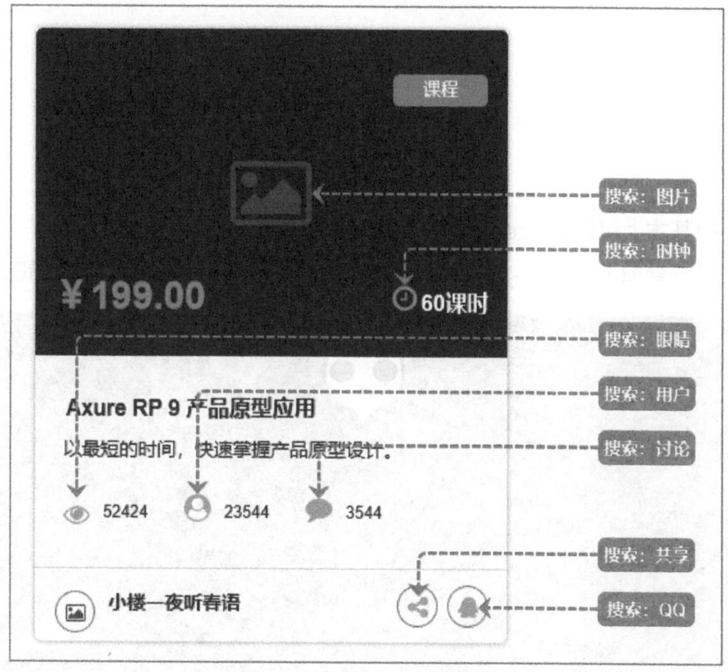

图 2–33　图标元件使用示例

虽然自带图标元件库很方便，但图标数量有限。如果有更多图标的需求，可以访问阿里巴巴矢量图标库：https://www.iconfont.cn。该网站支持使用新浪微博账号或者 GitHub 账号登录，如图 2-34 所示。

图 2-34　登录阿里巴巴矢量图标库

在这个图标库中基本上可以搜索到我们常用的所有图标。

使用搜索功能进行查询（见图 2-35），就能够看到很多相关的图标，如图 2-36 所示。

图 2-35　搜索图标

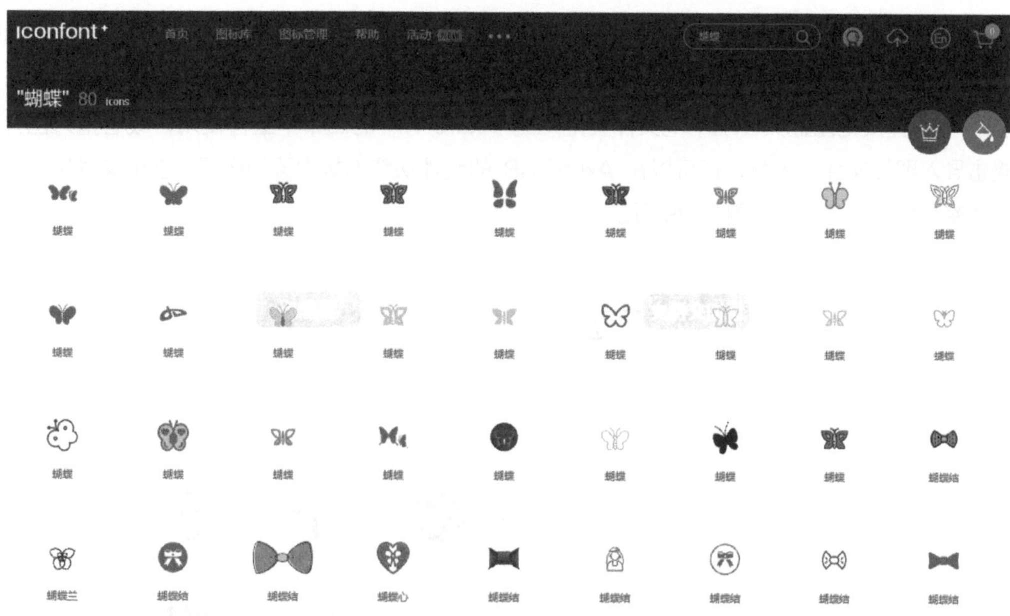

图 2-36　搜索结果

将鼠标指针放在图标上，就会出现下载按钮（见图 2-37），单击下载按钮，然后再选择下载“SVG”格式的图标，就能够将图标下载到本地，如图 2-38 所示。

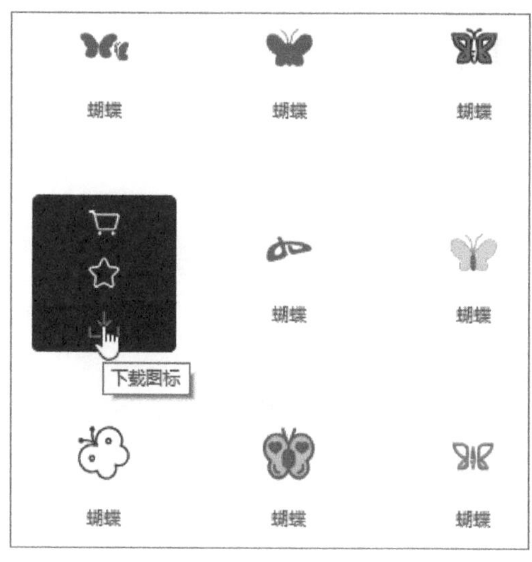

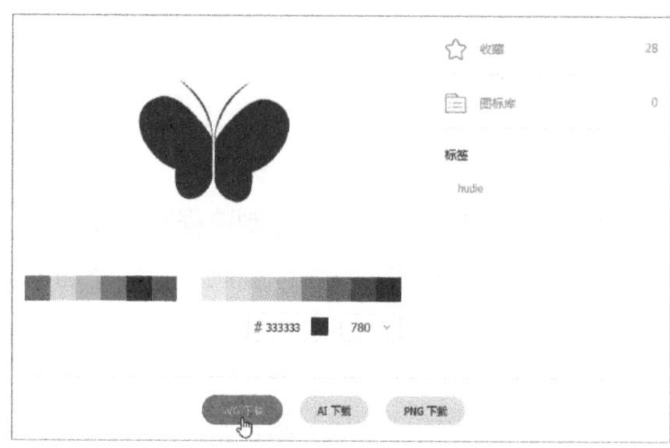

图 2-37　下载图标

图 2-38　选择图标格式

“SVG”的英文全称为“Scalable Vector Graphics”，意思是可缩放的矢量图形。在 Axure RP 中，

我们可以对这种格式的图形进行编辑。比如，在下载时我们不用选择图标的颜色，而是在 Axure RP 中进行修改。

我们可以直接把图标文件从本地文件夹拖入到 Axure RP 的画布中进行使用，或者拖入图片元件后，双击导入图标文件。另外，还可以在 Axure RP 的元件功能面板中添加图标所在的文件夹，就像自带的元件库一样方便使用，如图 2–39 所示。

图 2–39　添加图标文件夹

2.4.2　流程元件库（Flow）

流程元件库中包含了一些绘制流程图的元件。

我们只需要将这些元件拖入到画布，并添加连接线，即可进行流程图的绘制。

1. 连线的操作

单击工具栏中的“连接”图标就会进入连线模式。

一般元件都会有四个“×”连接点。

我们在起始元件的连接点上按下鼠标左键拖动，到结束元件的连接点上松开，即可完成连线的操作，如图 2–40 所示。

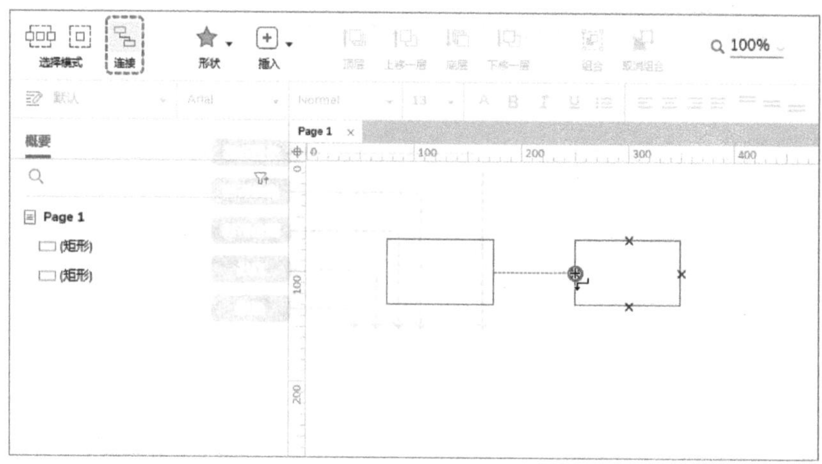

图 2-40　连线操作

2. 连线的样式

连线的线段颜色、类型、线宽以及箭头样式可以在工具栏中进行设置，如图 2-41 所示。

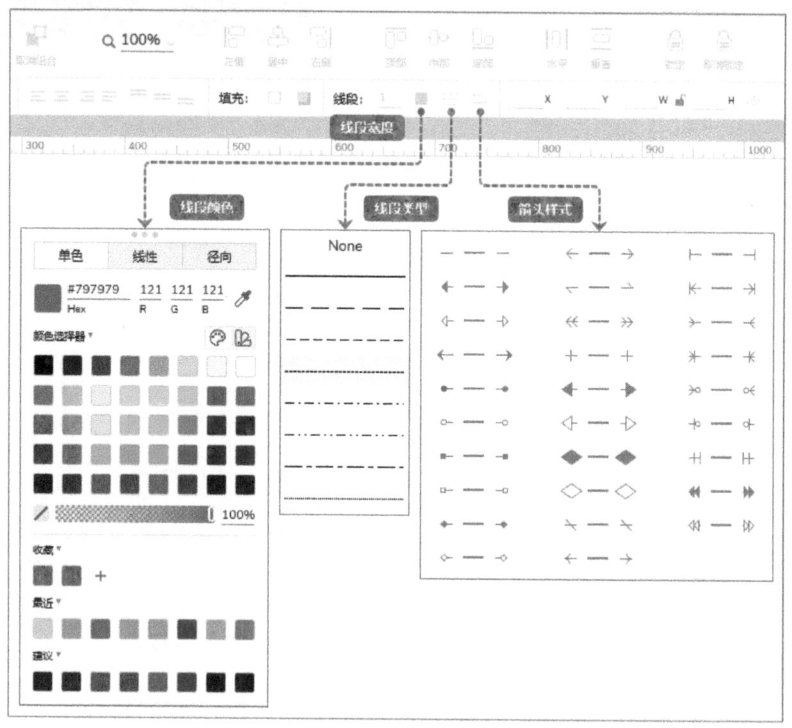

图 2-41　线段与箭头样式设置

另外，在样式模块中也有关于连线的样式设置，如图 2–42 所示。

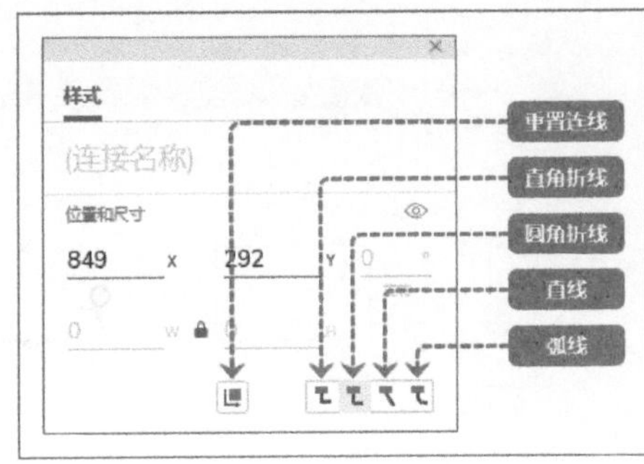

图 2–42　连线类型设置

3．元件的含义

流程图元件库中有一部分元件，通过名称即可了解其含义，如图 2–43 所示。

还有一些元件只是一些形状，这里对它们的含义做一下简单的描述，如图 2–44 所示。

图 2–43　流程图元件库

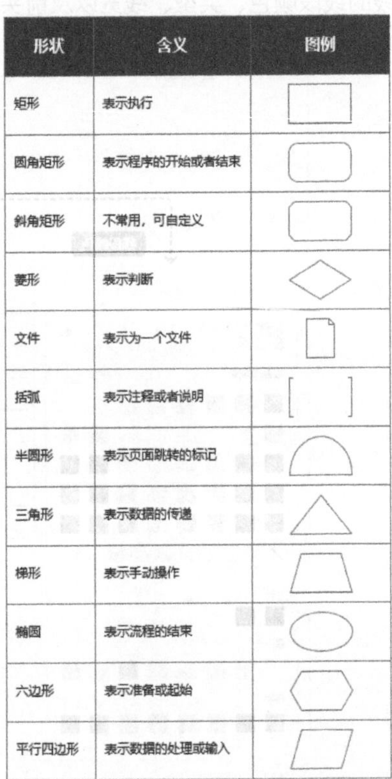

形状	含义	图例
矩形	表示执行	
圆角矩形	表示程序的开始或者结束	
斜角矩形	不常用，可自定义	
菱形	表示判断	
文件	表示为一个文件	
括弧	表示注释或者说明	
半圆形	表示页面跳转的标记	
三角形	表示数据的传递	
梯形	表示手动操作	
椭圆	表示流程的结束	
六边形	表示准备或起始	
平行四边形	表示数据的处理或输入	

图 2–44　部分元件的描述

4. 流程图示例

基本流程图示例如图 2-45 所示。
标准流程图示例如图 2-46 所示。
矩阵流程图示例如图 2-47 所示。

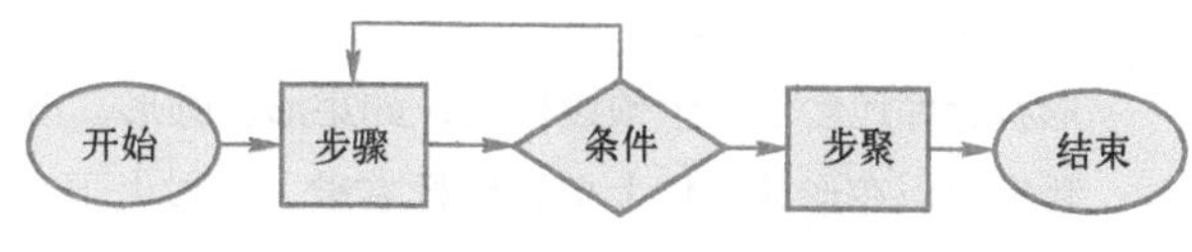

图 2-45　基本流程图示例

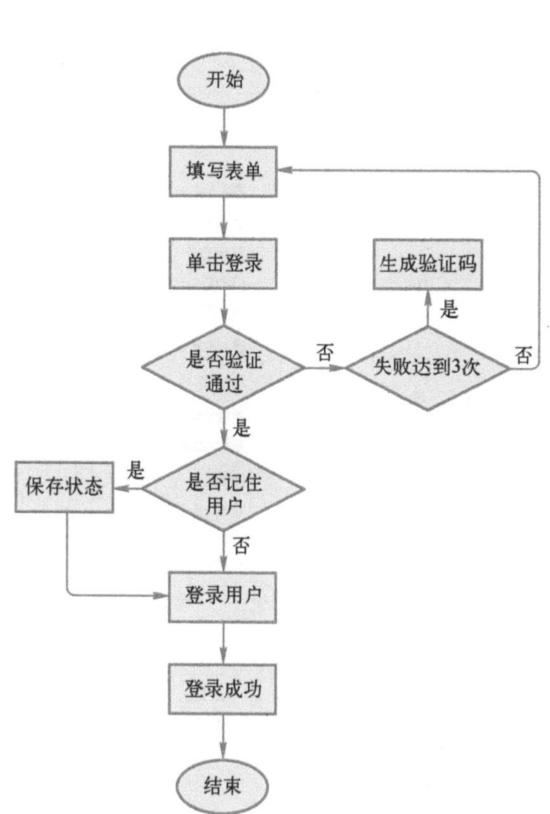

图 2-46　标准流程图示例

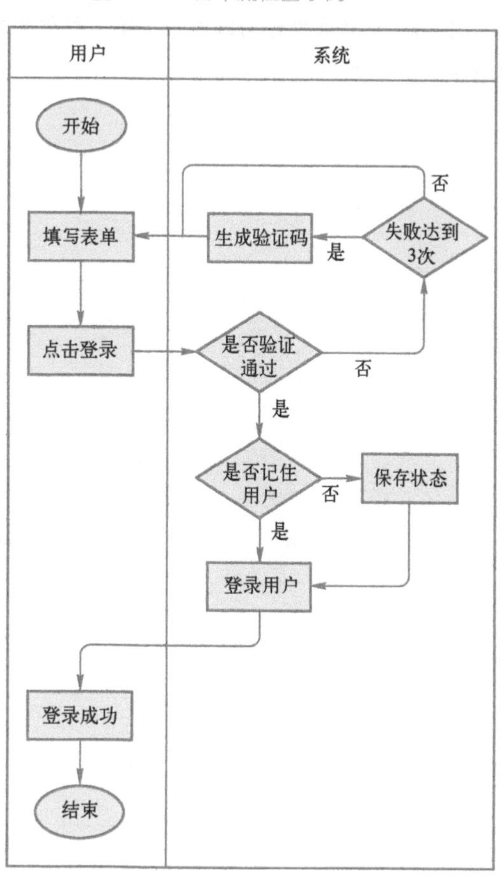

图 2-47　矩阵流程图示例

2.4.3　默认元件库（Default）

这个元件库是最常用的元件库，包含了 4 个分类，分别是基本元件、表单元件、菜单/表格元件和标记元件。

1. 基本元件

基本元件中包含了常用的形状、图片、线段以及文本类型的元件。
还有一些具有特别用途的元件，如热区、内联框架、动态面板以及中继器。

（1）形状元件

形状元件包含了多个预设样式，如矩形、圆形、占位符以及按钮等，如图 2-48 所示。

我们可以在形状元件上单击鼠标右键，通过上下文菜单中的【选择形状】（见图 2-49），让当前元件变为其他形状（见图 2-50）。

另外，形状元件还可以通过上下文菜单中的【变换形状】子选项【转换为图片】，将形状元件转换为图片元件，如图 2-51 所示。

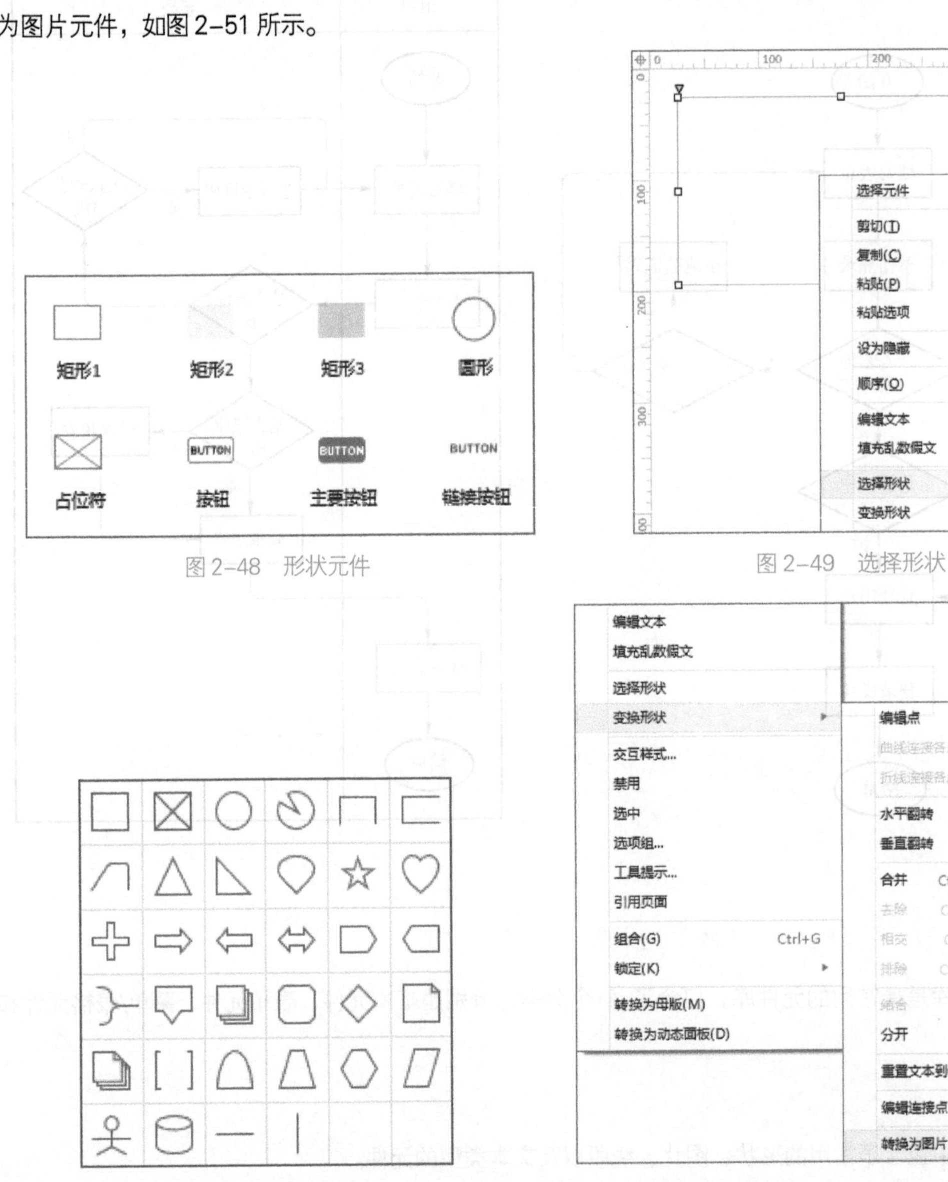

图 2-48　形状元件

图 2-49　选择形状

图 2-50　形状列表

图 2-51　转换形状为图片

形状元件一般用于页面中的背景、边框、按钮、分割线等，如图 2-52 所示。

图 2-52　形状元件使用示例

（2）图片元件

图片元件拖入画布后可以表示一张图片，也可以通过双击元件，导入本地的图片素材，如图 2-53 所示。

如果需要批量添加图片，可以通过多选本地磁盘中的图片素材文件并拖入的方式添加到 Axure RP 的画布中，如图 2-54 所示。

图 2–53　图片元件

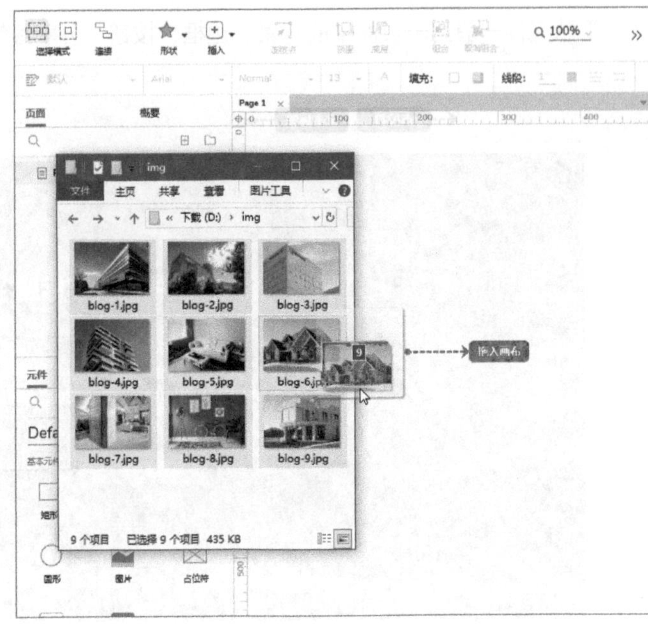

图 2–54　批量添加图片

图片可以添加文字内容，未开启单键快捷键时，可以直接输入文字；开启单键快捷键时，需要在图片元件上单击鼠标右键，上下文菜单中选择【编辑文本】进入文字编辑状态，如图 2–55 所示。

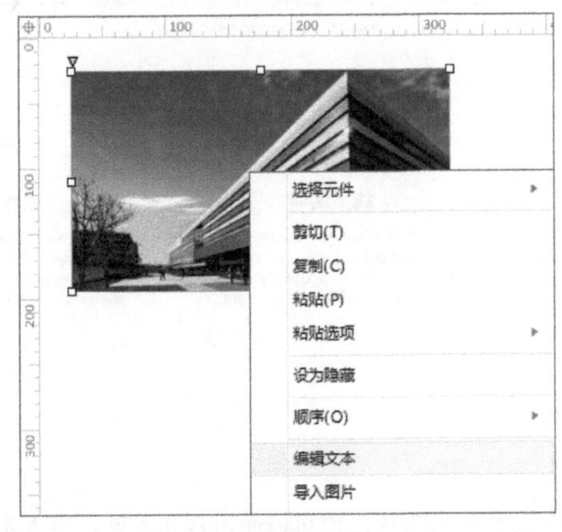

图 2–55　编辑图片文本

（3）文本元件

文本元件包括一级标题、二级标题和三级标题、文本标签、文本段落，用来表示页面中的一些文字内容，如图 2–56 所示。

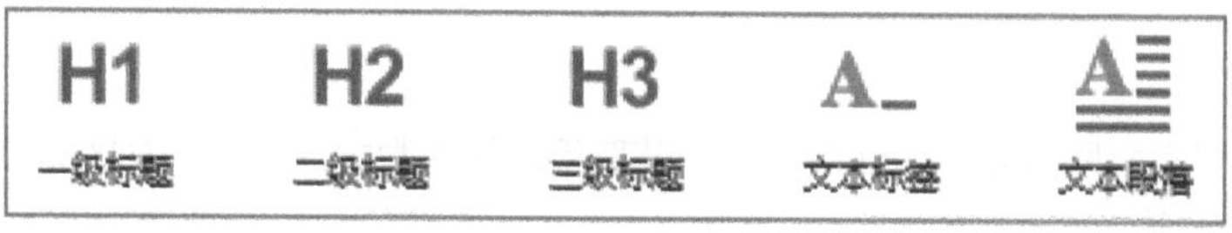

H1 一级标题　H2 二级标题　H3 三级标题　A_ 文本标签　文本段落

图 2-56　文本元件

实际上文本元件也是形状元件。我们给文本元件添加边框，就变成了矩形元件。

（4）热区元件

热区元件是一个透明元件，并且不可编辑文字。它的透明特性，让我们可以将它覆盖在其他元件上实现一些交互的需求，也可以用来做页面滚动的定位。

例如，一张图片的部分区域通过单击产生交互效果，就可以通过热区的覆盖，并给热区添加单击的交互来实现，如图 2-57 所示。

（5）内联框架

内联框架用于向页面中嵌入内容，包括：

- 项目中的其他页面。
- URL 指向的外部页面。
- 浏览器支持播放的多媒体文件（如 mp3、mp4、avi、pdf 等类型的文件）。

（6）动态面板

动态面板是一个允许添加多状态（层）的容器元件。

动态面板默认只有一个状态（层），可以根据需求添加多个状态（层），并且可以通过交互对状态（层）进行切换。

在动态面板的每一个状态（层）中都可以放入一个或多个元件（包括其他动态面板）。

（7）中继器

中继器是一个模拟列表的元件，如商品列表、邮件列表、用户列表和标签列表等。并且，中继器可以通过添加交互模拟对列表项的添加、删除、更新、排序以及筛选的操作。

关于内联框架、动态面板以及中继器元件（见图 2-58）的使用相对复杂，在之后再进行详细的介绍和示例讲解。

图 2-57　热区元件使用示例

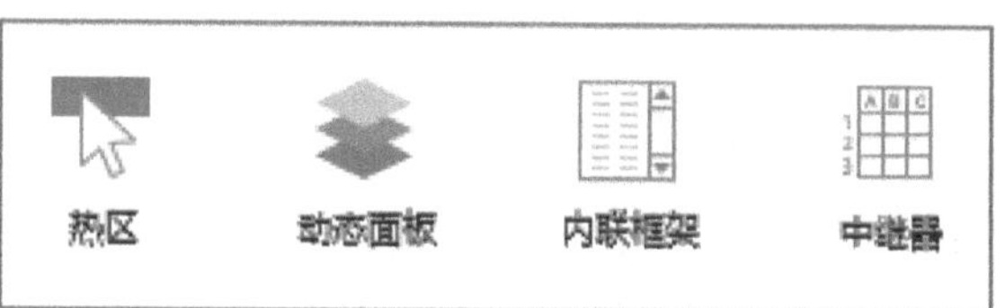

图 2-58　热区、动态面板、内联框架与中继器元件

2. 表单元件

表单需要用户填写，所以表单元件都是用于获取用户输入数据的元件，如图 2-59 所示。

（1）文本框元件

文本框用于输入一行文字内容。比较常见的使用场景是用户登录或注册功能中，用户名与密码的输入框，如图 2-60 所示。

图 2-59　表单元件

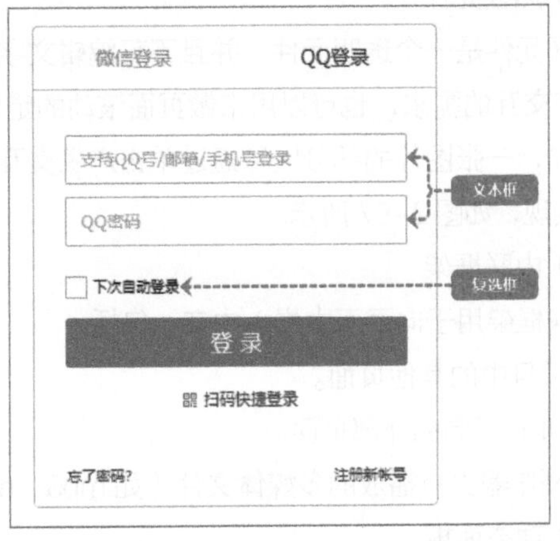

图 2-60　文本框与复选框元件使用示例

（2）文本域元件

文本域元件，也叫作多行文本框，用于多行文本的输入，如图 2-61 所示。

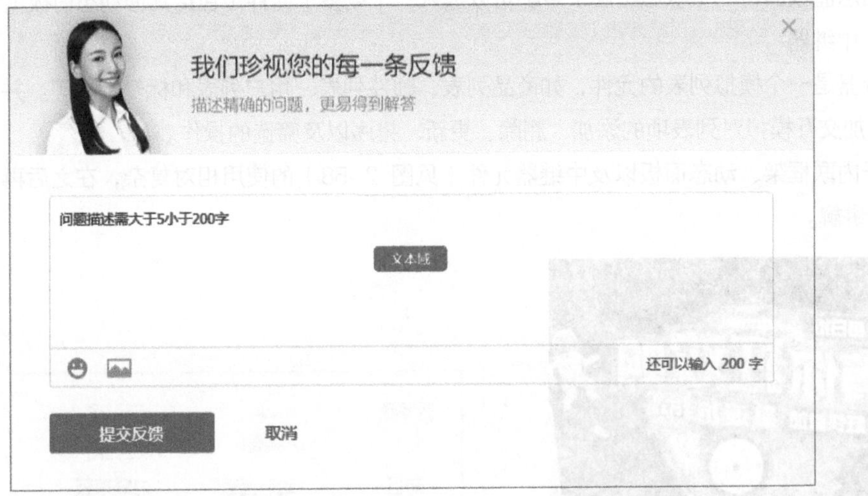

图 2-61　文本域元件使用示例

（3）下拉列表元件

下拉列表元件用于多个选项的单项选择，往往也会有多个下拉列表联合选择的出现。例如，血型、性别的单项选择，或者生日、地址的联合选择，如图 2-62 所示。

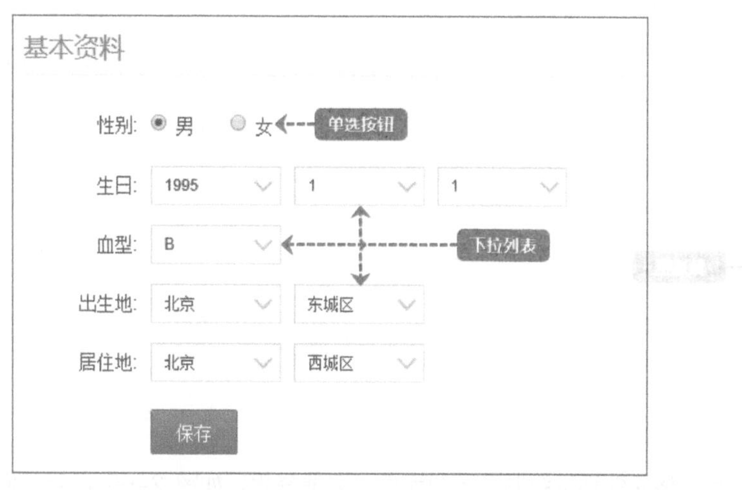

图 2-62　单选按钮与下拉列表元件使用示例

（4）列表框元件

列表框元件直接呈现选项的选择框，可以支持单选或多选，如图 2-63 所示。

图 2-63　列表框元件使用示例

（5）单选按钮元件

单选按钮元件用于多个选项的单项选择，有些时候可以用下拉列表替代，如图 2-62 所示。

（6）复选框元件

复选框元件用于一个或多个选项的选择，可以选中和取消选中状态。

复选框的应用场景比较多见，例如：注册登录（见图 2-60）、订阅、兴趣选择、列表项选择（见图 2-64）等。

图 2–64　复选框元件使用示例

3．菜单元件和表格元件

菜单元件和表格元件都是绘制草图的元件，方便易用，如图 2–65 所示。但是，因为样式编辑受限，所以高保真原型中很少使用。

这些元件在画布中的操作基本通过上下文菜单完成，如行、列、节点、菜单项的添加、删除、移动等操作。

4．标记元件

标记元件常用于为原型添加注释说明或绘制流程图（见图 2–66），在第 4 章有具体介绍。

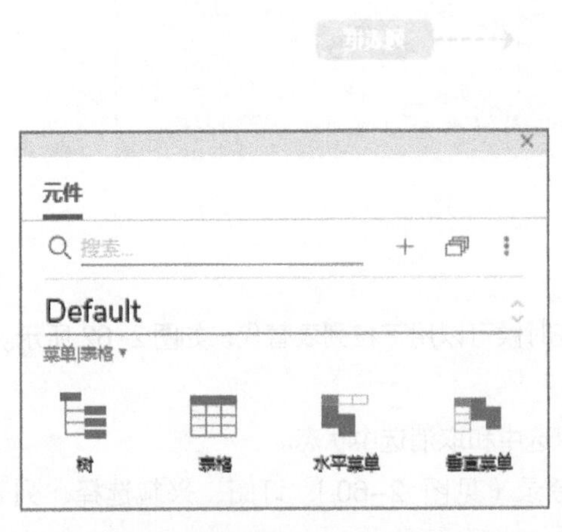

图 2–65　菜单元件和表格元件

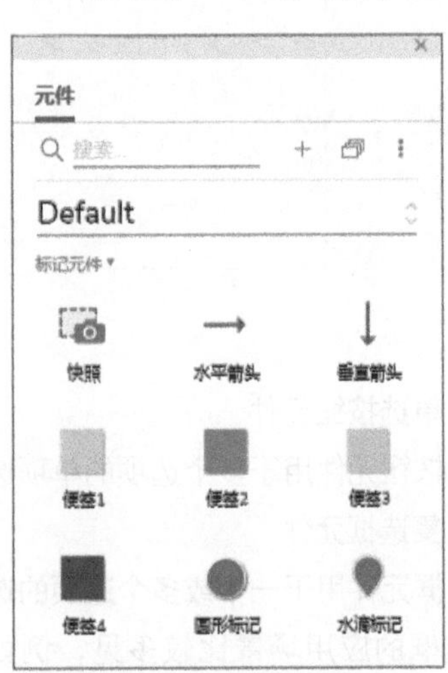

图 2–66　标记元件

除了快照元件以外的标记元件都是预设了样式的形状元件。快照元件可以通过双击设置引用页面，呈现被引用页面的缩略图。

2.4.4　更多元件库

在网络上有很多第三方共享的元件库，我们可以获取后使用。

元件库文件的名称后缀为“.rplib”，可以通过元件功能面板的“+”按钮进行添加，如图 2-67 所示。

也可以直接双击元件库文件进行添加（无论 Axure RP 是否打开都有效），如图 2-68 所示。

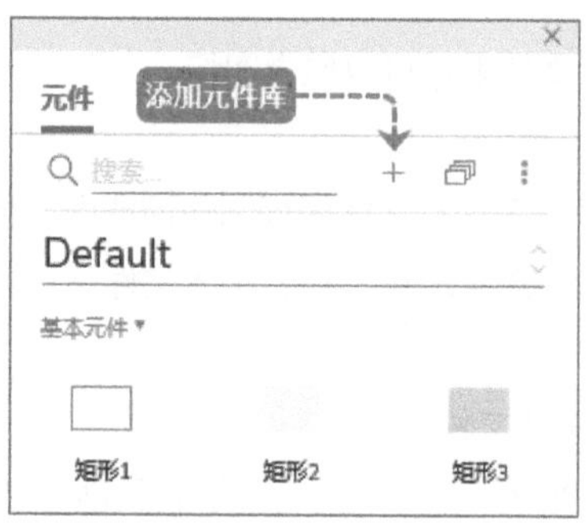

图 2-67　添加元件库 1

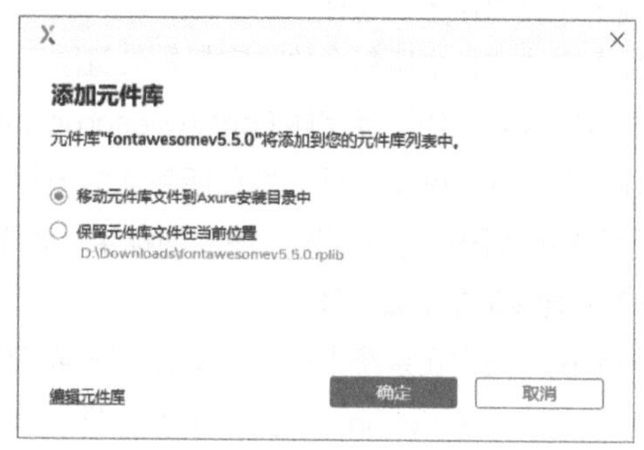

图 2-68　添加元件库 2

添加完成的元件库，就能够像自带元件库一样使用了，如图 2-69 所示。

单击元件功能面板上的更多按钮，可以对自行添加的元件库进行编辑与移除，移除元件库时需要先切换到需要移除的元件库再进行移除，如图 2-70 所示。

图 2-69　元件库列表

图 2-70　移除元件库

提 示

源文件与元件库文件实际上是同类型文件，直接修改“.rp”文件的文件名后缀为“.rplib”即可作为外部元件库使用。

2.4.5 图标字体

开发人员有的时候在网页中使用的图标并不是图片类型，而是某种图标字体，在 Axure RP 中同样可以使用这类图标。

图标字体也叫作字体图标。

实际上字体文件中所包含的文字都是矢量图形，所以字体文件中也可以包含图标。

这里以比较知名的图标字体 Font Awesome 为例。

Axure RP 中 Icons 元件库里面所包含的图标元件，就是参考这套字体图标制作而成的。但是，和 Icons 元件库中的图标元件不同，使用图标字体需要先安装字体文件，并在安装字体文件之后重新启动 Axure RP 才能够正常加载字体。

一般来说，我们在系统中只需要安装 TTF 或 OTF 格式的字体文件。

我们到 Font Awesome 官方网站下载字体文件，如图 2–71 所示。资源下载地址为https://fontawesome.com/download。

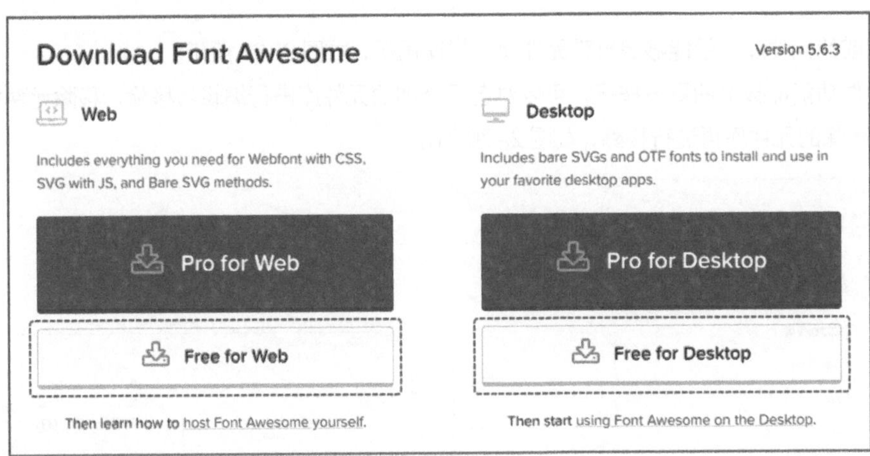

图 2–71 下载 Font Awesome 字体文件

提 示

Font Awesome 已经商业化，如果未经购买，我们只能使用免费部分的字体。

下载下来之后是两个 ZIP 格式的压缩文件。

首先，我们完成系统字体的安装。

将“fontawesome-free-X.X.X-desktop.zip”（X.X.X 表示版本号，本书中使用的版本是 5.6.3）文件解压缩（见图 2-72），其中“otfs”文件夹包含了字体安装文件，逐个双击进行安装，如图 2-73 所示。

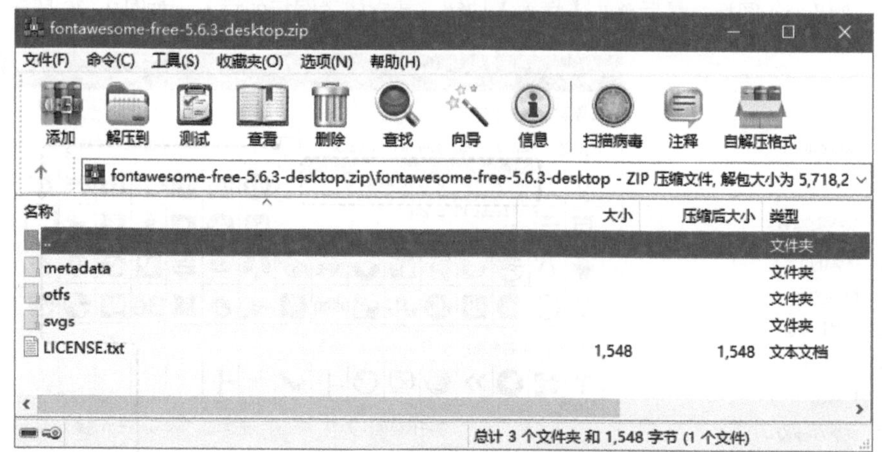

图 2-72　解压缩字体文件压缩包

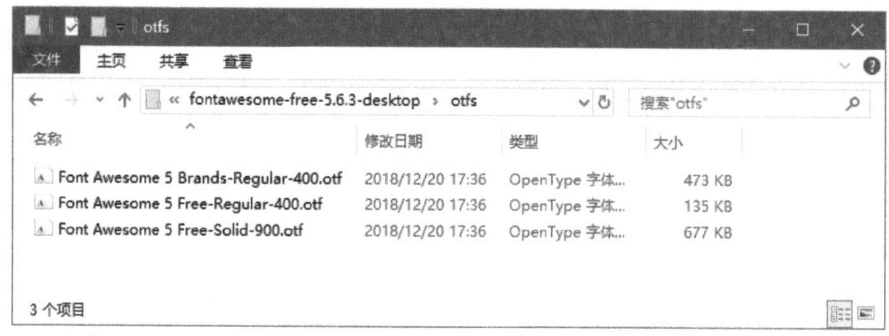

图 2-73　字体文件夹

提 示

“svgs”文件夹中包含了所有图标单独的 SVG 文件，这些 SVG 文件和阿里巴巴图标库中下载的 SVG 图标一样，可以直接拖入 Axure RP 的画布或导入 Axure RP 元件库中使用。

安装完 3 个字体文件之后，我们就可以使用这套图标字体了。

Axure RP 中并不能直接使用这些图标字体，因为不能够直接输入。可以通过 Office 软件，帮我们来完成输入。

Word、Excel、PowerPoint 中都带有插入符号的功能。此处以 Word 为例。

在 Word 文档的空白处单击鼠标右键，上下文菜单中选择【插入符号】选项，如图 2–74 所示。

打开插入符号的面板之后，我们选择字体系列就可以在文档中插入这些符号。

例如，我们插入一个 Windows 的图标，需要先选择“Font Awesome 5 Brands Regular”字体系列，再选中 Windows 图标，最后单击【插入】按钮，就完成了图标的插入，如图 2–75 所示。

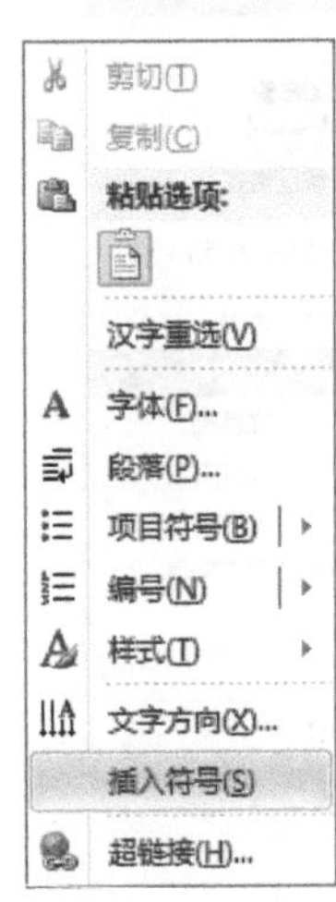

图 2–74　Word 文档中插入符号

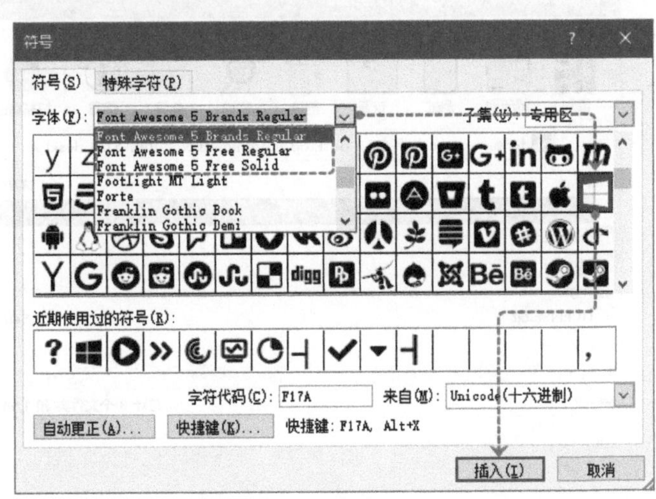

图 2–75　选择字体与符号

然后，我们可以在文档中复制图标，粘贴到 Axure RP 的画布中进行使用，如图 2–76 所示。

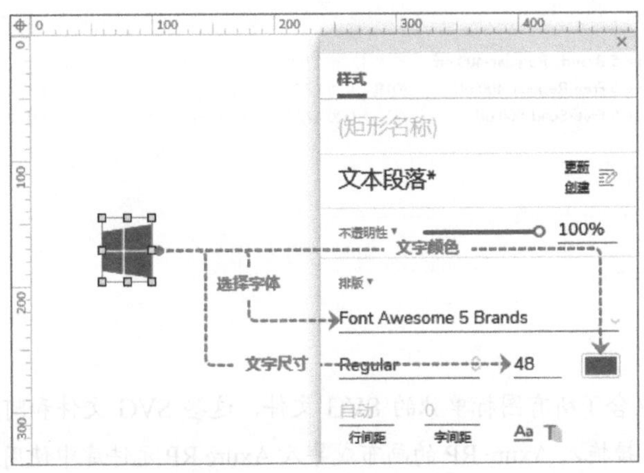

图 2–76　设置字体图标样式

接下来，我们为图标字体添加 Web 支持。

我们制作的原型如果发布给他人进行浏览，他人的系统中也需要安装字体才能够正常显示图标。很显然，这样会有些麻烦。为了让浏览原型的用户不用做任何操作就能够正常浏览原型，我们需要为图标字体添加 Web 支持。Web 支持可以通过以下方式添加。

（1）在线 CSS 文件

字体官网提供了在线的 CSS 文件支持，网址为https://fontawesome.com/start。页面中，我们能够看到代码中的 CSS 文件链接，如图 2–77 所示。

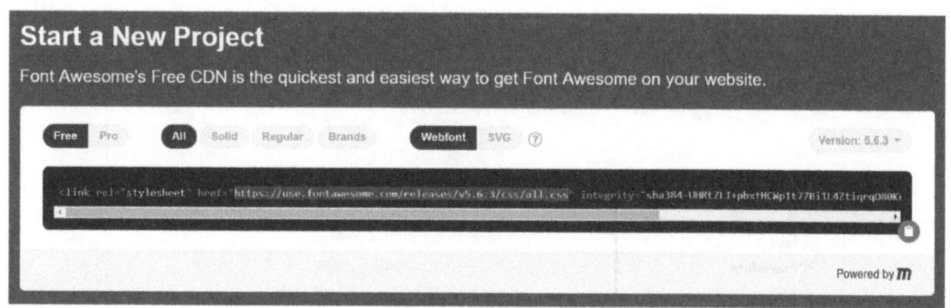

图 2–77　复制 CSS 样式表链接

复制链接，然后单击工具栏中的 HTML 按钮或通过〈F8〉快捷键打开 Axure RP 的 HTML 生成配置。

切换到【字体】设置面板，单击【+添加字体】按钮，输入一个自定义的字体标签，并将链接粘贴到下方的【CSS 文件的 URL】输入框中，如图 2–78 所示。

完成这个配置之后，只要浏览原型的用户网络畅通，就能够保证图标正常显示。

（2）本地 CSS 文件

如果不是在线方式发布原型，或者要把原型生成的 HTML 文件部署到自有服务器上，可以使用本地 CSS 文件。

在 Axure RP 的 HTML 生成配置中，【CSS 文件的 URL】填入 CSS 文件的相对路径 “css/all.css”，如图 2–79 所示。

图 2–78　添加 Web 字体设置

图 2–79　添加本地字体设置

然后，生成 HTML 文件到指定的文件夹。

接下来，就需要用到我们下载的另外一个压缩文件“fontawesome-free-X.X.X-web.zip”（X.X.X 表示版本号，本书使用的版本是 5.6.3）。

我们把压缩文件解压缩之后，将里面的“css”和“webfonts”文件夹复制到原型的 HTML 文件夹中，如图 2-80 所示。此时，打开 HTML 文件，就能够正常显示图标了。

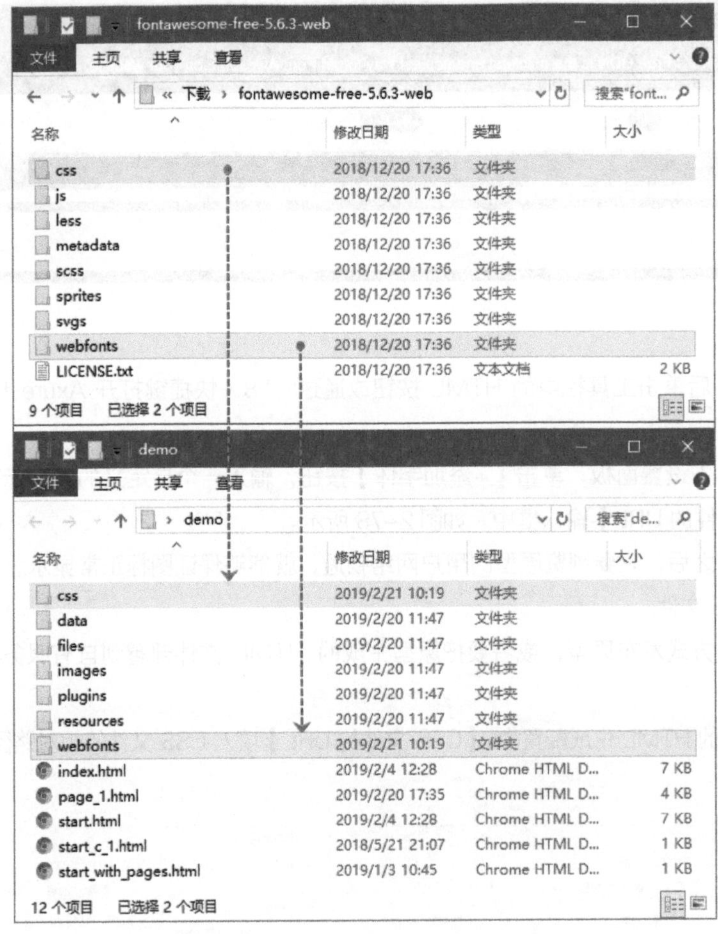

图 2-80 添加字体文件与样式表到原型文件夹

（3）@font-face

这种方式是使用代码完成 Web 字体支持，比较容易出错，所以不建议采用这种方式。

操作上也分为在线与本地两种，代码内容相近，只是代码中的字体文件路径（URL）分别为网络路径和相对路径。

例如（相对路径）:

```
font-family: 'Font Awesome 5 Brands';
src: url('webfonts/fa-brands-400.eot');
src: url('webfonts/fa-brands-400.eot?#iefix') format('embedded-opentype'),
url('webfonts/fa-brands-400.woff') format('woff'),
url('laxureTBG/fa-brands-400.ttf') format('truetype'),
url('webfonts/fa-brands-400.svg#Font Awesome 5 Brands') format('svg');
```

完成设置后（见图 2-81），生成 HTML 文件到指定的文件夹。

图 2-81　添加本地字体设置

并且，将“fontawesome-free-X.X.X-web.zip”里面的“css”和“webfonts”文件夹复制到原型的 HTML 文件夹中，如图 2-80 所示。

此时，打开 HTML 文件，就能够正常显示图标了。

2.5　让原型变一个样子——设置样式

元件的样式设置能够更改元件的尺寸、角度、颜色、边框、字体等。通过样式的灵活使用，就能够让我们的原型更加美观，甚至达到和最终产品完全一致的视觉体验。

2.5.1　元件的样式设置

元件的样式设置基本如下（见图 2-82）。

- 位置和尺寸。
- 文字排版。
- 线段（边框）。
- 圆角。
- 不透明性。
- 填充。
- 阴影。
- 边距。

1．各类元件样式工具

不同类型的元件会有不同的样式工具。形状类元件能够自动适应内部文本的宽度与高度，如图 2–83 所示。

图片元件能够恢复图片原始尺寸和固定边角范围，并且，还能够调整图片颜色（如色调、饱和度、亮度和对比度）以及裁剪、切割图片，如图 2–84 所示。

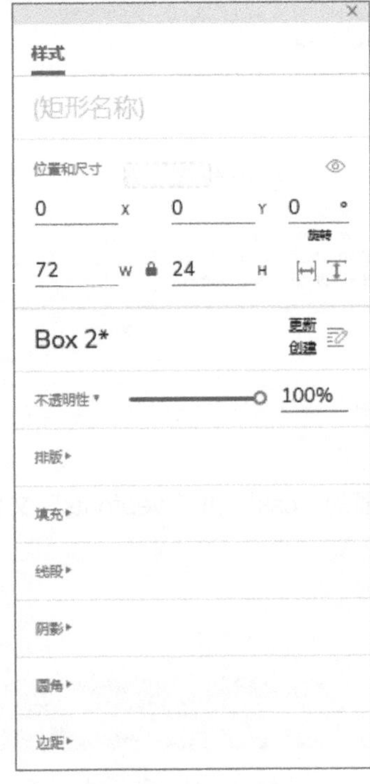

图 2–82　样式功能面板

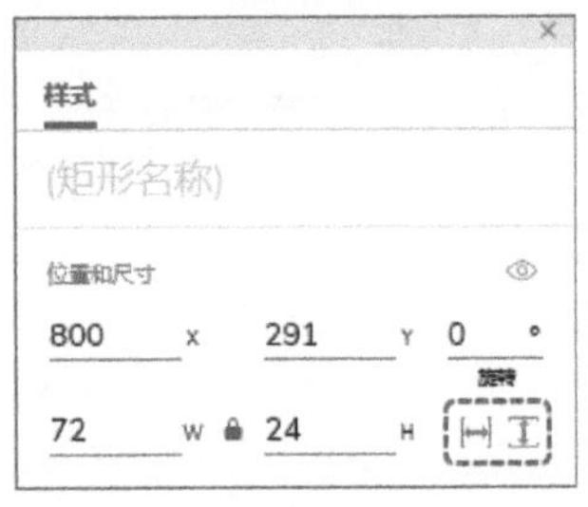

图 2–83　形状的样式工具

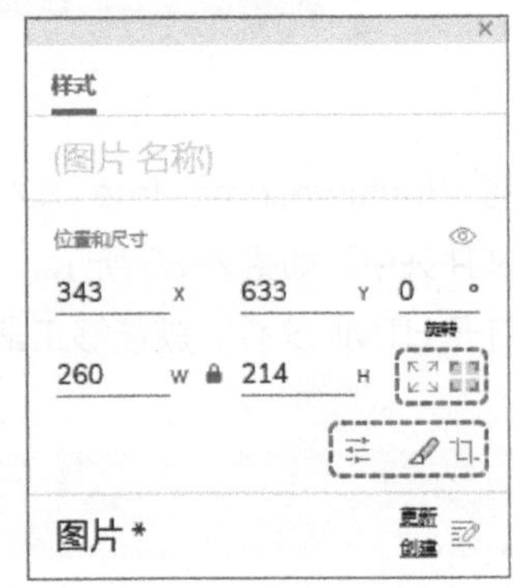

图 2–84　图片的样式工具

单选按钮和复选框元件能够设置元件的选择框尺寸以及文字对齐方式，如图 2–85 所示。

当我们选中多个形状元件时，还能够进行合并、去除、保留相交或排除相交部分等变换形状操作，如图 2–86 所示。

这里需要注意一点，去除的规则是从底层元件去除上层元件与之重合的部分。

3 个重叠的圆形进行去除操作，如图 2–87 所示。最终得到的自定义形状，如图 2–88 所示。

另外，在上下文菜单中还有结合、分开等操作，如图 2-89 所示。

图 2-85　单选按钮与复选框的样式工具

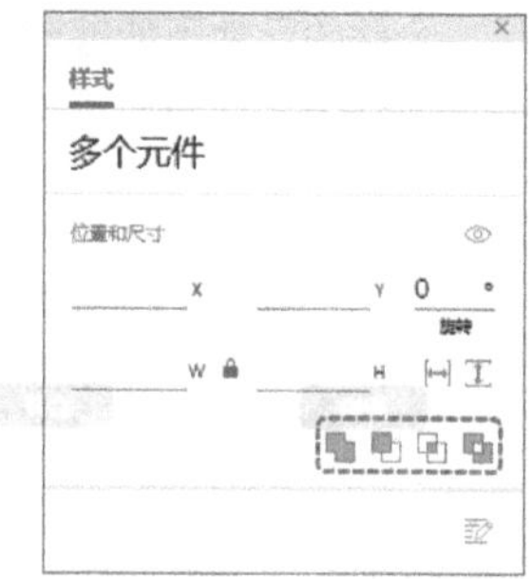

图 2-86　自定义形状的样式工具

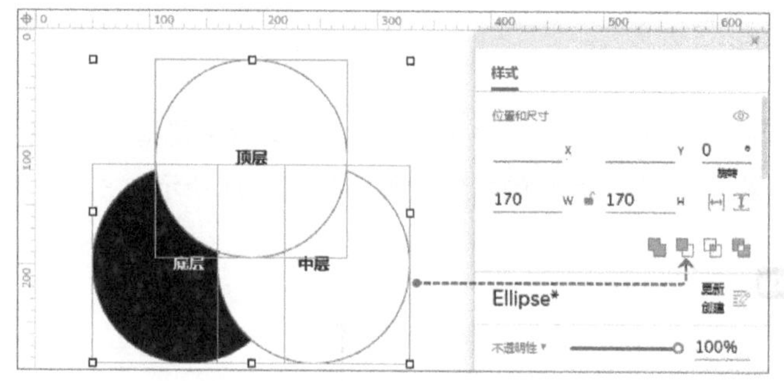

图 2-87　去除操作

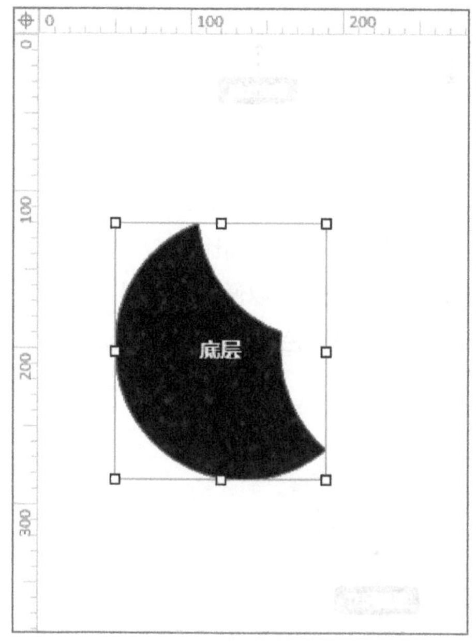

图 2-88　自定义形状

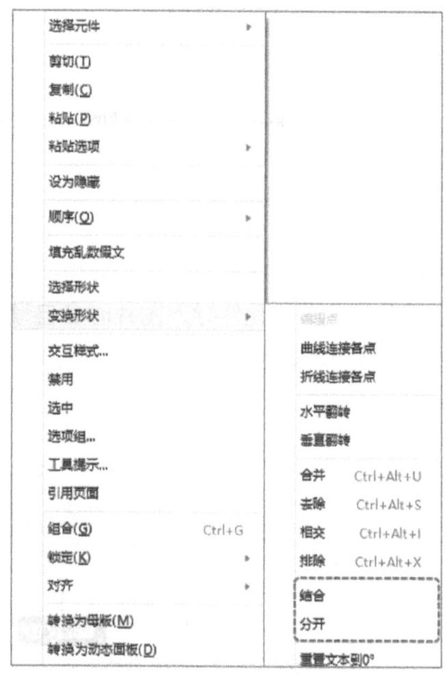

图 2-89　结合与分开工具

我们可以将多个元件结合到一起，形成一个元件，并且还能够将结合的元件分开，如图 2-90 所示。需要注意的是，合并的元件不能够分开。

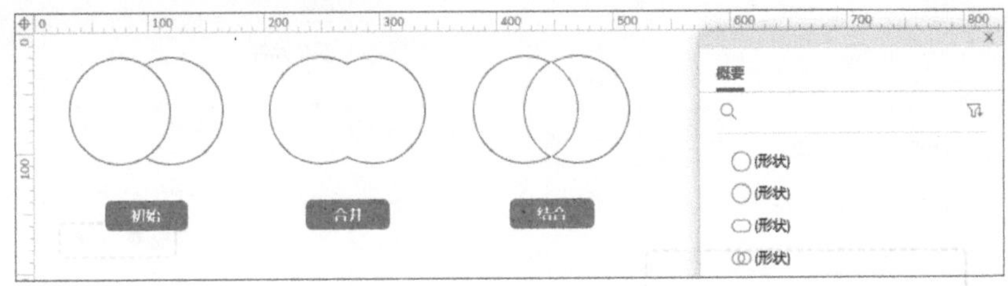

图 2-90　结合与分开示例

2. 设置元件样式

(1) 位置与尺寸

元件的位置是指元件左上顶点的 X 轴与 Y 轴的坐标值，尺寸是指元件宽度与高度的像素值。我们通过数值调整宽高的时候，可以锁定元件的宽高比例，如图 2-91 所示。

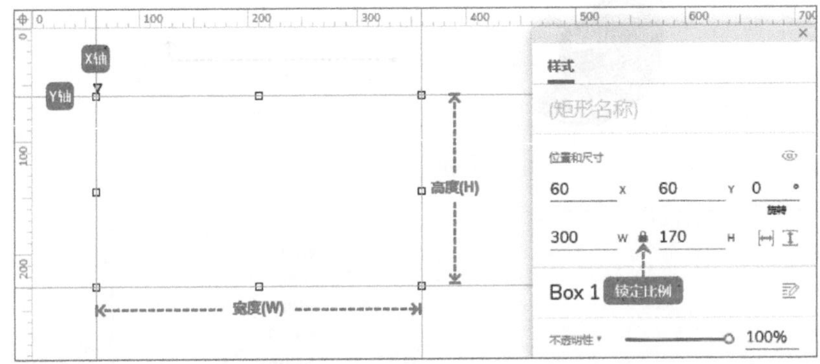

图 2-91　原件的位置与尺寸

如果是拖动调整元件尺寸，可以在拖动的同时按〈Shift〉键，锁定宽高比例。

默认情况下，图片元件导入图片时会自动调整为原图尺寸，我们可以通过双击图片元件的边界点锁定尺寸，锁定时边界点的颜色会变成白色，而未锁定时的颜色是淡黄色，如图 2-92 所示。

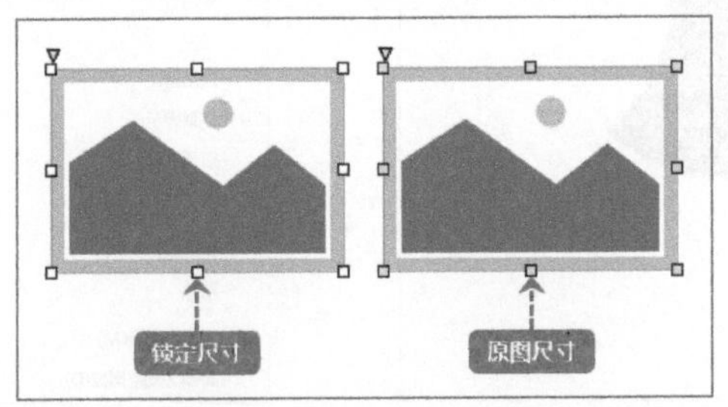

图 2-92　锁定图片尺寸

元件的角度能够通过输入数值改变，也可以在按〈Ctrl〉键的同时拖动元件边界点来完成，如图 2-93 所示。

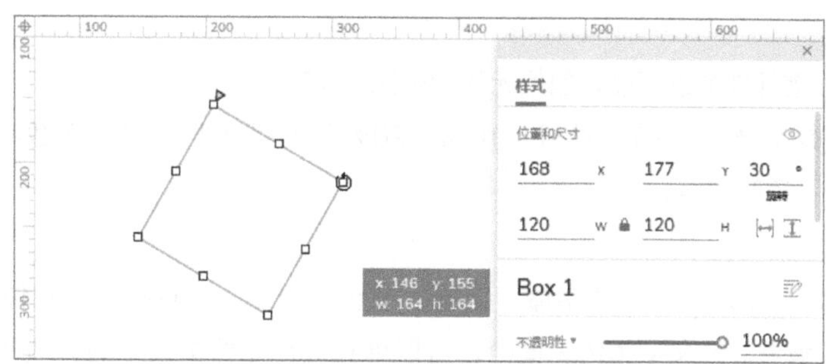

图 2-93　旋转元件的角度

旋转元件之后，元件上的文本也会随之旋转。如果想让文本恢复水平角度，可以在旋转后的元件上单击鼠标右键，在上下文菜单的【变换形状】选项中选择【重置文本到 0°】，如图 2-94 所示。

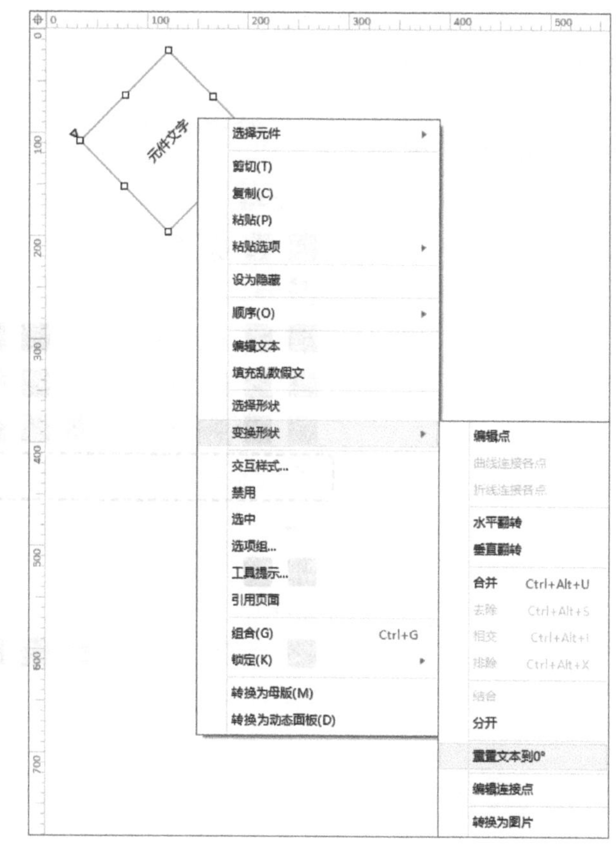

图 2-94　重置文本角度

另外，通过拖动线段端点的方式调整线段元件的尺寸时，线段元件的角度很容易发生改变。在按〈Shift〉键的同时拖动线段端点改变尺寸，就不会再有问题。

（2）不透明性

不透明性可以设置元件的透明度，包括元件的填充与文字。

我们可以通过数字键〈1～9〉进行“10%～90%”的不透明设置，而数字键〈0〉可以进行“0%”和“100%”不透明切换。

（3）排版

在排版设置中，可以进行文字的字体、字号、字色、阴影、项目符号、粗体、斜体、下画线、行间距以及字间距等设置。在文字颜色设置中，可以单独进行元件中文字的不透明设置，如图 2–95 所示。

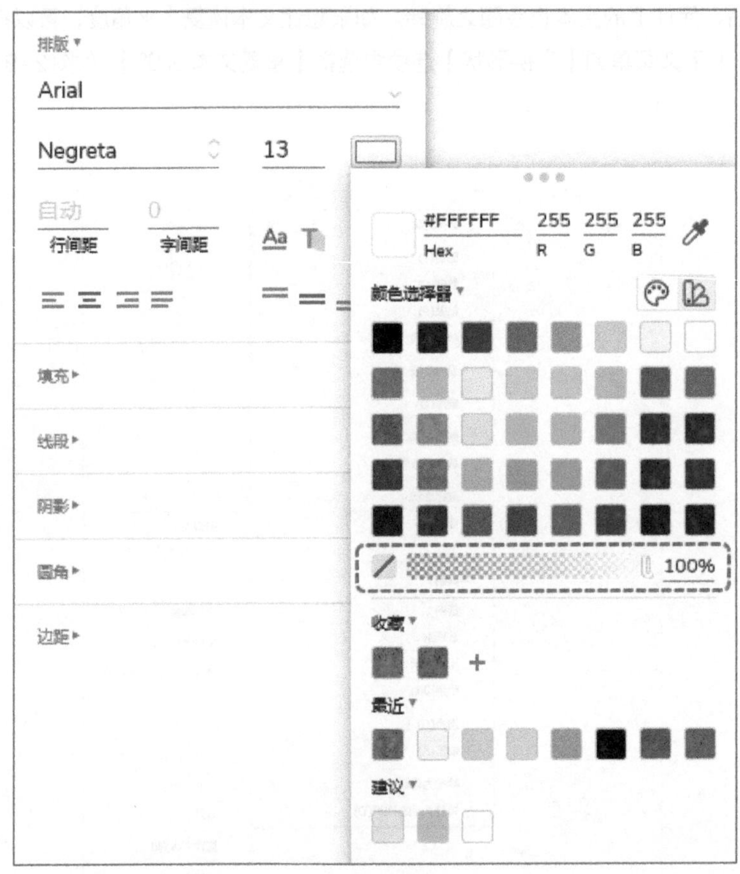

图 2–95　文字透明度设置

在 Axure RP 中有很多的文字处理功能，包括前面提到的字间距，还有删除线、上下标以及大小写等功能，如图 2-96 所示。

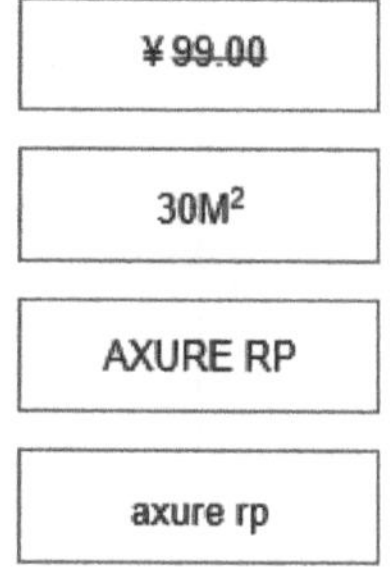

图 2-96　文字排版样式示例

1）删除线。

我们能够为元件中的全部或部分文字添加删除线。

为全部文字添加删除线只需要选中元件后，单击删除线图标。

为部分文字添加删除线需要进入编辑文本状态后，划选需要添加删除线的文字，然后单击删除线图标，如图 2-97 所示。

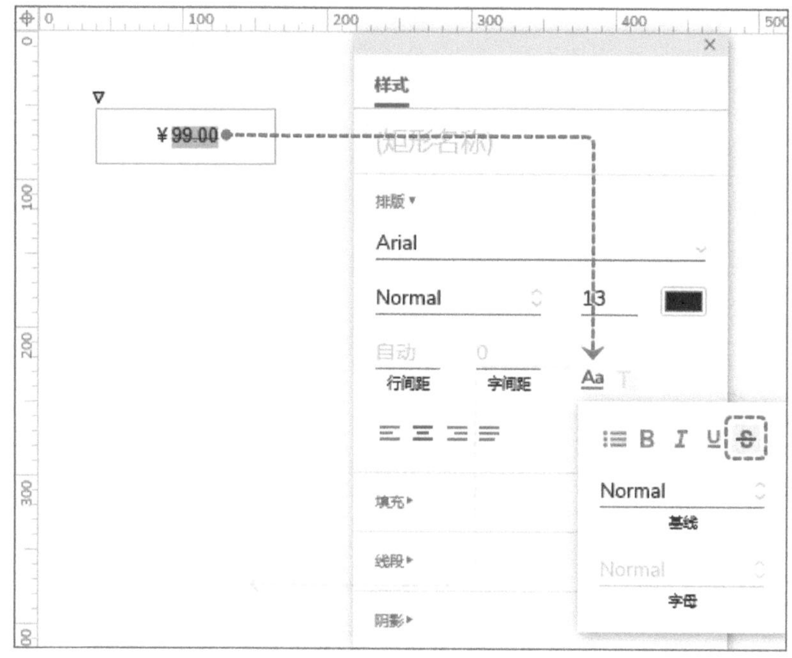

图 2-97　为元件文字添加删除线

2）上下标。

我们能够设置元件中的部分文字为上标或者下标。

在元件进入编辑文本状态后，划选需要设置的文字，然后选择相应的选项，如图 2-98 和图 2-99 所示。

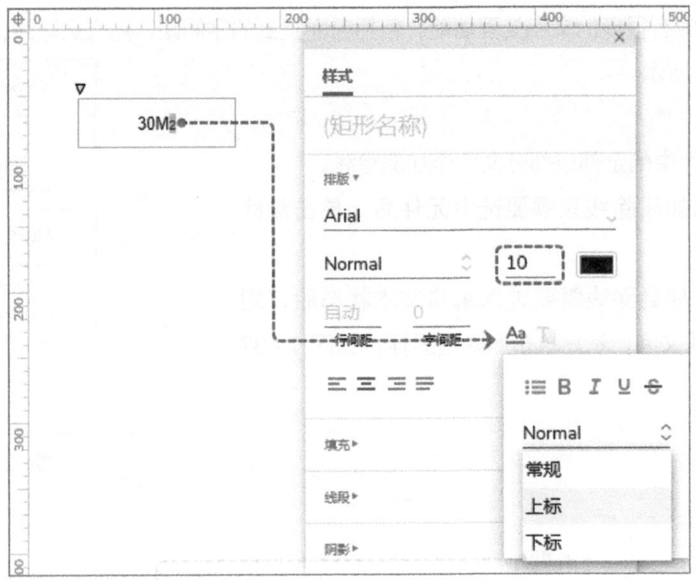

图 2–98　为元件文字设置下标

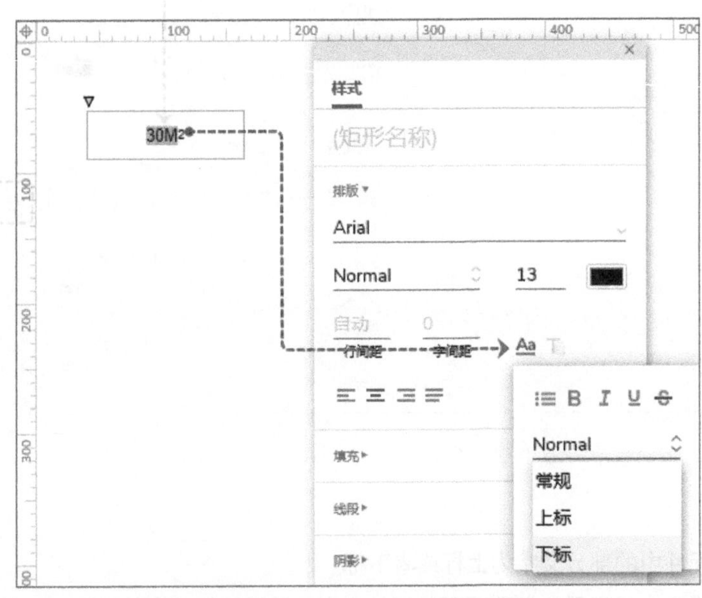

图 2–99　为元件文字设置上标

3）大小写。

我们能够设置元件中的字母全部自动转为大写显示或小写显示，但不影响编辑状态下的字母格式，如图 2–100 所示。

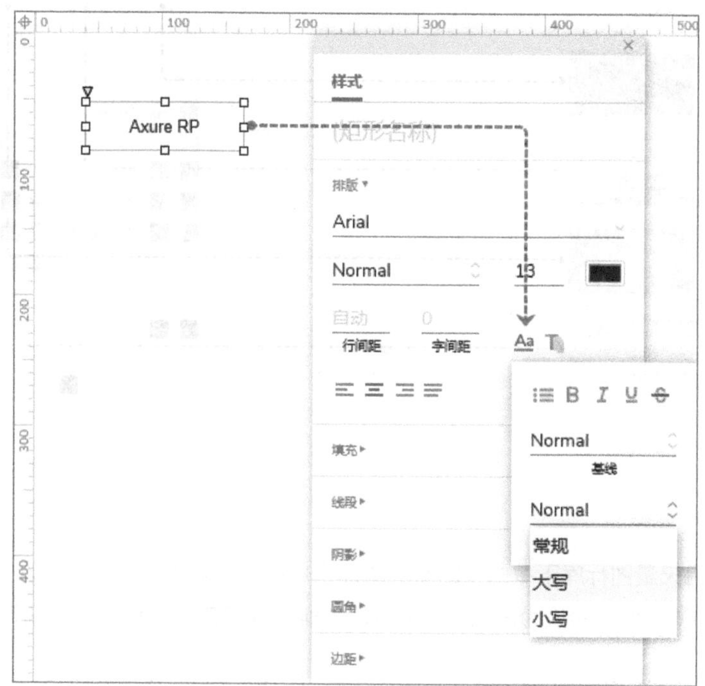

图 2–100　设置元件文字大小写格式

编辑状态与显示状态对比如图 2–101 所示。

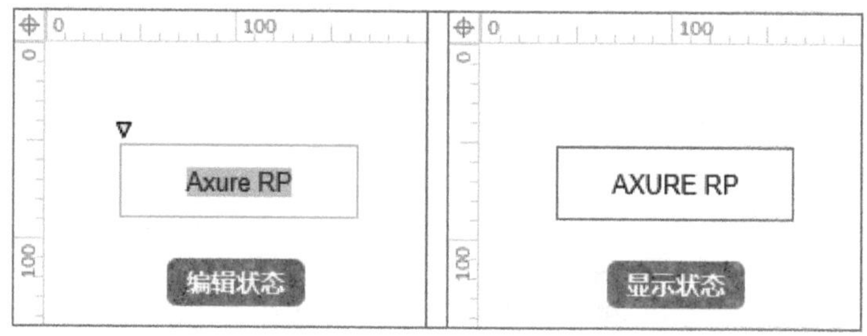

图 2–101　元件文字格式示例

（4）填充

填充可以为形状、图标等元件填充内部的颜色，还能够填充图片。

1）填充颜色。

填充颜色可以填充单色、线性渐变以及径向渐变颜色，还能够设置元件的不透明性，如图 2–102 所示。

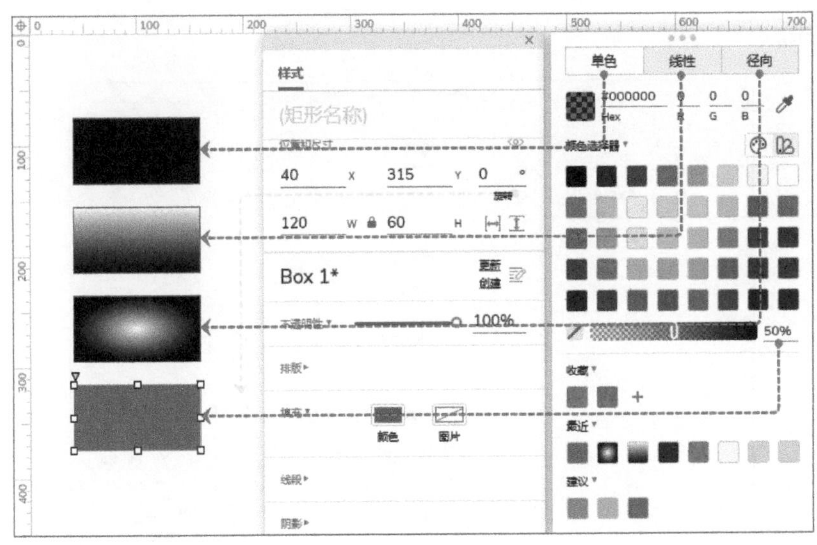

图 2–102　填充颜色设置

之前在阿里巴巴矢量图标库下载的“SVG”图标也是在这里修改颜色。在修改“SVG”图标的颜色之前，需要先将“SVG”图标转换为形状元件，然后才能更改颜色，如图 2–103 所示。

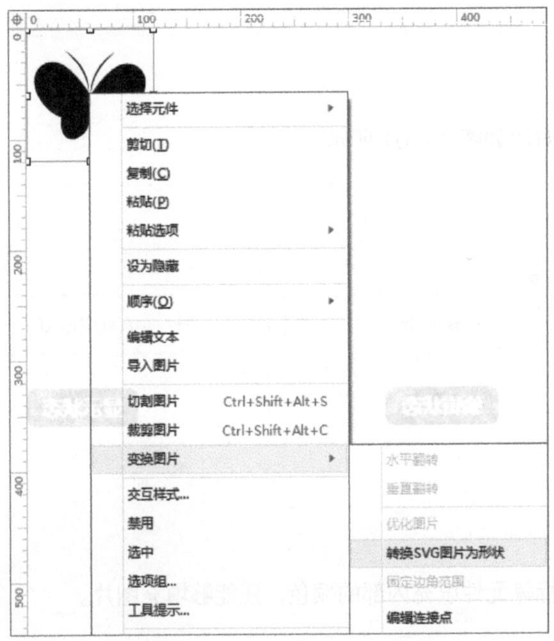

图 2–103　转换 SVG 图片为形状

2）填充图片。

形状与图片元件都可以填充图片。图片元件填充图片与双击元件导入图片是同样的性质。而形状元件导入图片则可以仅显示形状边框范围内的图片内容。

例如，我们有一张图片素材（见图 2–104），我们需要呈现椭圆形的图像（见图 2–105）。

图 2–104　图片素材

图 2–105　样式效果

如果想实现这样的需求，我们可以在画布中拖入一个圆形元件，调整宽度与高度变为椭圆形。然后，单击【选择】按钮填充图片，将填充的图片居中对齐，并按图片原比例充满整个形状，如图 2–106 所示。

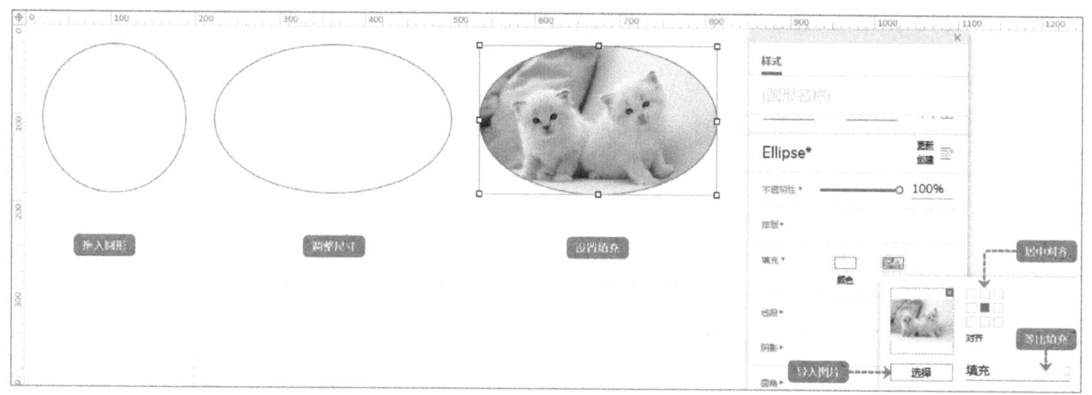

图 2–106　操作过程

（5）线段（边框）

对于线段，可以设置线段的颜色、线宽、类型以及两端箭头的样式，如图 2–107 所示。

对于形状元件，则可以设置边框的颜色、线宽、类型以及全部或部分边框的可见性，如图 2–108 所示。

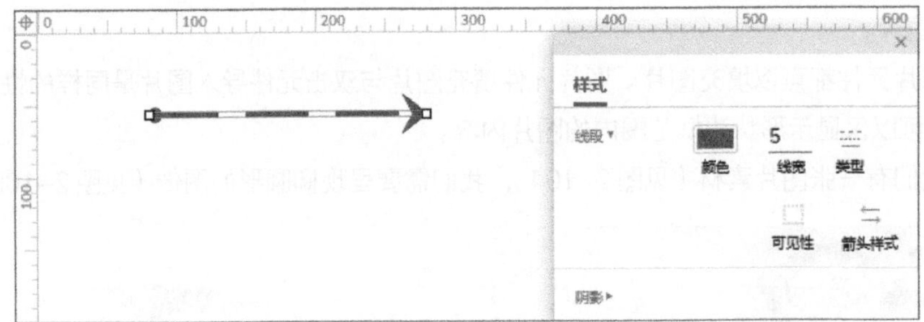

图 2–107　线段样式

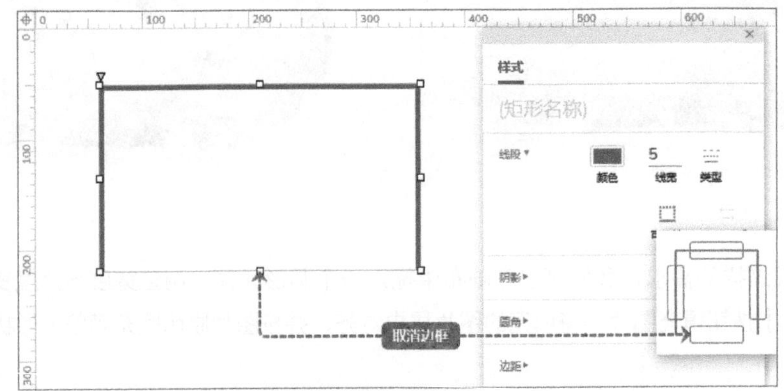

图 2–108　边框可见性设置

（6）阴影

阴影设置能够为元件添加内部阴影和外部阴影。

偏移数值用来设置阴影在水平方向的位置，负值为上方和左侧，正值为下方和右侧，如图 2–109 所示。

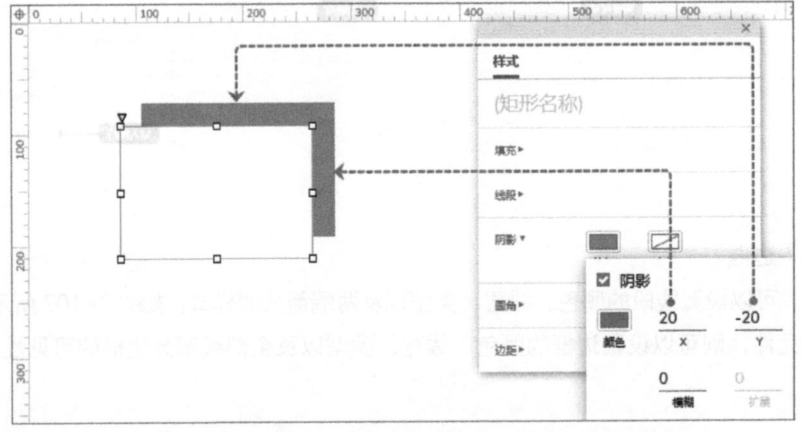

图 2–109　外部阴影设置

模糊数值用来设置阴影的以阴影边界为中心的模糊范围，如图 2–110 所示。

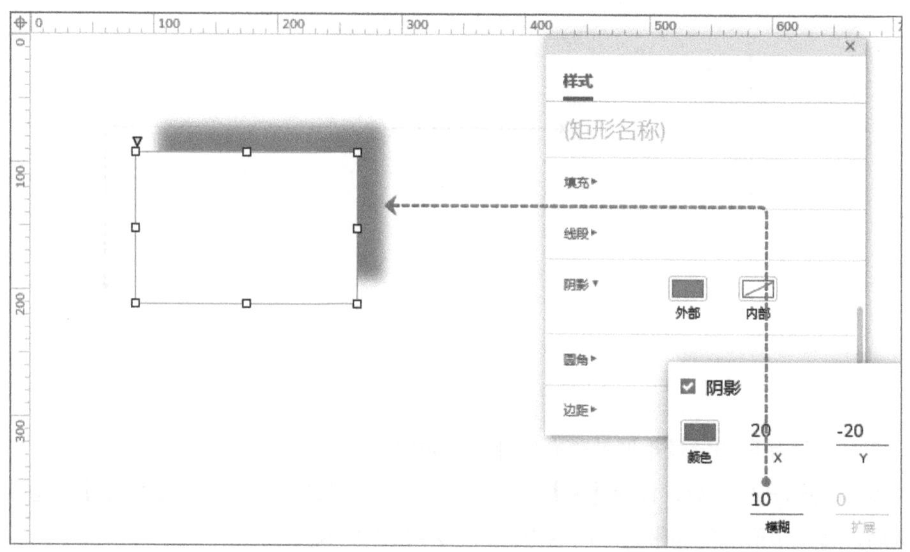

图 2–110　阴影模糊效果

除了外部阴影，我们还能够为元件添加内部阴影，如图 2–111 所示。

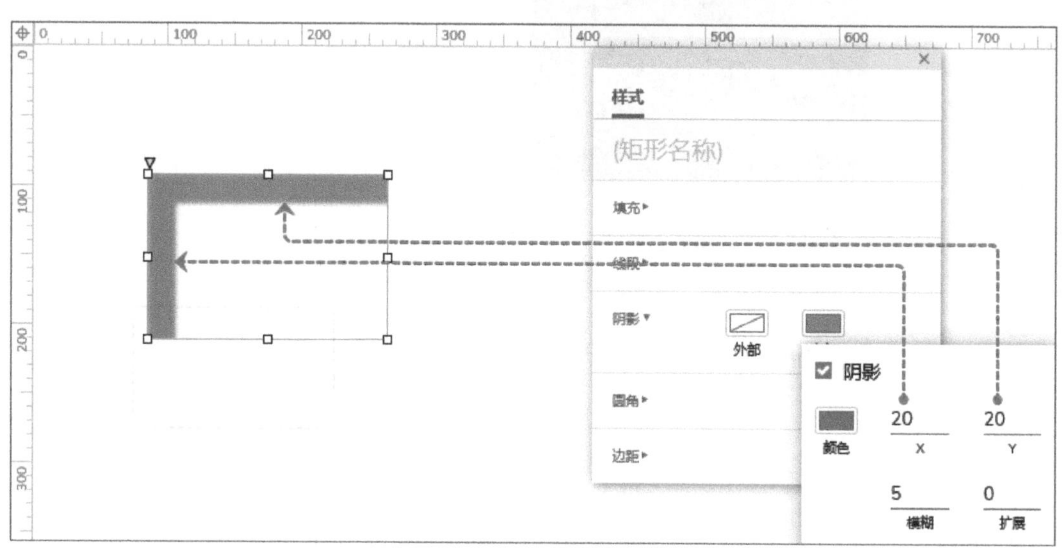

图 2–111　内部阴影设置

扩展数值用来设置内部阴影向内扩展的范围，如图 2–112 所示。

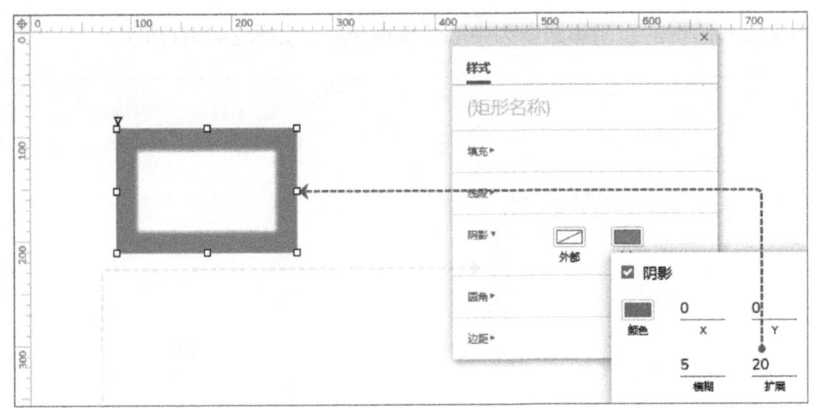

图 2-112　内部阴影扩展效果

例如，产品班商品项的背景矩形就带有外部阴影效果。

我们为背景矩形开启阴影，设置【X】与【Y】的值均为“0”，并且设置【模糊】的值为“5”，这样设置完成后，背景矩形就能够带有四周阴影，如图 2-113 所示。

图 2-113　阴影设置示例

（7）圆角

很多元件能够设置圆角，包括矩形、图片、文本框、快照等。

我们通过拖动元件左上角的三角形手柄（矩形与图片）或者在样式中设置半径的数值（其他元件）都可以完成圆角的设置，如图 2-114 所示。

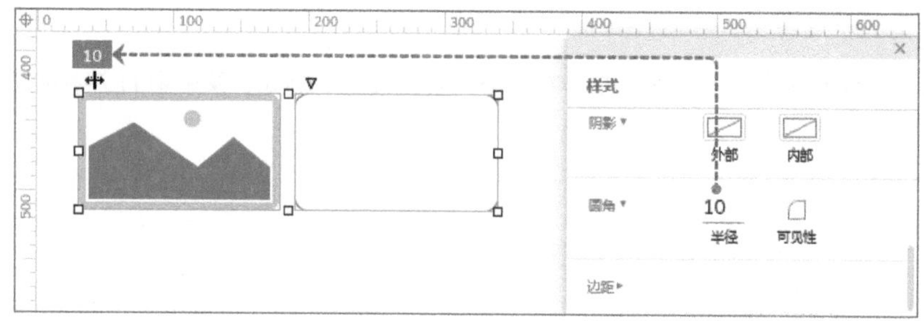

图 2-114　圆角设置

另外，我们还可以设置圆角可见性，让元件只保留部分圆角，如图 2-115 所示。

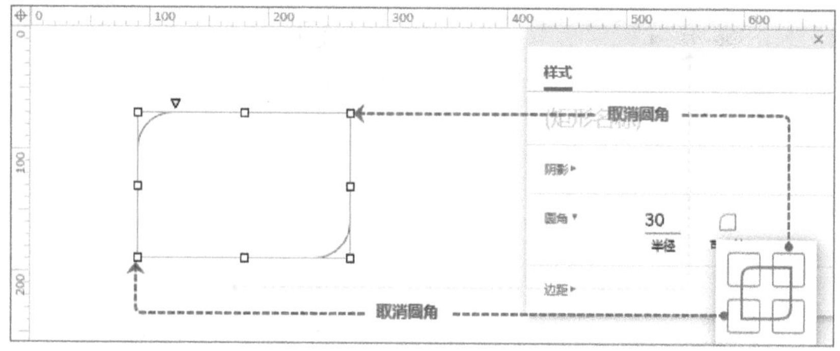

图 2-115　圆角可见性设置

例如，产品班商品项的商品图片就取消了底部的两个圆角，如图 2-116 所示。

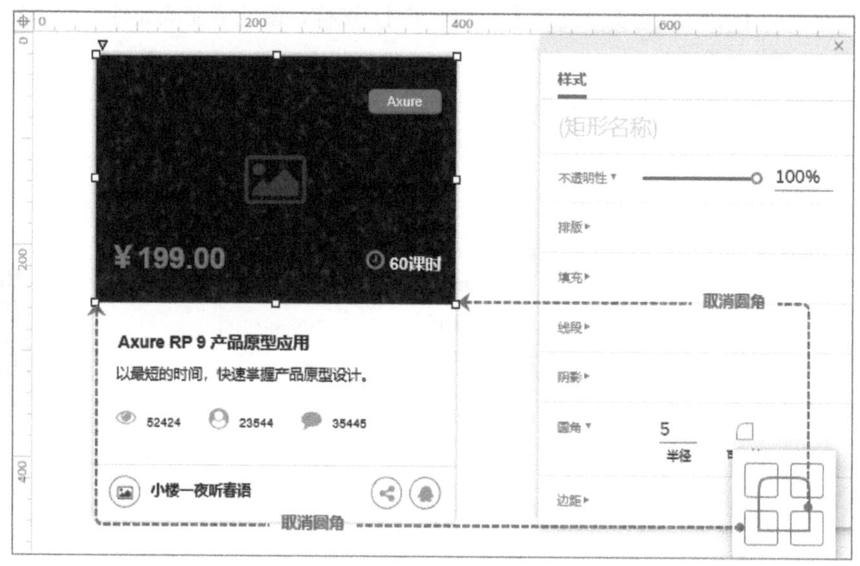

图 2-116　圆角设置示例

（8）边距

边距能够对元件文字进行上、下、左、右的空白填充设置。例如，菜单中的文字对齐，如图 2–117 所示。

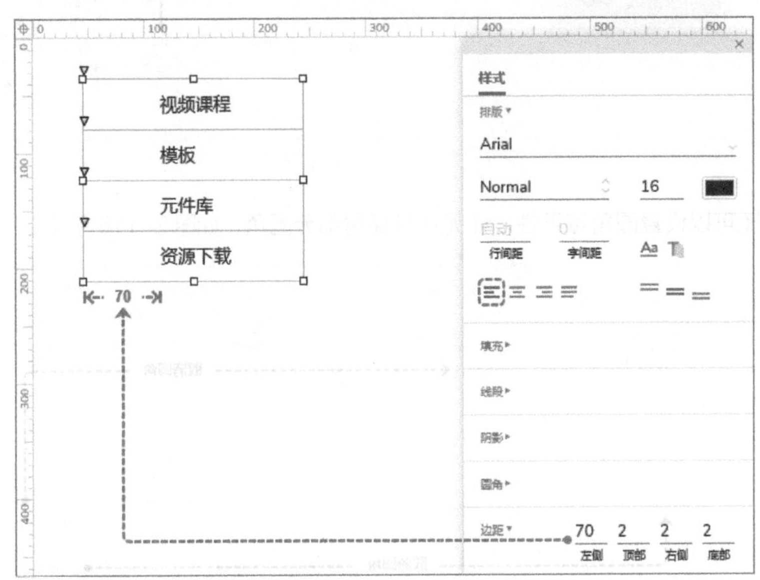

图 2–117　文字边距设置

Axure RP 没有格式刷功能，但是可以通过复制已设置好样式的元件，再到目标元件上单击鼠标右键，在上下文菜单的【粘贴】选项中选择【粘贴样式】。这样，就能够完成元件之间样式的复制，如图 2–118 所示。（案例动画 6）

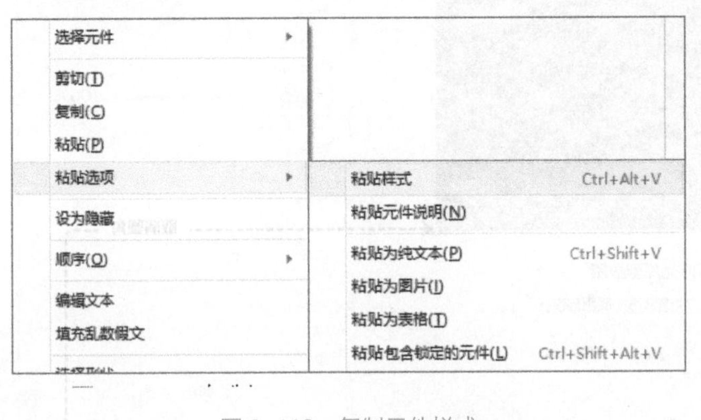

图 2–118　复制元件样式

动画 6

复制元件样式的操作

2.5.2　页面的样式设置

初次使用 Axure RP 预览原型页面的时候，页面可能是靠左显示的（见图 2–119），需要在页面样式中设置【页面排列】为【居中】，如图 2–120 所示。

图 2–119　浏览器中的页面效果

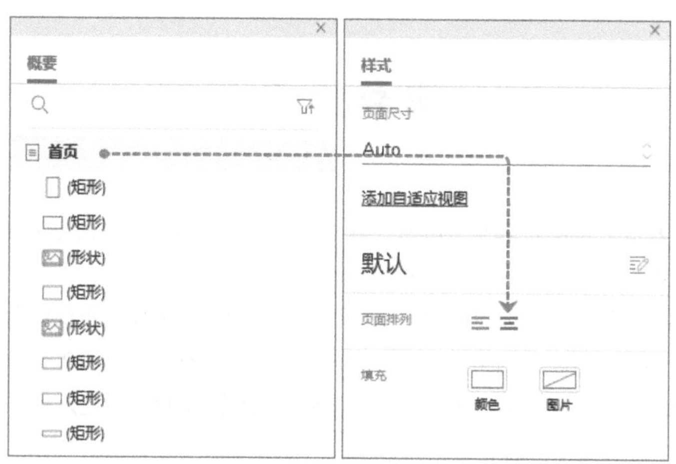

图 2–120　页面内容居中设置

提 示

页面居中排列的设置只在浏览原型时有效，为了方便设计，在画布中仍是居左显示。

如果找不到页面样式设置，可以通过单击画布空白处或者在概要功能面板中单击页面名称，都能够切换到页面样式的设置。

在页面样式设置中，我们还能够为页面填充背景颜色或图片。例如，为产品班网站页面添加灰色的背景，如图 2–121 所示。

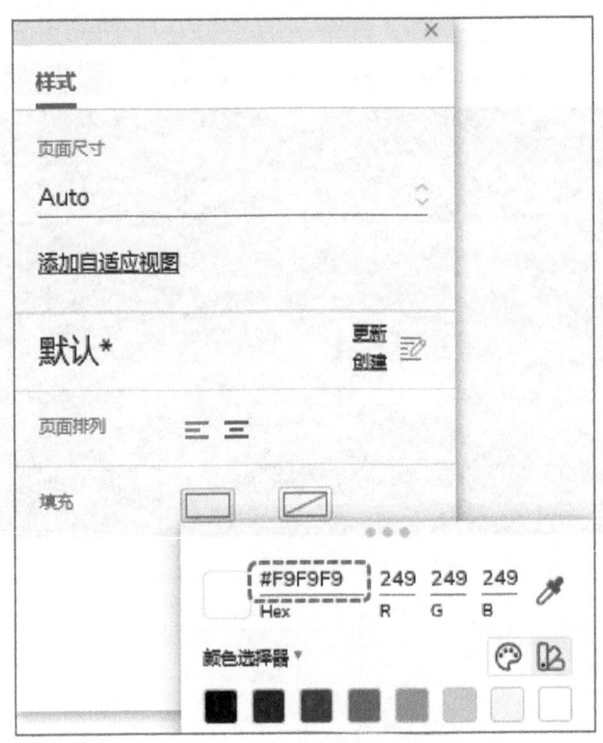

图 2–121　页面背景颜色设置

一般网站的导航栏和底部会铺满整个屏幕。其中，导航可以通过为页面【填充】背景【图片】来实现。而底部需要使用动态面板元件，之后内容中会有相关介绍。

导航栏背景是白色的矩形，我们可以用一个同等高度的白色矩形作为页面的背景图片。

如果没有素材，我们可以在画布中放入一个白色的矩形，调整宽度为 10 像素，高度为 80 像素，然后，在上下文菜单中选择【变换形状】，将它【转换为图片】，如图 2–122 所示。最后，预览原型将这张图片另存到本地，就得到了一张背景图片素材。

在页面样式的【填充】设置中，我们【选择】这张背景图片素材，并将它【水平重复】铺满屏幕，如图 2–123 所示。经过这样的设置，我们就看到了导航栏水平铺满浏览器的效果。

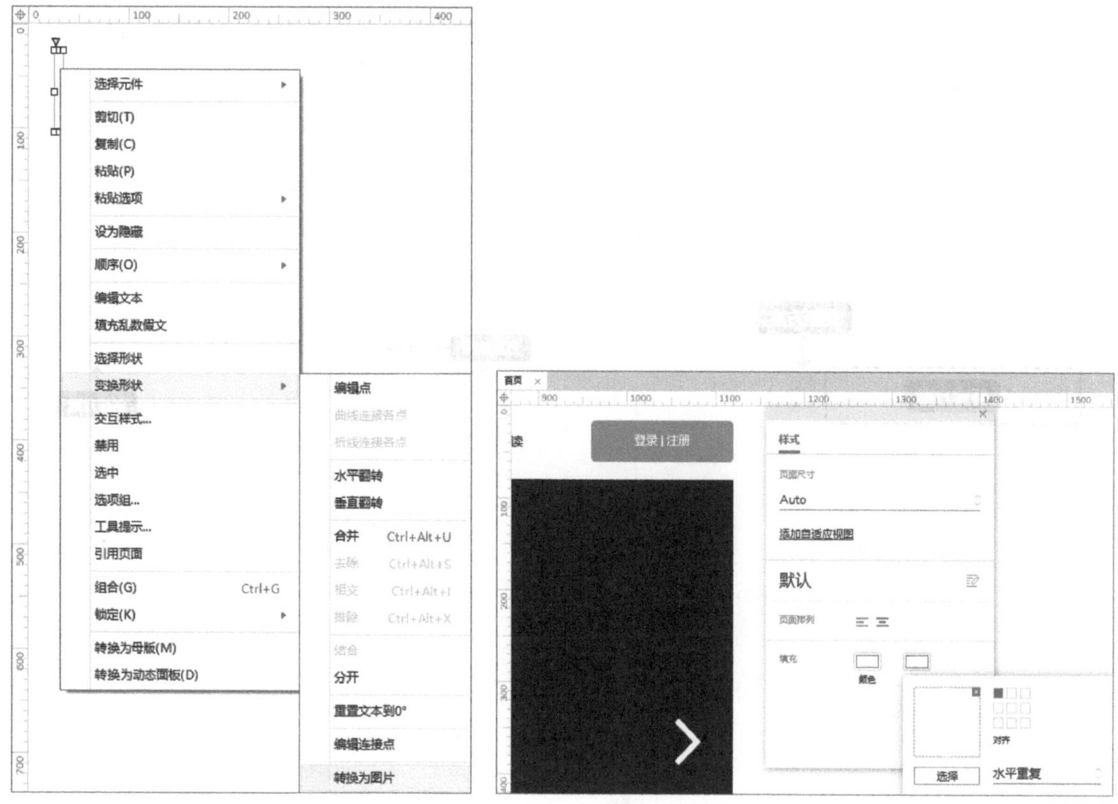

图 2-122　形状转换为图片

图 2-123　页面背景图片设置

2.5.3　管理元件与页面的样式方案

样式设置完成之后，只是更改了一个页面的样式。如果相同的设置需要应用到多个页面中，可以设置样式方案。

在进行页面样式编辑之后，单击样式方案后面的【更新】按钮，就可以将“默认”样式方案更新为当前的样式。因为原型中的所有页面默认的样式方案都是“默认”方案，所以就能达到更改所有页面样式的目的，如图 2-124 所示。

另外，如果一个项目中，有多个页面需要采用其他样式方案，我们可以单击编辑方案或【创建】按钮（见图 2-125），还可以在导航栏【项目】菜单中打开【页面样式管理器】（见图 2-126），【添加】不同的样式方案（见图 2-127），然后在页面样式功能面板中选择新建的方案（见图 2-128）。

与页面样式方案类似，元件的样式也可以有不同的方案。例如，形状类型的元件实际上是不同的样式方案，如图 2–129 所示。

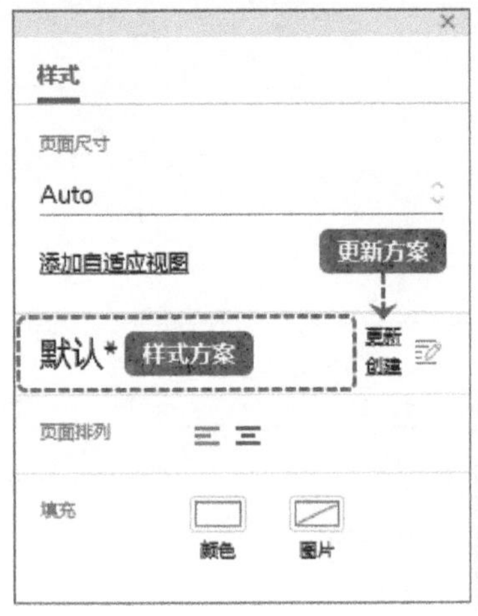

图 2–124　更新页面样式方案

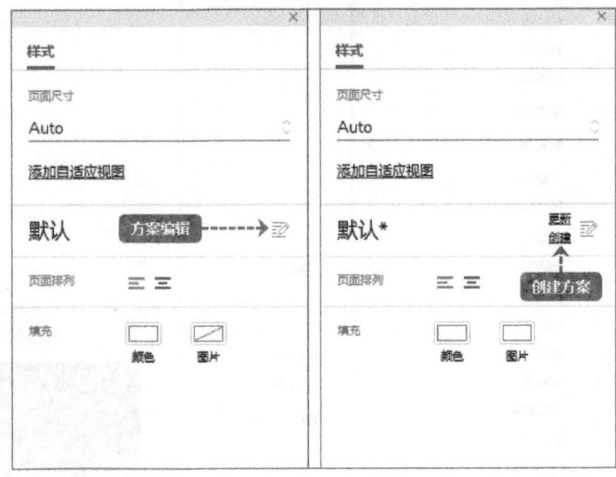

图 2–125　打开页面样式管理器

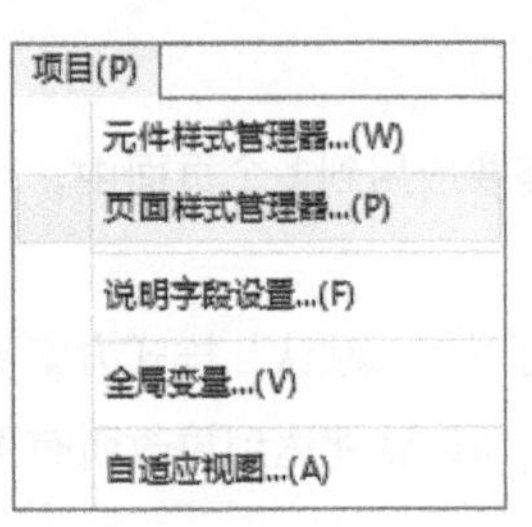

图 2–126　项目菜单

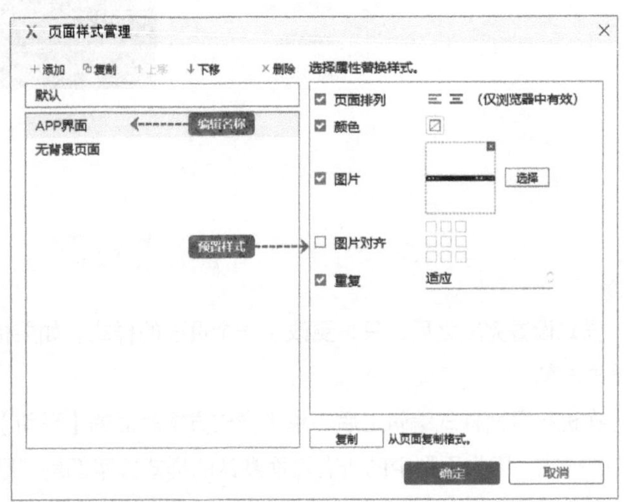

图 2–127　添加页面样式方案

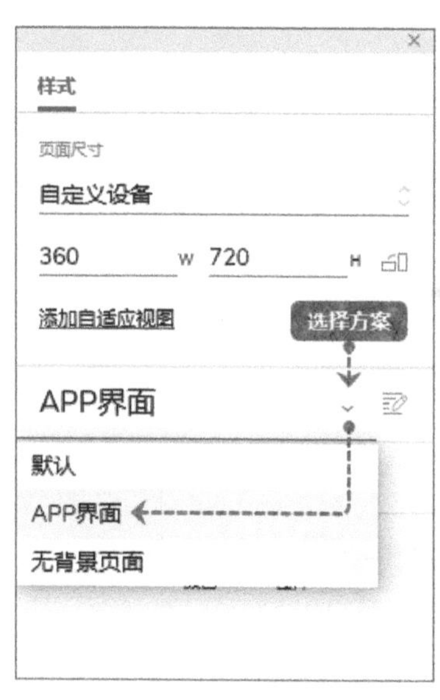

图 2–128　使用页面样式方案

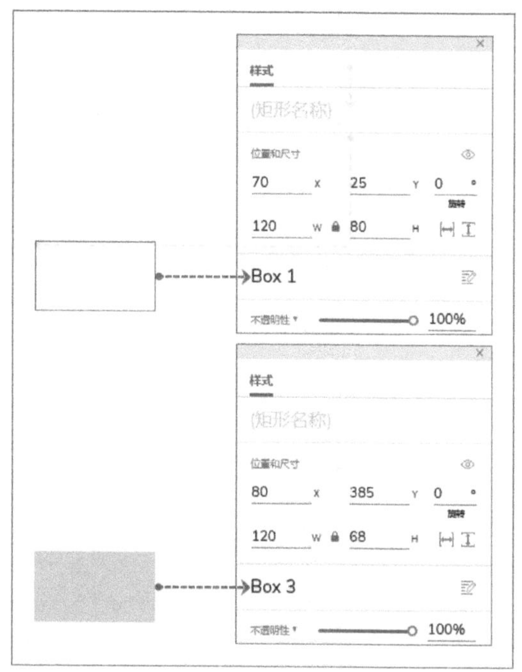

图 2–129　形状的样式方案

单击元件样式方案后方的编辑方案或【创建】按钮（见图 2–130），也可以在导航栏【项目】菜单中打开【元件样式管理器】（见图 2–131），进行预置样式的编辑（见图 2–132）。

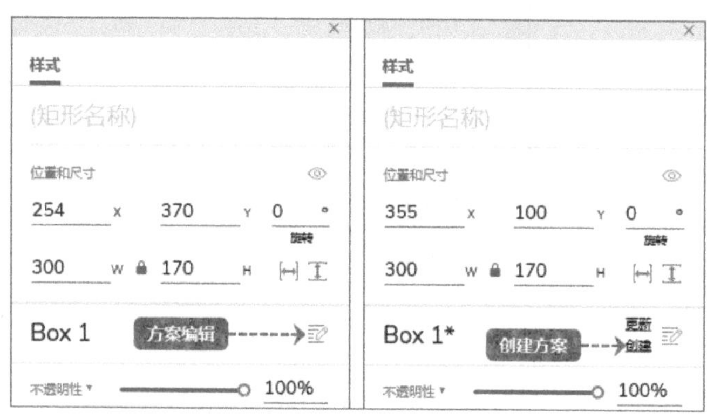

图 2–130　打开元件样式管理器

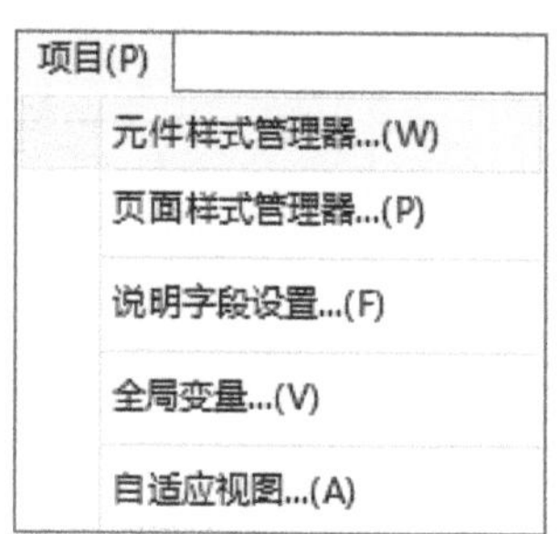

图 2–131　项目菜单

图 2-132　添加形状样式方案

完成方案编辑后，在画布中拖入矩形元件后就可以选择样式方案了，如图 2-133 所示。

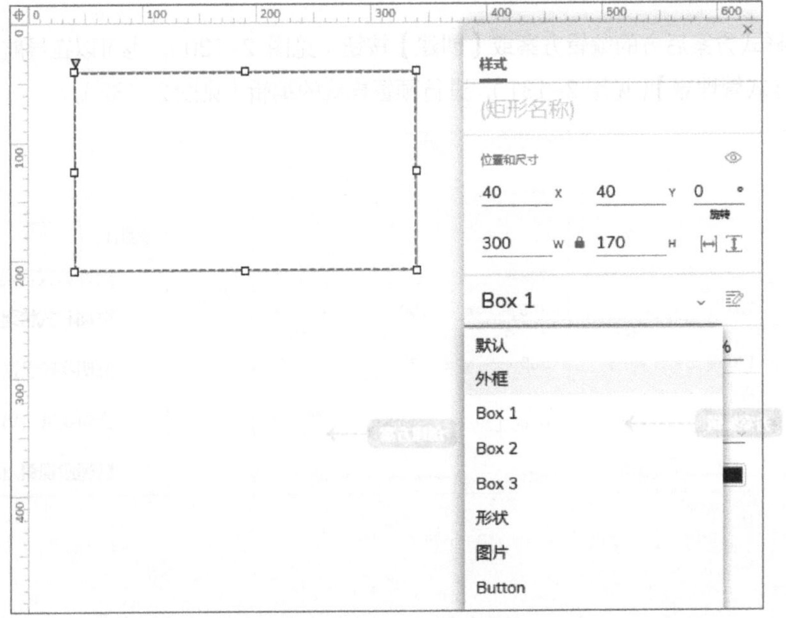

图 2-133　使用形状样式方案

2.6　拒绝重复工作——母版的使用

在制作原型各个页面的时候，经常会有些重复的内容，比如页面的导航和底部。这些重复的内容虽然能够通过复制、粘贴操作来完成，但是当数量较多时，一旦需要修改就会导致多个页面都需要修改，产生太多重复的劳动。

Axure RP 提供了母版功能，在母版中制作的内容可以重复添加到不同的页面中，并且能够在修改母版内容时同步完成页面内容的更新，大大提高我们的工作效率。

1. 创建母版

我们可以在母版功能面板中单击加号（+）按钮来添加新的母版并为其命名，如图 2–134 所示。然后，双击母版名称在画布中编辑相关内容。

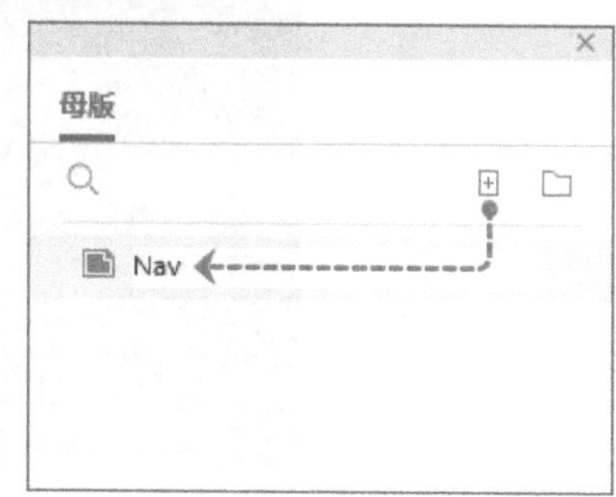

图 2–134　创建母版

对于已经添加好的页面内容，我们可以选中后，在上下文菜单中选择【转换为母版】，并为转换后的母版添加名称，如图 2–135 所示。这一步操作可以通过快捷键〈Ctrl+Shift+Alt+M〉来完成。

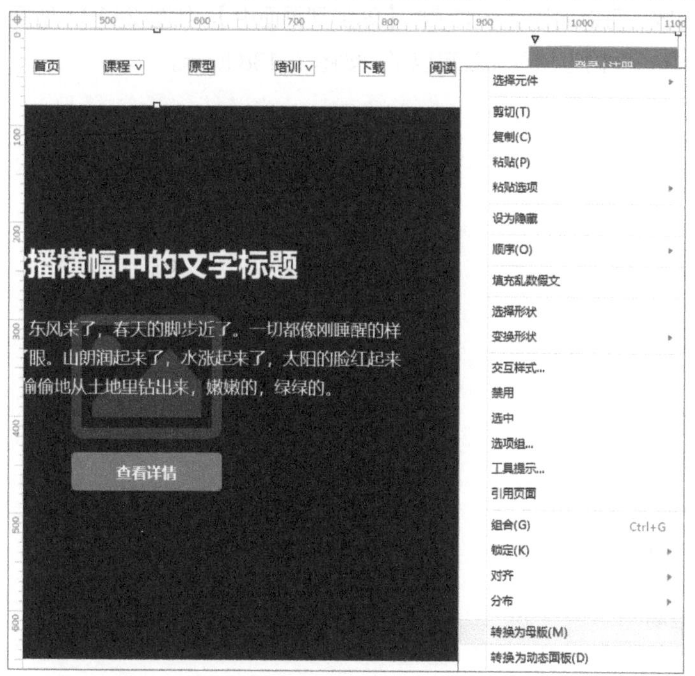

图 2–135　转换原型内容为母版

已存在的母版内容，可以通过上下文菜单中选择【脱离母版】(见图 2–136)，或者通过〈Ctrl+Shift+Alt+B〉键进行脱离。

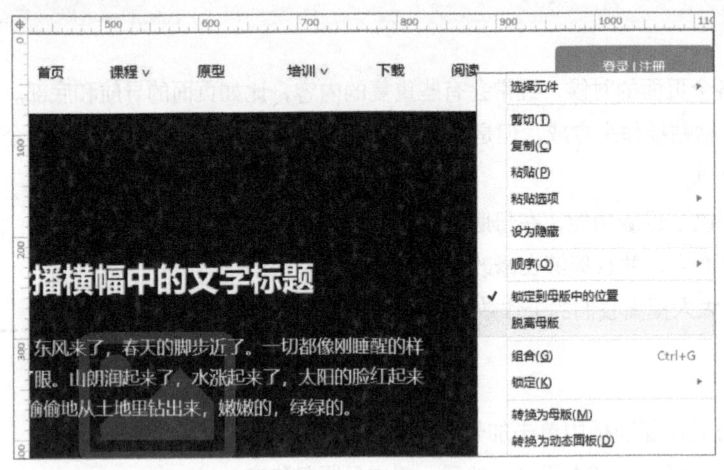

图 2–136　将内容从母版中脱离

2. 引用母版

创建好的母版内容，可以通过上下文菜单【添加到页面中】，如图 2–137 所示。在【设置】对话框中，我们选择需要添加母版内容的页面就可以了，如图 2–138 所示。

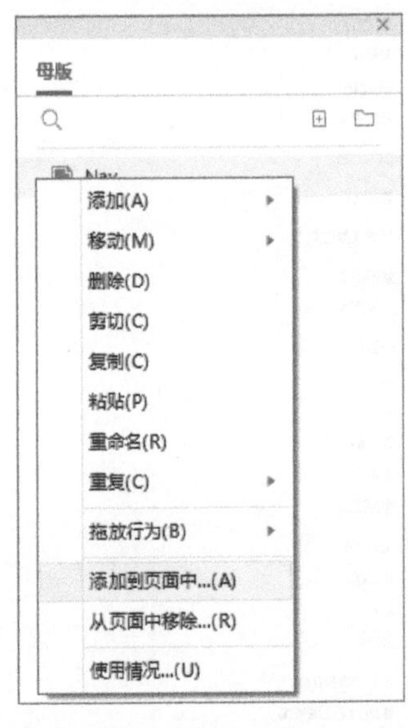

图 2–137　添加母版到页面

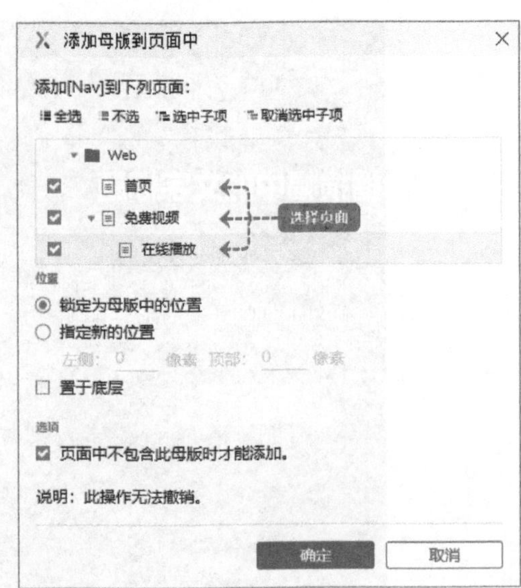

图 2–138　选择添加母版内容的页面

3. 母版视图

有些页面会在母版内容的基础之上再扩展一些内容，并且这些扩展的内容也会在多个页面中出现。比如免费视频列表页和详情页都带有面包屑导航（Breadcrumb Naviqation，一种网站页面导航方式），如图 2–139 所示。

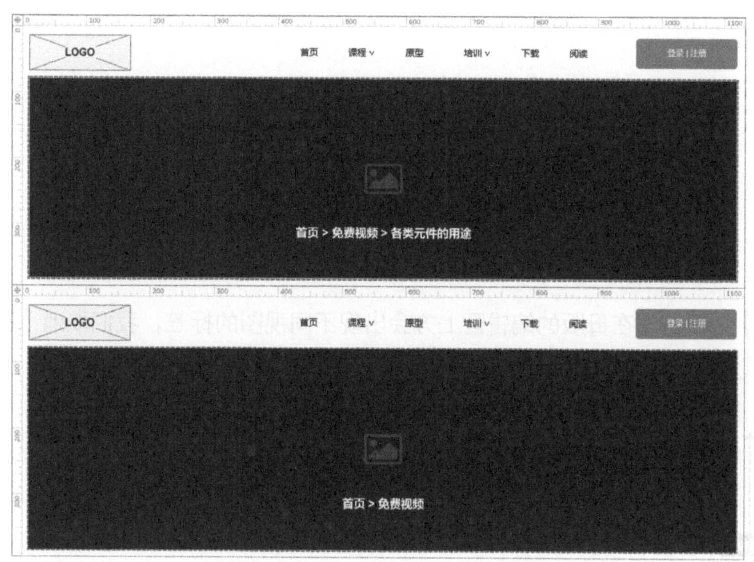

图 2–139　需要实现的目标内容

Axure RP 9 新增的母版视图功能可以完美解决这个问题。

在母版的编辑状态下，样式功能面板中单击【添加母版视图】，可以打开母版视图管理界面，然后为母版添加新的视图，如图 2–140 所示。

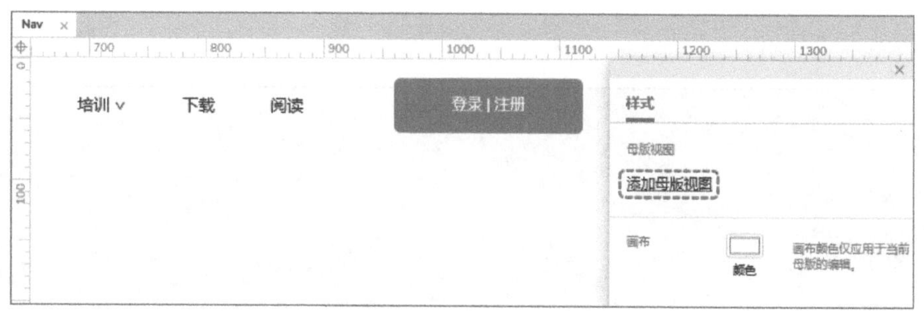

图 2–140　打开母版视图管理界面

在【母版视图】对话框中，我们单击【+添加】按钮，添加新的母版视图，并设置相应的名称，如图 2–141 所示。

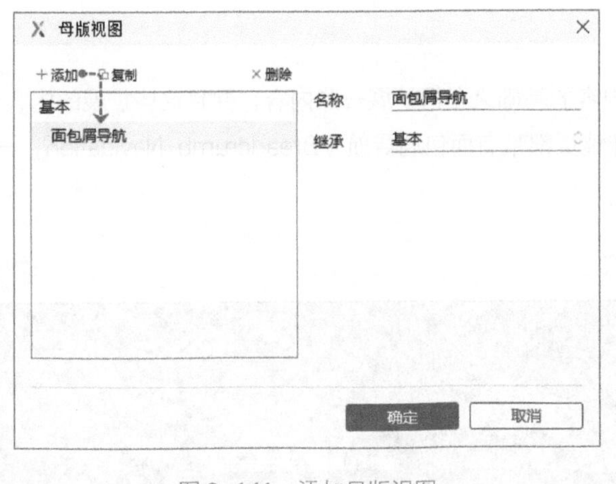

图 2-141　添加母版视图

单击【确定】按钮后，在母版的编辑区上方会出现不同视图的标签，我们取消【影响所有视图】的勾选，以免对新视图内容的编辑影响基本视图的内容，如图 2-142 所示。

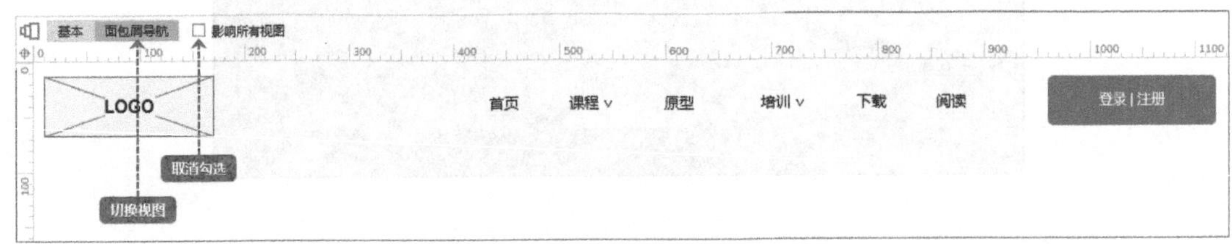

图 2-142　母版视图操作

在新视图中添加扩展内容，如图 2-143 所示。

图 2-143　为母版视图添加内容

然后，在添加了母版的页面中选中母版，在样式功能面板中将母版视图选择为新视图。并且，还能够对视图中的图片、文字等信息进行重写，如图 2-144 所示。

图 2-144　重写母版中的内容

4．拖动操作

因为页面长度不一样，所以每个页面底部的内容都不在相同的位置，但是【添加到母版】的操作都添加到了和母版中一样的位置。

虽然在【添加母版到页面中】的设置对话框中可以为添加的母版【指定新的位置】（见图 2-138），但是，对于添加母版到不同页面的不同位置，这个功能很不方便。我们可以用另外一个办法：将母版直接拖动到页面的画布中。

在母版的上下文菜单中有【拖放行为】的选项，默认就是【任意位置】。也就意味着能够将母版内容拖放到页面中的任意位置，如图 2-145 所示。

菜单中的第二项【固定位置】，就是指将母版内容拖入画布后，还是和母版中的位置保持一致。

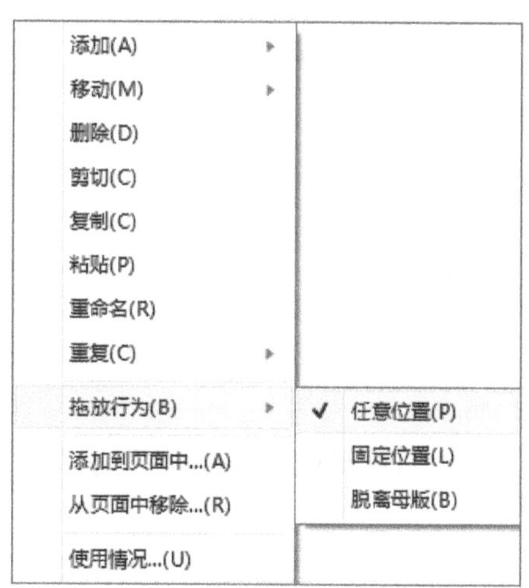

图 2-145　母版拖放行为选项

最后一项【脱离母版】是指拖入页面的内容和母版不再有任何联系，修改母版的时候，这些已脱离的内容将不再跟随母版发生变化。

5. 删除母版

（1）删除页面中的母版内容

删除页面中母版内容，可以在页面中选中母版内容，按〈Delete〉键进行删除。

也可以在母版的上下文菜单中，通过【从页面中移除】选项进行删除，如图 2-146 所示。只需要在弹出的设置对话框中勾选需要移除母版内容的页面，单击【确定】按钮即可，如图 2-147 所示。

图 2-146　从页面中移除母版内容

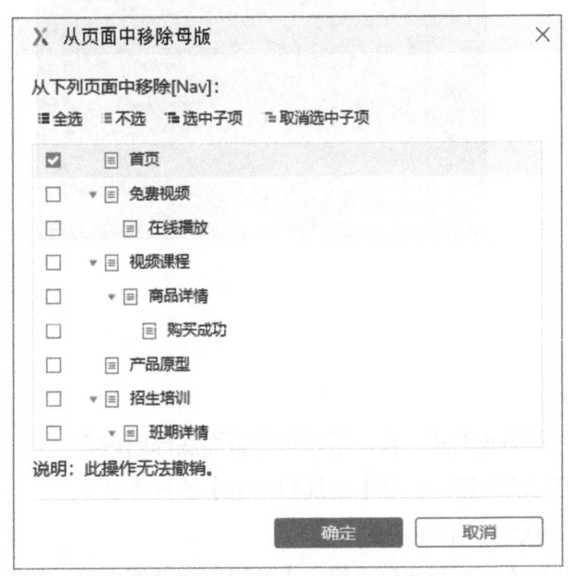

图 2-147　选择移除母版内容的页面

（2）删除母版

删除母版，可以选中母版名称，按〈Delete〉键进行删除，也可以通过上下文菜单中的【删除】选项进行删除。

但是，如果母版已添加到页面中，则需要先将页面中使用的母版内容全部清除才能够进行删除母版操作。

如果删除母版时还有页面使用此母版，则会弹出母版使用情况报告，提示用户哪些页面在使用这个母版，如图 2-148 所示。

母版的使用情况报告，我们也可以通过上下文菜单中的【使用情况】选项查看，如图 2-149 所示。

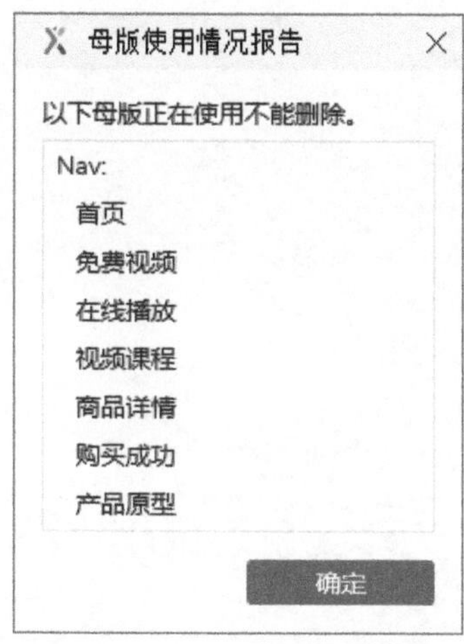

图 2-148　母版使用情况报告

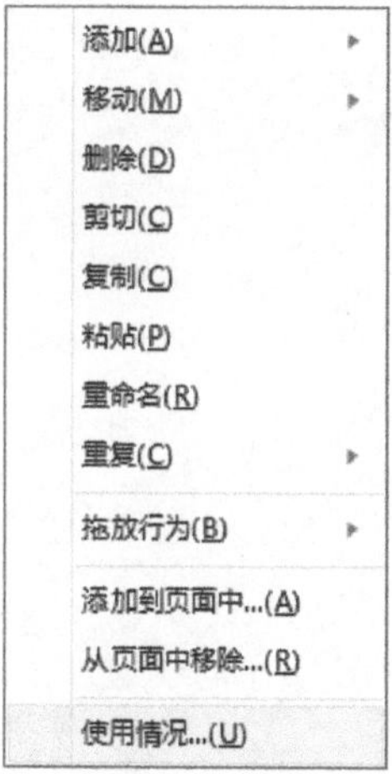

图 2-149　打开母版使用情况报告对话框

第 3 章
让用户看到我们的原型

原型设计文件是供产品设计师们和产品经理们讨论产品的一个沟通交流工具，如何把产品原型设计文件发布出来供大家使用是必须掌握的内容。本章将介绍把 Axure RP 制作的原型文件发布出来供用户使用的几种方法。

3.1 把原型页面导出图片

绘制好的页面草图，我们可以导出图片用于展示或者放入产品相关文档中。

在软件导航栏的【文件】菜单中，可以完成页面导出为图片的操作，如图 3–1 所示。

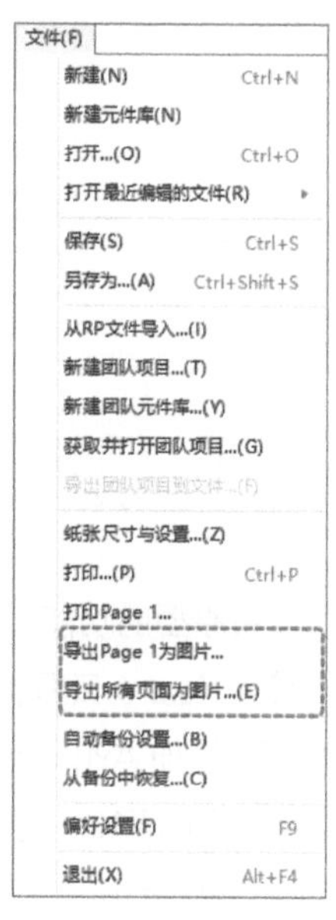

图 3–1　文件菜单

我们还可以在画布中复制需要导出为图片的所有元件或部分元件，粘贴到画图工具、Word 文档以及聊天工具的窗口中，这些复制的内容会自动转换为一张图片。

3.2 实时预览查看原型设计效果

预览功能主要是为了便于在原型的编辑过程中能够实时查看效果。

当然，如果使用 RP 源文件为他人演示原型也可以使用预览功能。

我们可以单击工具栏中的【预览】图标（见图 3–2）或者使用快捷键〈F5〉，通过指定的浏览器查看原型。

在导航栏的【发布】菜单中有【预览选项】（见图 3–3）可以进行【浏览器】的指定以及【播放器】状态的设置（见图 3–4）。

图 3–2　快捷工具栏中的预览按钮

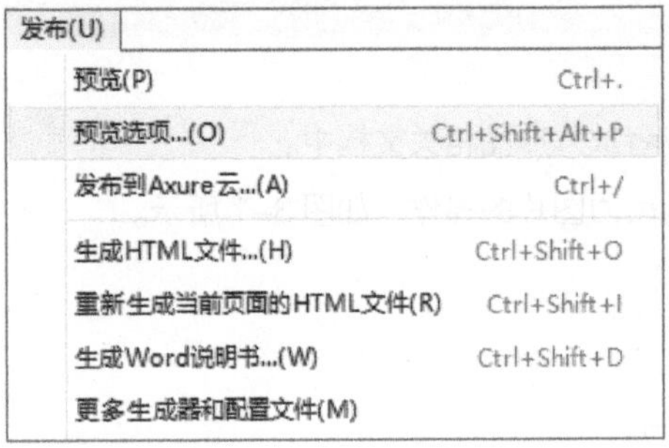

发布(U)
预览(P) Ctrl+.
预览选项...(O) Ctrl+Shift+Alt+P
发布到Axure云...(A) Ctrl+/
生成HTML文件...(H) Ctrl+Shift+O
重新生成当前页面的HTML文件(R) Ctrl+Shift+I
生成Word说明书...(W) Ctrl+Shift+D
更多生成器和配置文件(M)

图 3-3　发布菜单

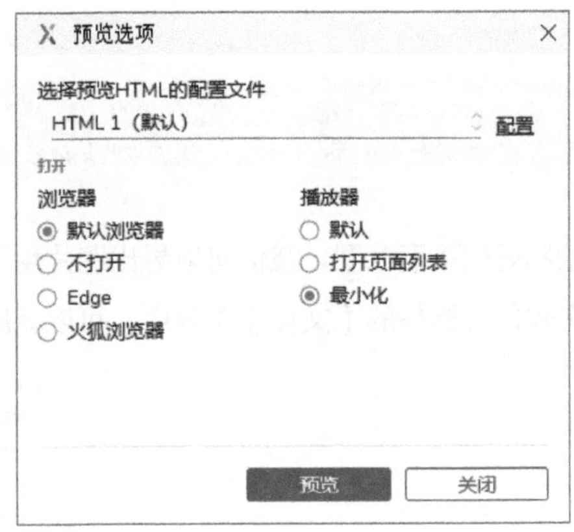

图 3-4　预览选项

3.3　让用户通过链接查看原型

Axure 官方为我们提供了通过在线共享发布原型的功能。

使用在线共享功能，能够将原型文件上传到 Axure 云服务器，生成可以在线访问的网页。

不过，使用在线共享功能之前，我们需要先注册 Axure 账号。单击 Axure RP 9 软件界面的右上方的【登录】按钮（见图 3-5）或者通过快捷键〈Ctrl+F12〉打开登录注册界面。

然后，单击【注册】按钮进行注册，如图 3-6 所示。

图 3-5　快捷工具栏中的共享与登录按钮

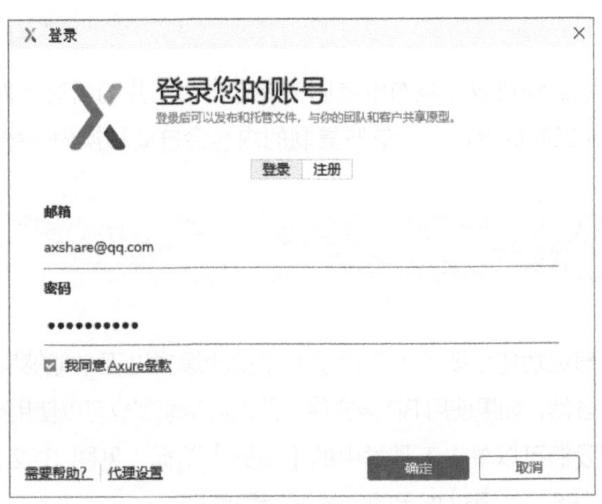

图 3-6　注册 Axure 账号

输入注册的【邮箱】、【密码】并勾选【我同意 Axure 条款】后，单击【确定】按钮即可完成注册，如图 3-6 所示。

注意，网络情况会影响注册响应时长。

当注册成功后，软件界面右上方的【登录】按钮文字会变为注册邮箱的前缀，此时就能够正常使用共享功能了。

通过单击【共享】图标（见图 3-5）或者快捷键〈F6〉，打开在线发布设置对话框，进行原型的在线发布，如图 3-7 所示。

在【发布项目】对话框中，我们可以设置项目名称、选择服务器上的存放位置以及设置浏览密码。

默认勾选【允许评论】选项，能够让他人在浏览原型时对原型发表评论。

另外，我们还可以在发布共享时对 HTML 页面进行如下设置。

- 页面：可以选择生成全部或部分页面。
- 说明：可以选择是否生成元件和页面的说明内容。
- 交互：可以设置情形的执行方式以及引用页面的打开方式。
- 字体：可以设置 Web 字体与字体映射。

在单击【发布】按钮后，软件会自动将原型文件上传到服务器，在软件界面的中下方我们能够看到发布状态和生成的访问链接，如图 3-8 所示。

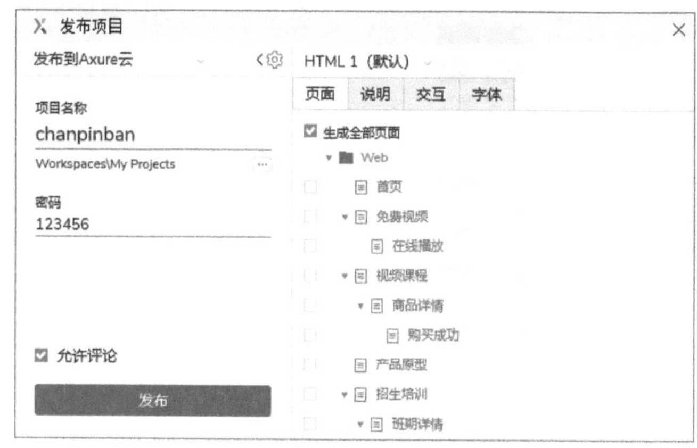

图 3-7　在线发布设置对话框

图 3-8　发布完成时的提示

发布后的项目可以访问 Axure 云官网（https://www.axure.cloud/）进行管理，如图 3-9 所示。

在 Axure 云中，单击项目列表中的项目名称，能够打开项目的概览视图，如图 3-10 所示。

概览（OVERVIEW）页面中，能够呈现项目中所有已发布页面的缩略图。

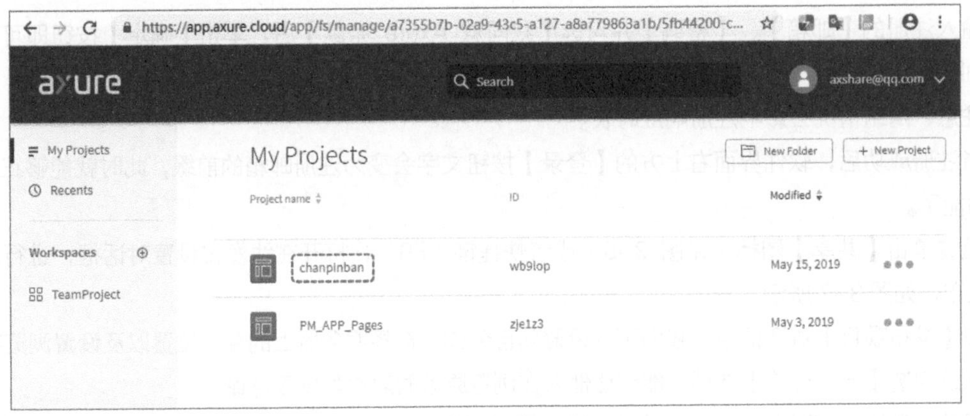

图 3–9　Axure 云项目管理页面

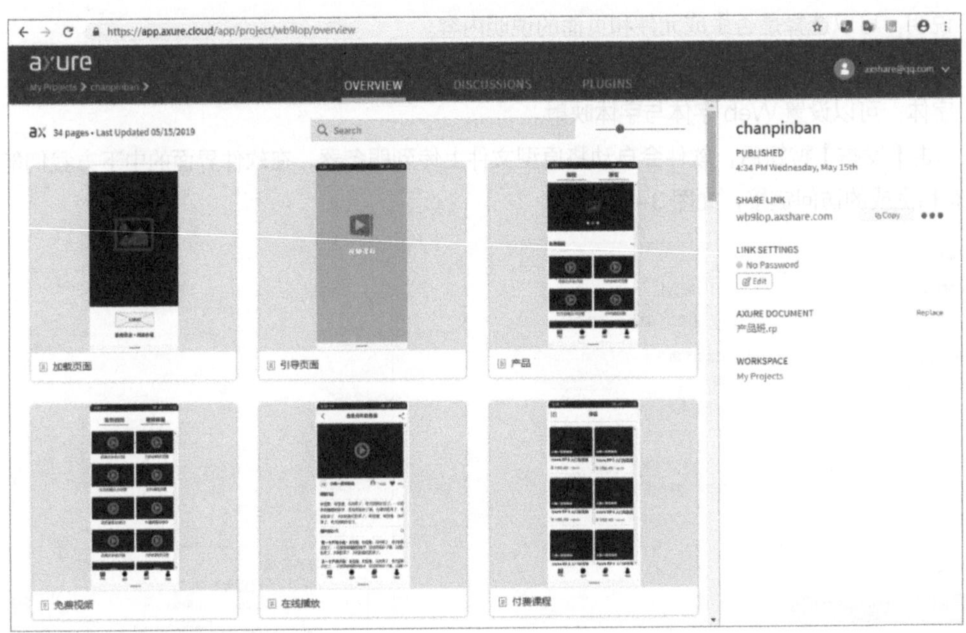

图 3–10　Axure 云项目概览页面

当我们将鼠标指针移入某一个缩略图，可以进行预览（PREVIEW）或者检查（INSPECT）相应的视图，如图 3–11 所示。

在检查（INSPECT）页面中，我们单击视图中的元素，能够显示该元素的详细信息，包括尺寸、文字以及颜色等。还能够获取该元素的 CSS 样式代码，如图 3–12 所示。

另外，Axure 云还提供对原型页面的评论功能，能够撰写评论以及在页面的任意位置添加评论，如图 3–13 所示。

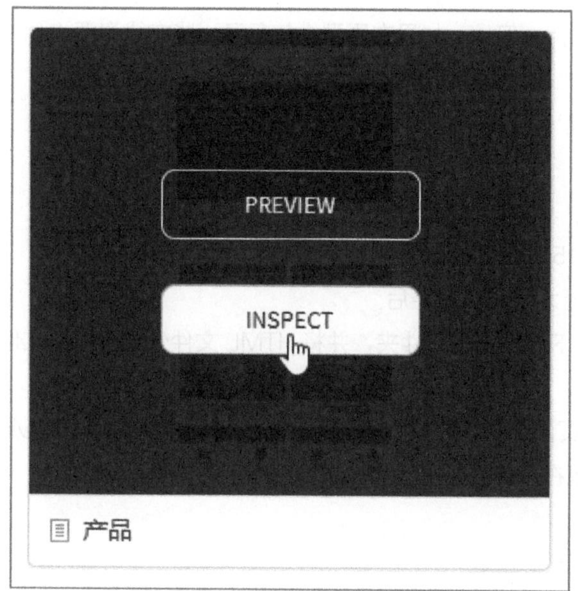

图 3–11　页面缩略图中的选项

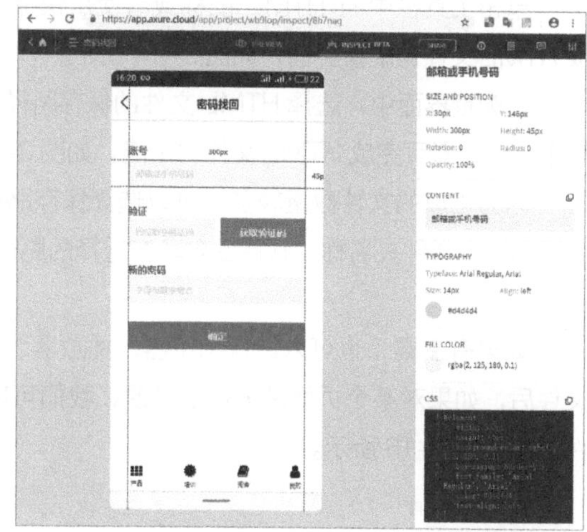

图 3–12　Axure 云检查页面

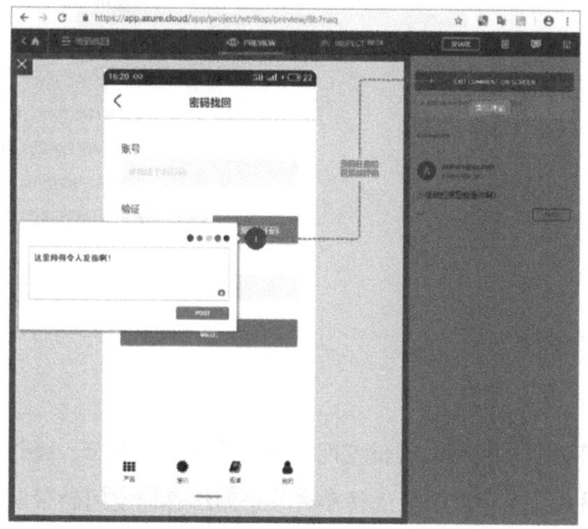

图 3–13　撰写评论与在页面任意位置添加评论

3.4　将原型生成 HTML 文件

我们可以通过生成 HTML 的功能，将原型生成为网页文件发送给他人，通过浏览器进行查看。

生成的 HTML 文件一般在查看时无须网络支持。但是，如果在原型中使用了一些在线资源（如字体、多媒体文件），则需要连接网络。

单击工具栏中的 HTML 图标或者使用快捷键〈F8〉，打开生成 HTML 文件的配置界面，如图 3–14 所示。

图 3–14　快捷工具栏中的 HTML 按钮

在配置界面中，选择 HTML 文件的保存路径，单击【发布到本地】按钮，即可完成 HTML 文件的生成，如图 3–15 所示。

因为生成的文件数量较多，可以选择保存路径之后，在路径后方添加一个文件夹名称。软件会自动在选择的路径下创建这个文件夹，并将 HTML 文件生成到这个文件夹中。

如果有需要，也可以进行浏览器、播放器、页面、说明、交互以及字体的相关设置。生成 HTML 文件后，如果对某个页面又进行了修改，我们可以在【发布】菜单中【重新生成当前页面的 HTML 文件】，如图 3–16 所示。

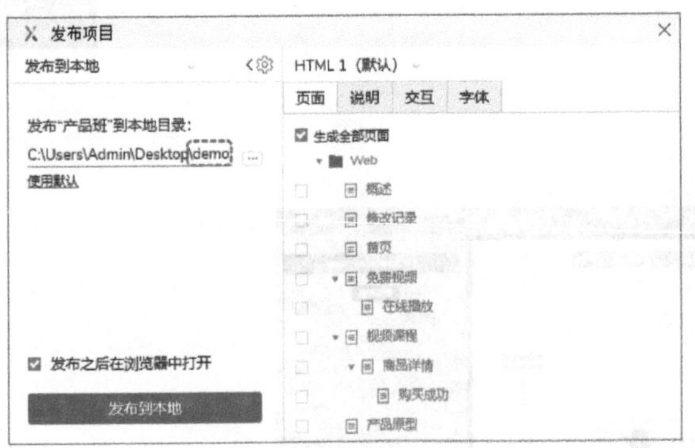

图 3–15　本地发布设置窗口

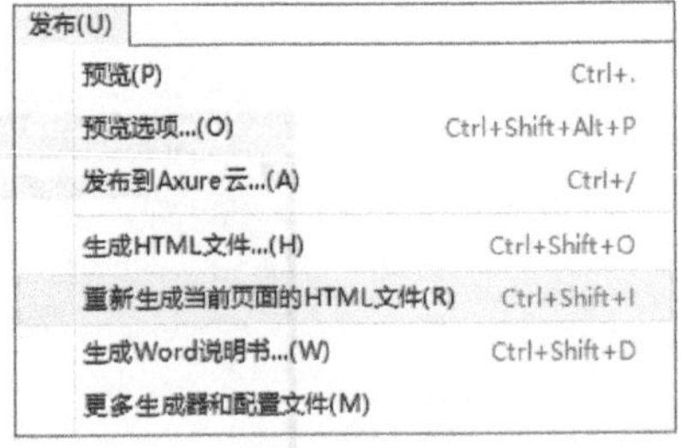

图 3–16　在发布菜单中重新生成当前页面的 HTML 文件

提 示

生成的 HTML 文件可以上传到网络存储空间（如七牛云、又拍云、腾讯云、阿里云等），通过服务商所提供的链接进行在线访问。具体使用方法请参考各个网络存储空间的帮助文档以及相关网络教程。

3.5　简洁实用的原型播放器

Axure RP 的原型播放器十分简洁实用。播放器工具栏从左至右包含了一些功能按钮，如图 3–17 所示。

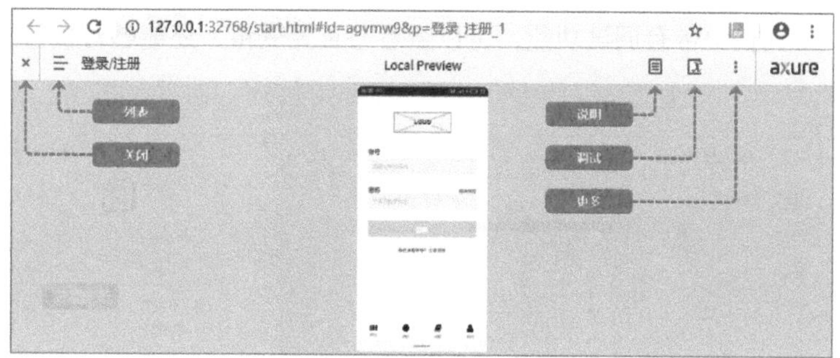

图 3–17　原型播放器界面

- 关闭按钮：可以隐藏或显示工具栏。
- 列表按钮：可以开启或关闭页面列表。
- 说明按钮：可以打开或关闭说明列表。
- 调试按钮：可以监控变量值以及追踪交互执行过程。
- 更多按钮：包含显示交互热点（添加了交互的元件）、显示说明、默认缩放、适应宽度以及适应比例等选项，如图 3–18 所示。

提 示

适应宽度是指原型页面内容宽度缩放至浏览器宽度，同时高度等比缩放；适应比例是指原型页面内容尺寸等比缩放，以完整内容呈现在浏览器窗口中。

另外，在不同的发布方式中原型播放器功能略有区别。

浏览生成的 HTML 时，只有页面列表按钮、说明按钮以及更多按钮，如图 3–18 所示。

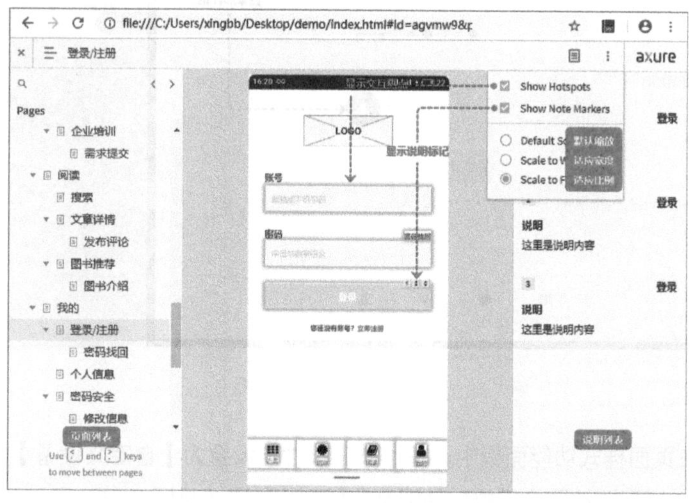

图 3–18　更多选项

预览原型时，工具栏中带有调试功能，可以查看与重置变量，还能够对执行的交互进行跟踪，如图 3–19 所示。

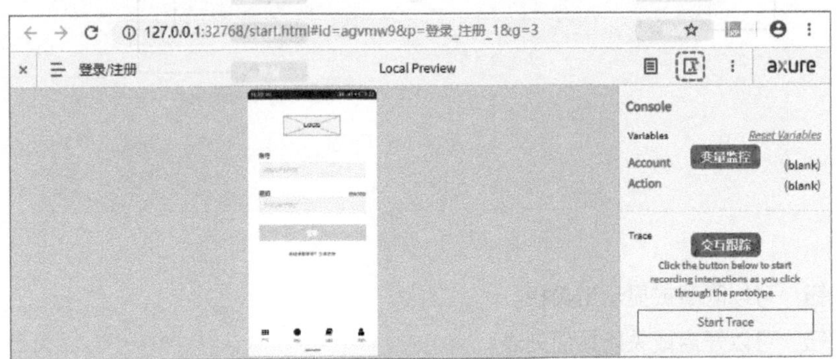

图 3–19　调试功能

查看在线共享的原型时，可以为原型添加评论或在页面任意位置添加评论，评论内容长久保留在 Axure 云服务器上，如图 3–20 所示。

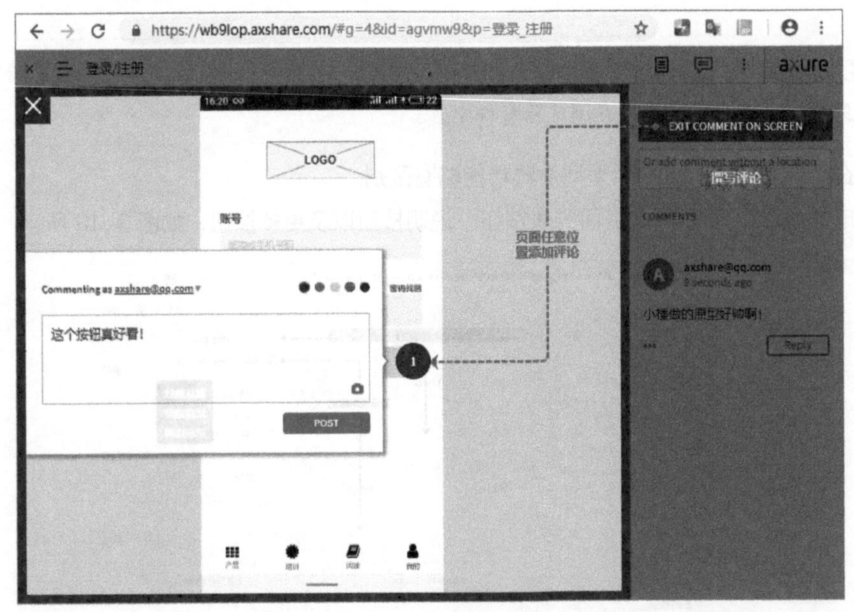

图 3–20　在页面的任意位置添加评论

制作原型时，在页面样式功能面板中，将【页面尺寸】设置为【自定义设备】或者预置的某一种设备后（见图 3–21），原型播放器会模拟移动端浏览原型的效果（见图 3–22）。

图 3–21　页面尺寸列表

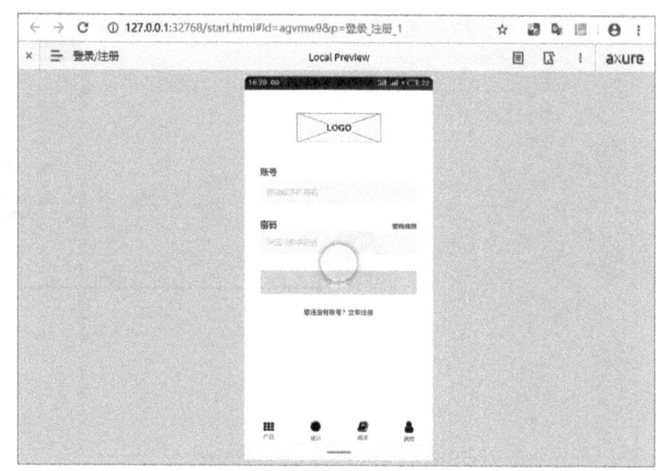

图 3–22　浏览器中的播放效果

3.6　安装插件谷歌浏览器

原型播放器在谷歌浏览器或基于谷歌浏览器内核二次研发的浏览器中，如果没有安装浏览器插件，则不能够正常工作，无法查看原型。

浏览器插件下载地址为http://www.iaxure.com/downloads/。安装浏览器插件，需要在谷歌浏览器中打开扩展程序，如图 3–23 所示。

在扩展程序界面中开启【开发者模式】（见图 3–24），然后将解压后的文件夹拖入浏览器插件文件（见图 3–25），或单击【加载已解压的扩展程序】按钮进行安装（见图 3–26）。

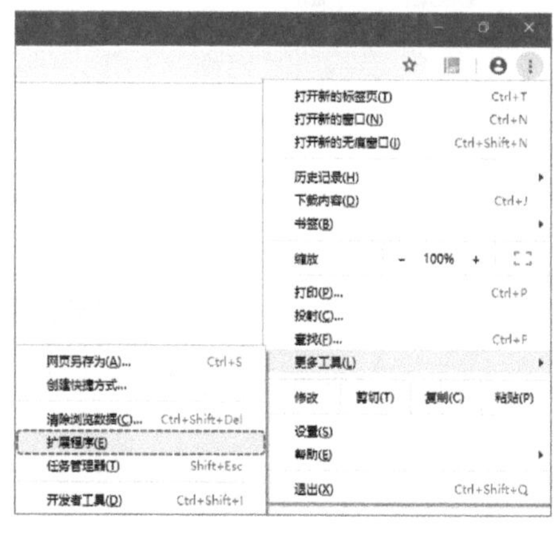

图 3–23　打开扩展程序管理界面

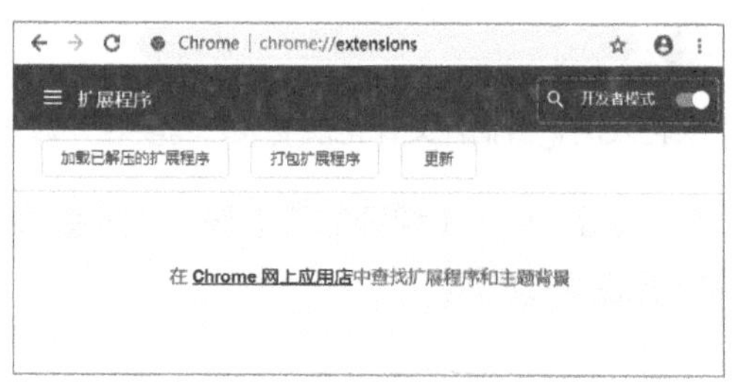

图 3–24　打开开发者模式

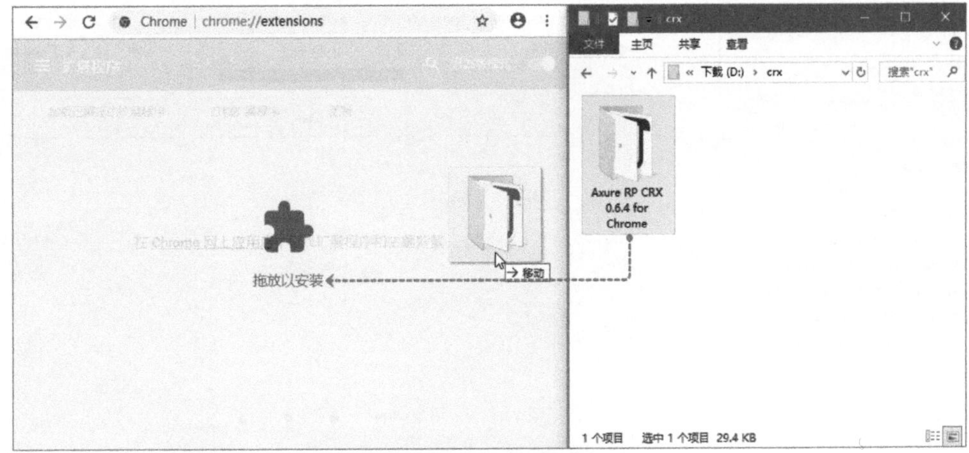

图 3–25　拖入扩展程序

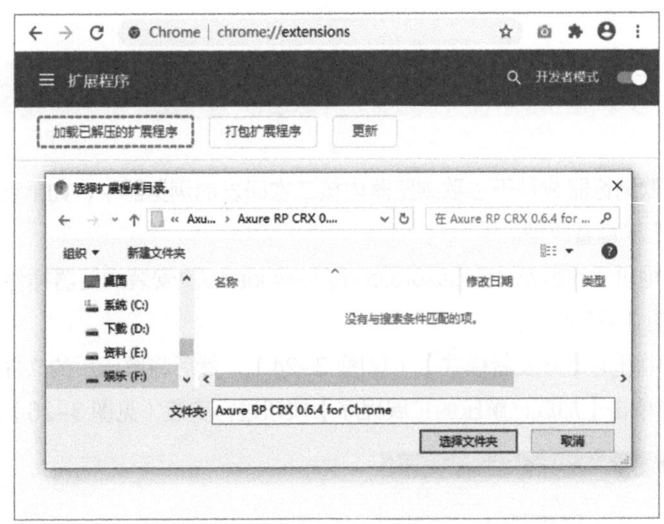

图 3–26　确认添加扩展程序

提 示

如果拖入浏览器插件文件无法安装，需要在开启开发者模式后，重新启动浏览器，再进行安装操作。

安装完成后，单击【详细信息】按钮（见图 3–27），在打开的界面中，开启【允许访问文件网址】选项（见图 3–28）。

图 3-27　打开详细信息设置

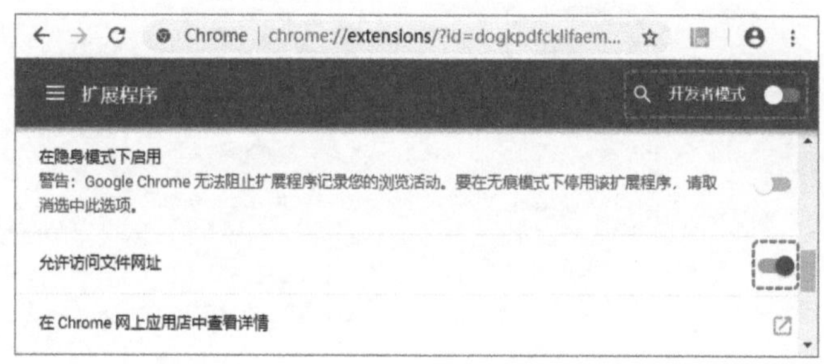

图 3-28　详细信息中的选项设置

最后，关闭【开发者模式】，如图 3-28 所示。

到这里，我们就能够正常地在谷歌浏览器中查看原型了。

第 4 章
Axure RP 交互原型的快速实现

介绍交互的概念以及交互分析的方法，完成线框草图向交互原型的过渡。

4.1　了解交互的概念

绘制线框草图是非常重要的，它本身就体现了产品的设计思想、功能结构以及业务逻辑等。可是，有很多目标用户并不能轻易看懂线框草图，所以很难让这些用户知道产品功能是不是真的简单易用，业务逻辑是否正确无误，这样就没有办法让用户对产品原型是否符合产品需求做出评判。

所以，需要为原型添加交互，让目标用户能够通过原型评估产品的可用性和易用性，从而给出准确的反馈。

那么，什么是交互？如何为原型添加交互呢？

交互是指程序对用户操作指令的反馈。实际上，这句话告诉我们，在进行交互设计的时候需要考虑以下两个问题。

- 允许用户进行什么操作？
- 用户能够获得什么反馈？

所以，我们在进行交互设计时，根据允许用户所要进行的操作，给出可操作的对象。例如，菜单、链接、按钮、滑块、输入框、选项列表等。当用户对可操作的对象进行了某种操作时，给予相应的反馈。

例如，我们允许用户进行单击导航菜单的操作。当单击导航菜单时，给予用户打开某一页面的反馈。

这就需要我们在绘制原型时，为导航菜单的每一个菜单项都添加独立的元件，并为这些菜单项元件分别添加交互事件。

4.2　元件的属性

在 Axure RP 中，有些交互可以直接通过属性设置来完成，有些则需要添加交互事件。我们先来了解元件都有哪些属性？能够帮助我们做什么？

4.2.1　形状的属性

元件库基本元件中的形状、线段以及文本元件都具有相同的属性设置。接下来对这些属性设置进行介绍。

1. 引用页面

如果只是完成单击某个按钮进行页面跳转的交互，可以直接将目标页面拖入当前页面的编辑区中，就会出现一个带有跳转交互的矩形元件，修改这个元件的样式就能够作为页面跳转的按钮或链接，如图 4–1 所示。（案例动画 7）

动画 7

添加页面为元件的操作

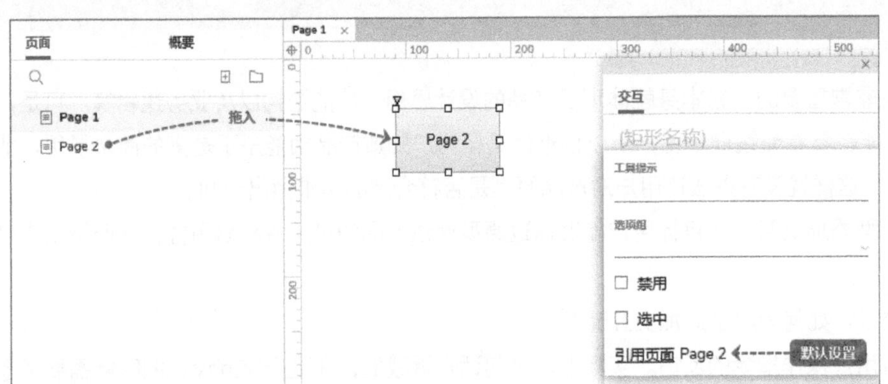

图 4–1　拖入页面为元件

形状元件的属性设置和上下文菜单中都包含【引用页面】的设置，在设置对话框中选择需要跳转的目标页面就可以实现单击时跳转到指定页面的交互。

例如，产品班网站登录页面中的“密码找回”链接，就可以设置【引用页面】为“密码找回”页面，如图 4–2 所示。

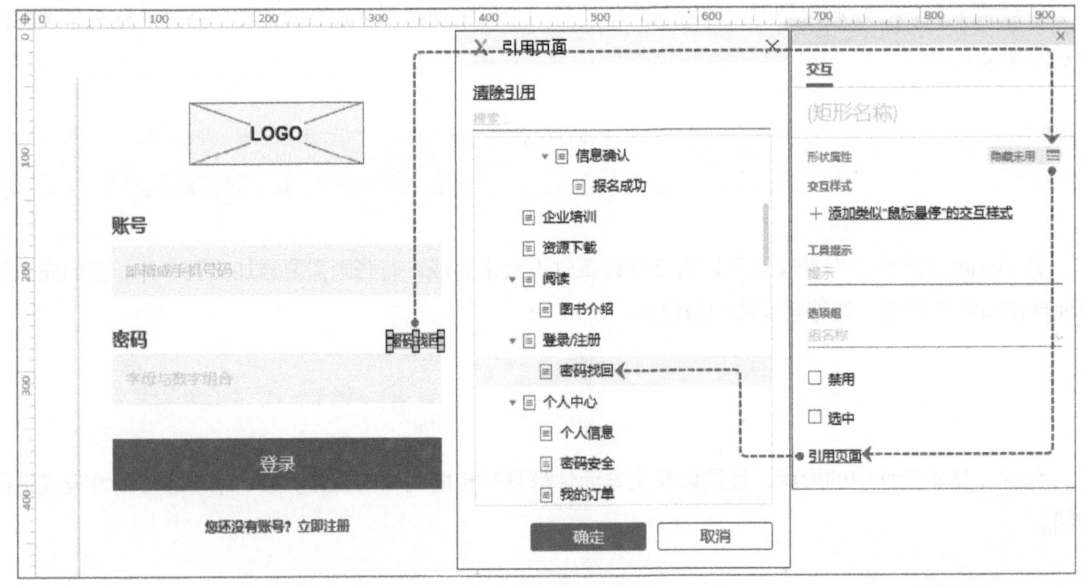

图 4–2　引用页面设置

提 示

> 不同的元件可能会有不同的属性设置，还有些元件没有属性设置，如内联框架、菜单、表格以及快照元件。

2. 工具提示

【工具提示】能够在鼠标指针停留在元件上时，让鼠标指针旁边出现文字提示。从名称上来看，就是提示用户这个工具的用途。

仍以产品班网站“登录/注册”页面中的“密码找回”链接为例，它的属性中可以添加【工具提示】“点此找回您的密码”，如图 4-3 所示。

预览原型，我们就能够看到工具提示的效果了，如图 4-4 所示。

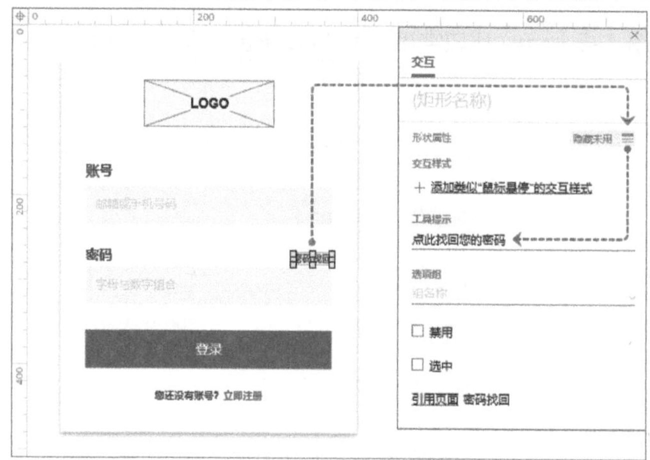

图 4-3　设置工具提示

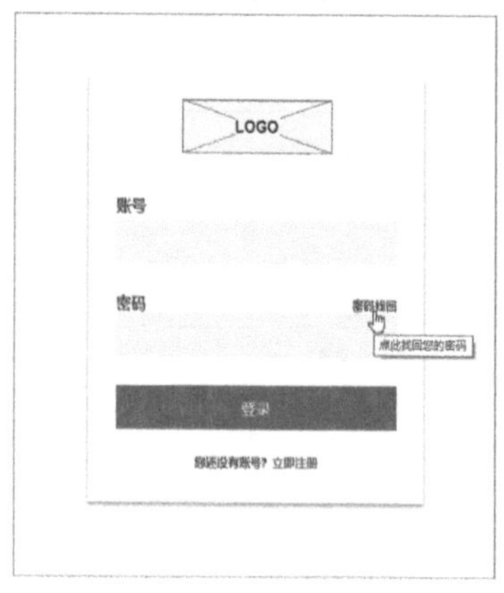

图 4-4　浏览器中的显示效果

3. 禁用

元件有启用和禁用两种状态，默认为启用状态。

注意，在元件属性设置中勾选【禁用】后，为元件添加的交互将失效。

4. 选中

元件有选中和未选中两种状态，默认为未选中状态。

在元件属性设置中勾选【选中】后，元件将变为选中状态。

5. 选项组

元件属性中【选项组】的设置用于多个元件单选，也就是说，在多个元件中某个元件变为选中状态时，其他属性中具有相同选项组名称的元件将恢复未选中状态。

4.2.2　图片的属性

图片元件的属性设置中除了没有【引用页面】的设置，其他都和形状元件相同。

4.2.3　文本框的属性

文本框具有一些独有的属性。

1. 类型

文本框可以指定 11 种【类型】，如图 4–5 所示。比较常用的有文本、密码、数字、文件和日期，如图 4–6 所示。

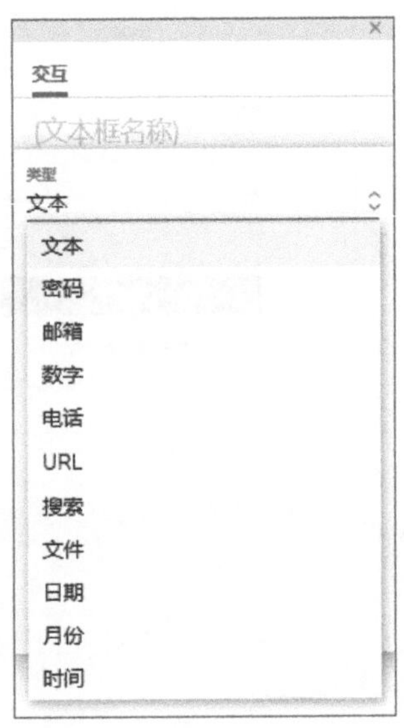

图 4–5　文本框的类型

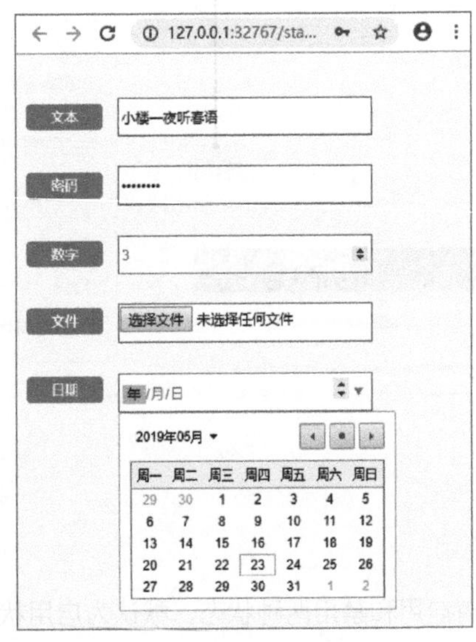

图 4–6　文本框常用类型

需要注意的是，有些文本框类型在不同浏览器中的外观和表现形式并不一样。例如，邮箱、URL、文件、日期、月份和时间。

并且，有些浏览器不支持其中的一些文本框类型。例如，火狐浏览器目前尚不支持搜索、月份与时间类型。

另外，电话类型只是在触屏设备上才有效果，能够唤起虚拟数字键盘。

2．提示文本

【提示文本】可以设置显示在文本框中的提示内容，还可以设置在【获取焦点（光标进入）】时或用户进行【输入】时【隐藏提示】。

以产品班网站“登录/注册”页面中用于输入密码的文本框为例，在它的属性中选择【输入类型】为【密码】类型，添加【提示文本】“字母与数字组合”，并且选择【输入】时【隐藏提示】，如图 4–7 所示。

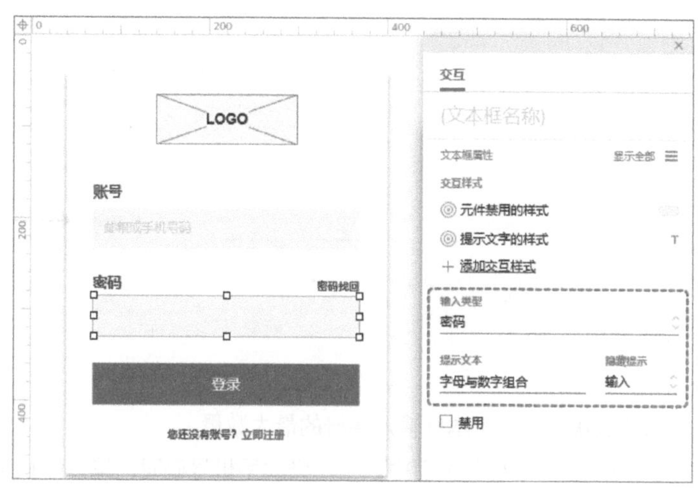

图 4–7　设置文本框提示文本

3．提交按钮

文本框是表单元件。在 Web 页面中，当用户在表单元件上完成输入，需要单击某个按钮提交数据，这个按钮叫作“提交按钮”。并且，用户也可以在完成输入时按〈Enter〉键进行提交，实际上是触发了“提交按钮”的单击交互。表单元件属性设置中的【提交按钮】就是这个概念。当我们将某个元件指定为【提交按钮】，在表单元件上按〈Enter〉键时，就会触发提交按钮的单击交互。

例如，我们在软件中添加“Page 1”和“Page 2”两个页面，然后，在“Page 1”的页面中，将“Page 2”页面拖入，会出现一个带有文字“Page 2”的矩形元件，我们再添加一个文本框，并将元件“Page 2”指定为提交按钮，如图 4–8 所示。

动画 8

提交按钮的交互效果

因为，元件“Page 2”带有跳转页面的交互（引用页面设置），所以在文本框上按〈Enter〉键就会触发页面跳转的交互。（案例动画 8）

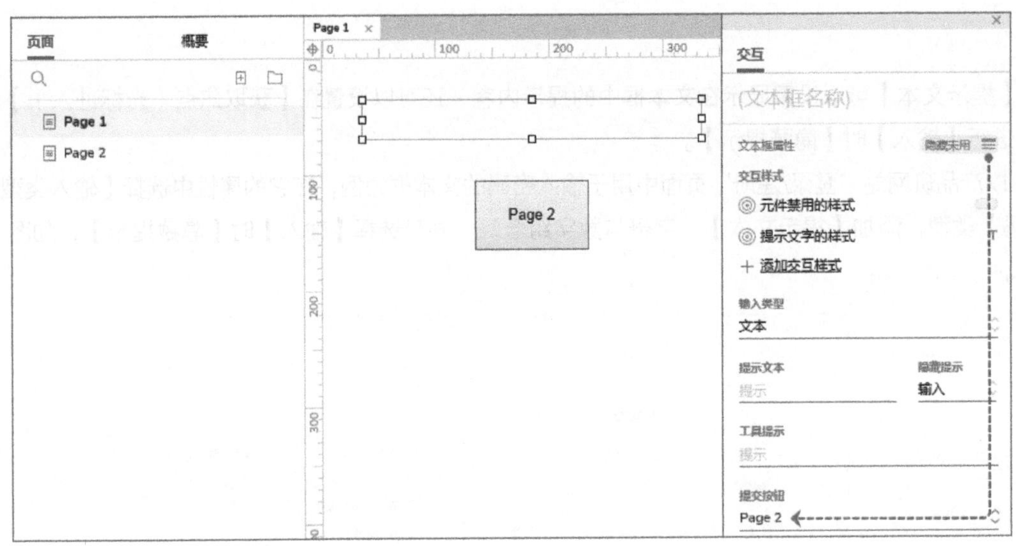

图 4–8　提交按钮设置

4．最大长度

【最大长度】中输入数值就能限制文本框输入字符的最大数量。

例如，产品班 App 的“修改信息”页面中，用户修改手机号码时，输入手机号码的文本框，就需要将【最大长度】设置为“11”位字符，如图 4–9 所示。

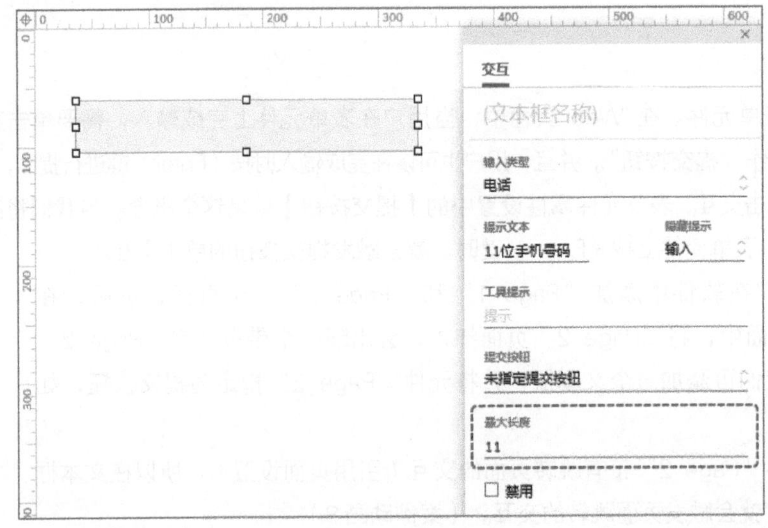

图 4–9　最大长度设置

5. 禁用

与形状元件一样，【禁用】会让元件的交互失效。但是，文本框元件的【禁用】状态，将无法输入内容，并且在部分浏览器中无法选中文本框中的文字进行复制。

文本框为【禁用】状态时，填充颜色会自动变为灰色，如图 4–10 所示。

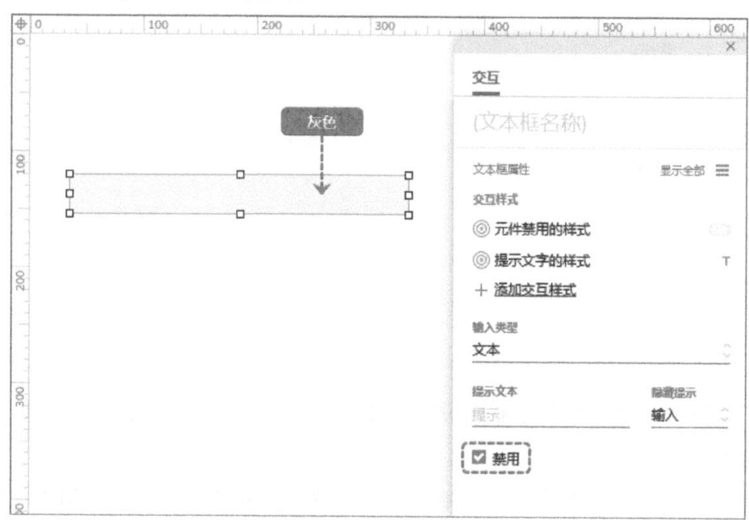

图 4–10　禁用元件设置

6. 只读

文本框元件的【只读】状态，同样无法输入内容，但不影响元件的交互效果，并且可以选中文本框中的文字进行复制。当同时勾选【禁用】和【只读】时，因为禁用的优先级高于只读，会呈现为禁用的状态。

4.2.4　文本域的属性

文本域元件除了不能限制输入字符的最大长度之外，与文本框元件的属性设置相同。

4.2.5　下拉列表的属性

下拉列表的属性设置只有【工具提示】、【提交按钮】和【禁用】三种。

通过双击元件或者上下文菜单中的【编辑列表项】选项，能够进行编辑下拉列表的操作，如图 4–11 所示。

编辑下拉列表时，支持【+添加】单个选项，或者【编辑多项】。并且，可以通过选中列表项中的某一项，将其设置为默认选项，如图 4–12 所示。

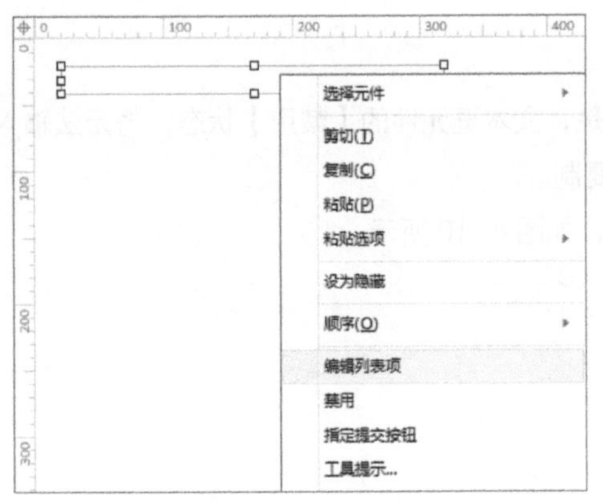

图 4–11　进入下拉列表编辑界面

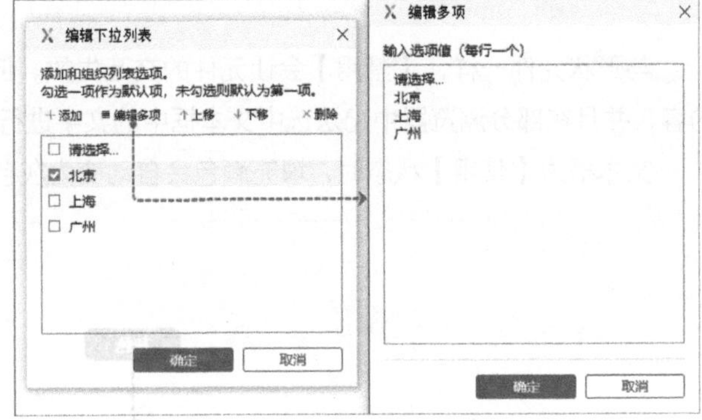

图 4–12　编辑下拉列表选项

4.2.6　列表框的属性

列表框与下拉列表具有相同的属性设置。但是，列表框的列表项可以【允许选中多个选项】，如图 4–13 所示。

Axure RP 中允许选中多个选项的列表框，在浏览器中查看原型时，用户可以在按〈Ctrl〉键的同时，单击选项进行多项选中。或者，在按〈Shift〉键的同时单击选项进行批量选中。

注意：列表框元件与文本域元件外观一样，所以放入元件时，注意看交互面板中显示的元件名称，如图 4–14 所示。

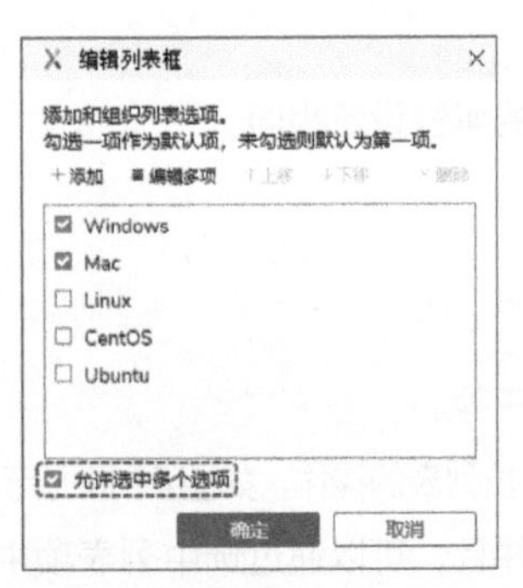

图 4–13　编辑列表框选项

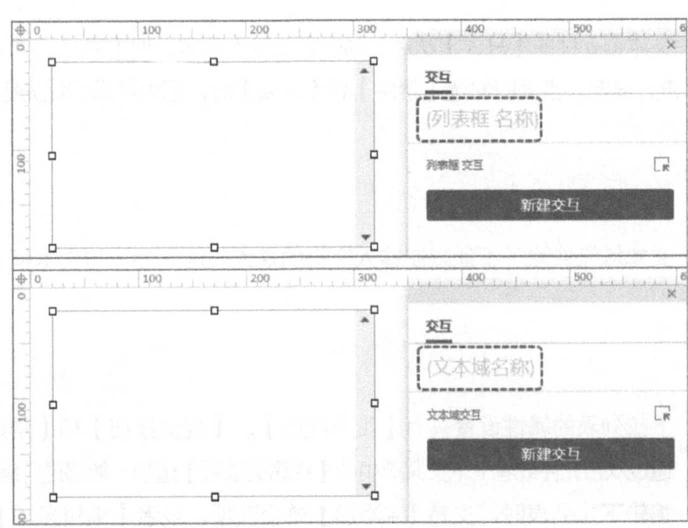

图 4–14　元件的区别

4.2.7　单选按钮的属性

单选按钮的默认文字可以编辑。并且，可以通过单击单选按钮（左侧的圆圈）或者在属性中设置单选按钮默认为【选中】状态。

例如，产品班 App 的【修改密码】页面中，验证方式的【手机验证】选项默认为选中状态，如图 4–15 所示。

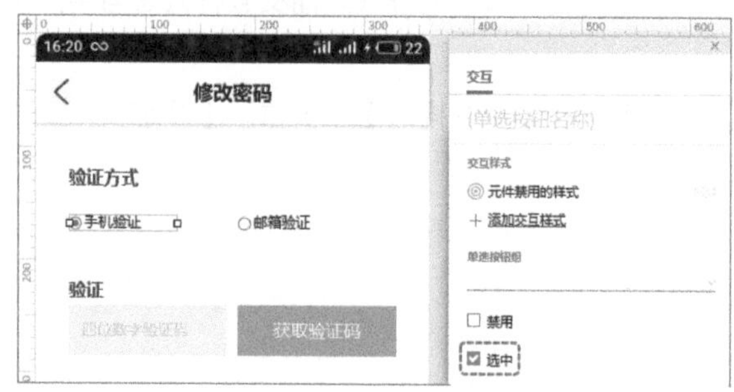

图 4–15　设置默认选中状态

在属性设置中，单选按钮组的设置与选项组一样，需要输入组的名称。

带有同样【单选按钮组】名称的多个单选按钮，只有一个能够变为选中状态。我们可以将多个单选按钮一起选中，然后在属性中设置【单选按钮组】的名称。

例如，产品班 App【修改密码】页面中的【验证方式】，只能够选择【手机验证】或【邮箱验证】中的一种（见图 4–16）。

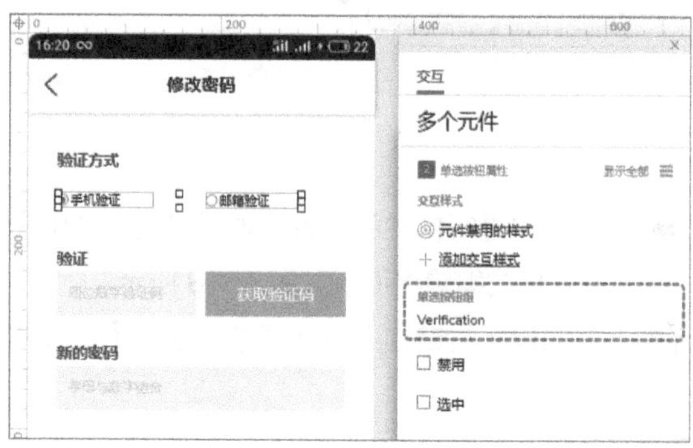

图 4–16　设置单选按钮组

4.2.8　复选框的属性

和单选按钮相比，复选框除了不具备【单选按钮组】的设置之外，其他全部一样。

4.3 通过交互触发的样式

有一种很常见的效果：鼠标进入按钮的时候，按钮改变为其他的颜色。这样的需求可以通过设置交互样式来实现。

注意：样式功能面板中设置的是元件默认的样式。而交互样式是当用户做了某种操作时，所呈现出来的样式。

在交互功能面板中，我们能够进行【交互样式】的设置，【添加类似“鼠标悬停”的交互样式】，如图 4–17 所示。

图 4–17　通过新建交互按钮进入交互样式设置

选择某一种交互样式之后，就能够进行样式的设置。如果样式选项中没有需要设置的选项，可以单击【更多样式选项】进入完整的交互样式编辑界面，如图 4–18 所示。

另外，也可以通过在元件上单击鼠标右键，上下文菜单中选择【交互样式】，进入完整交互样式设置界面，如图 4–19 所示。

交互样式设置包括以下 6 种。

- 【鼠标悬停】是指用户将鼠标指针停放在元件上的时候呈现的样式。
- 【鼠标按下】是指用户将鼠标指针进入元件区域并按下鼠标按键的时候呈现的样式。
- 【元件选中】是指通过用户操作将元件变为选中状态的时候呈现的样式。
- 【元件禁用】是指通过用户操作导致元件变为禁用状态的时候呈现的样式。
- 【获取焦点】是指通过用户操作将光标进入元件的时候呈现的样式。

- 【提示文字】是指向用户显示提示内容的时候呈现的样式。

注意：只有文本框和文本域元件才会带有【提示文本】的交互样式设置，如图 4-20 所示。

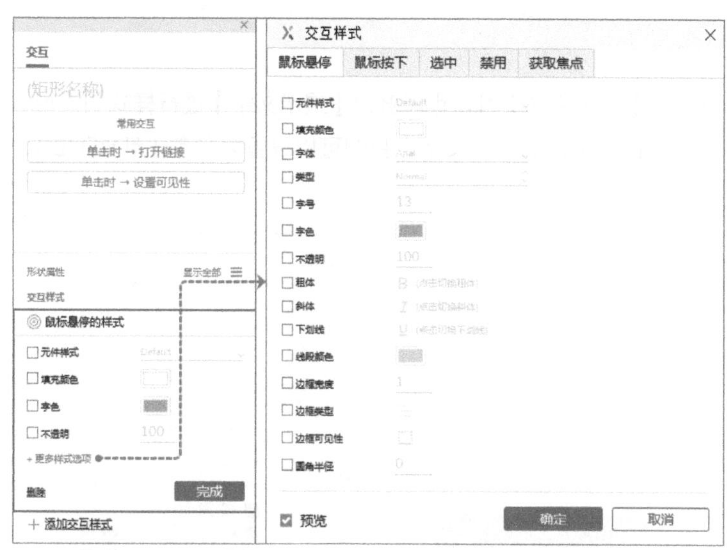

图 4-18　交互样式设置

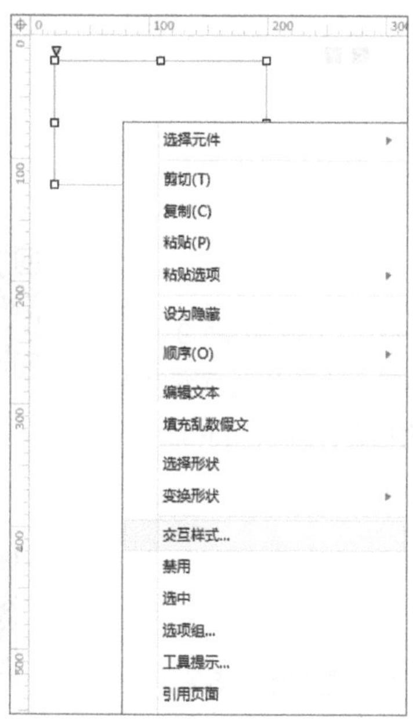

图 4-19　通过上下文菜单进入交互样式设置

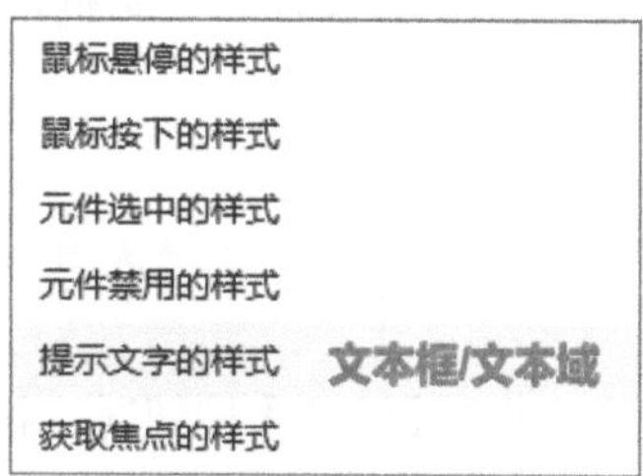

图 4-20　元件的交互样式设置

接下来，我们通过产品班网站登录面板与注册面板中元件的交互样式设置，分别进行举例演示。

4.3.1　提示文字的样式

当我们为文本框设置【提示文本】时，也能够为【提示文字】进行样式的设置。

登录面板中账号与密码文本框的提示文字，我们可以设置为灰色（#D4D4D4）的“14”号文字，如图 4–21 所示。

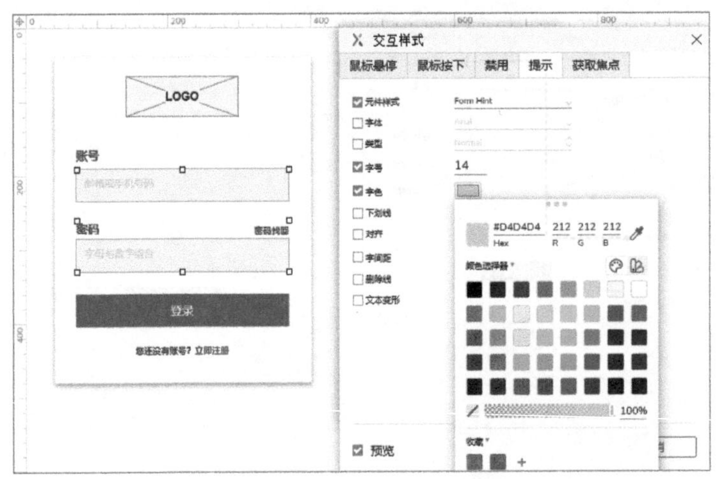

图 4–21　设置提示文本的样式

4.3.2　获取焦点时的样式

动画 9

获取焦点的样式效果

我们可以设置元件获取焦点（光标进入）时改变原有的样式。（案例动画 9）

当光标进入登录面板中的账号与密码文本框时，需要将文本框的边框宽度设置为“1”像素的灰色（#797979）边框，并且填充颜色为白色（#FFFFFF），如图 4–22 所示。

4.3.3　鼠标悬停时的样式

动画 10

鼠标悬停的样式效果

当鼠标指针进入【登录】按钮时，按钮会呈现略浅（不透明性 75%）的蓝色（#027DB4），如图 4–23 所示。（案例动画 10）

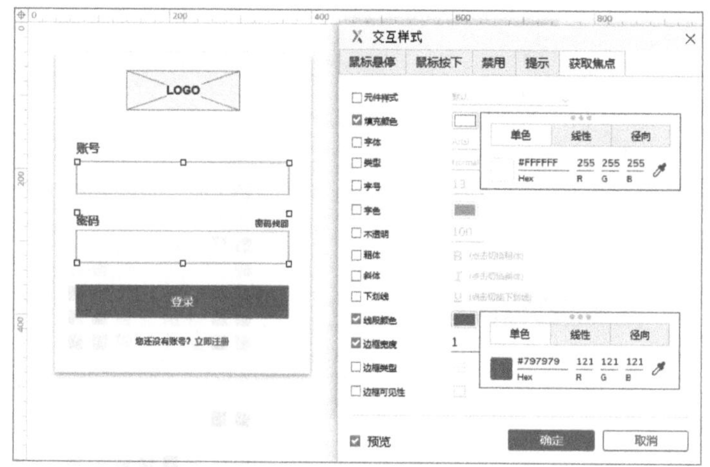

图 4-22　设置获取焦点的样式

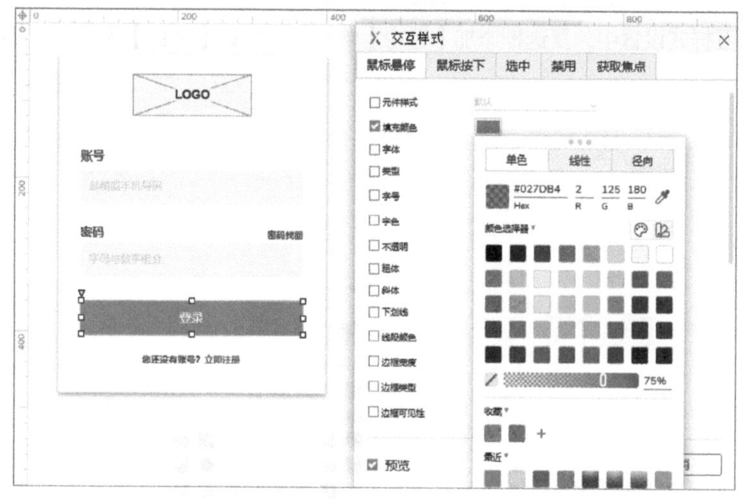

图 4-23　设置鼠标悬停的样式

4.3.4　鼠标按下时的样式

当在【登录】按钮上按下鼠标左键时，按钮呈现略深（不透明性 90%）的颜色，如图 4-24 所示。

4.3.5　选中时的样式

用户在注册时，需要选中“同意《产品班注册协议》”的复选框。

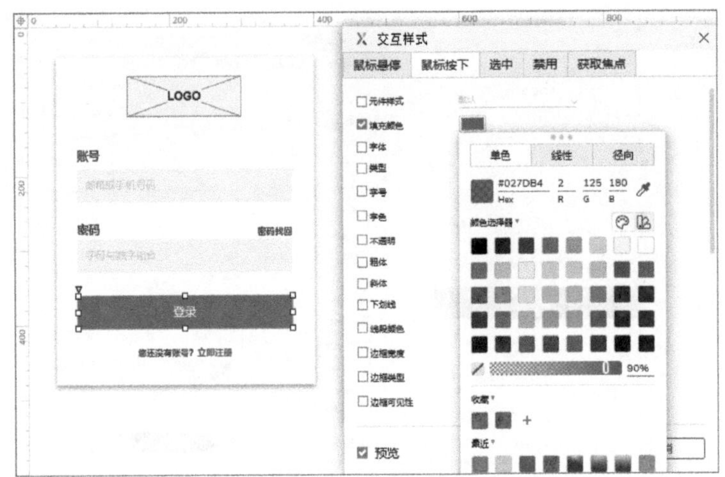

图 4–24　设置鼠标按下的样式

复选框的文字默认为灰色，而选中之后为蓝色。（案例动画 11）

我们需要在交互样式设置中为复选框添加【选中】的样式，设置【字色】为蓝色，如图 4–25 所示。

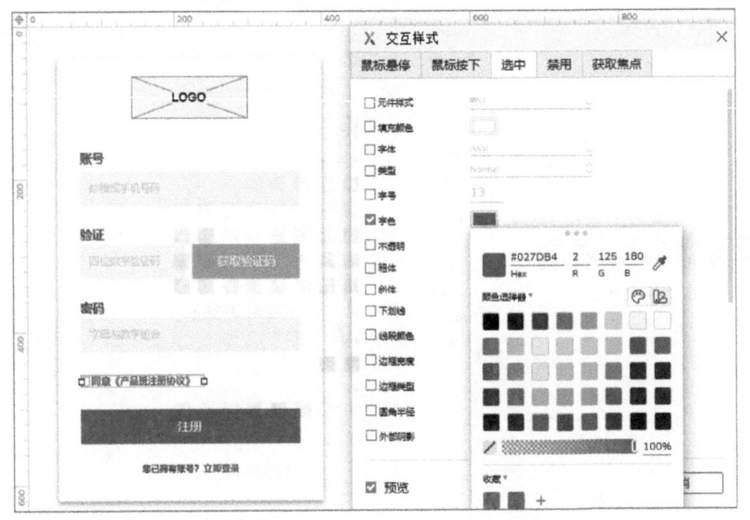

图 4–25　设置选中的交互样式

动画 11

选中交互的样式效果

注意：目前的 Axure RP 版本中，复选框的上下文菜单中没有【交互样式】的选项，所以复选框的交互样式设置需要在交互功能面板中进入。

4.3.6　禁用时的样式

注册面板的【获取验证码】和【注册】按钮分别是绿色与蓝色的，但是，在未输入账号和未勾选同意注册协议时是灰色的禁用状态。

我们在交互样式设置对话框中为这两个按钮元件设置【禁用】时的【填充颜色】为灰色（#7F7F7F），如图 4–26 所示。

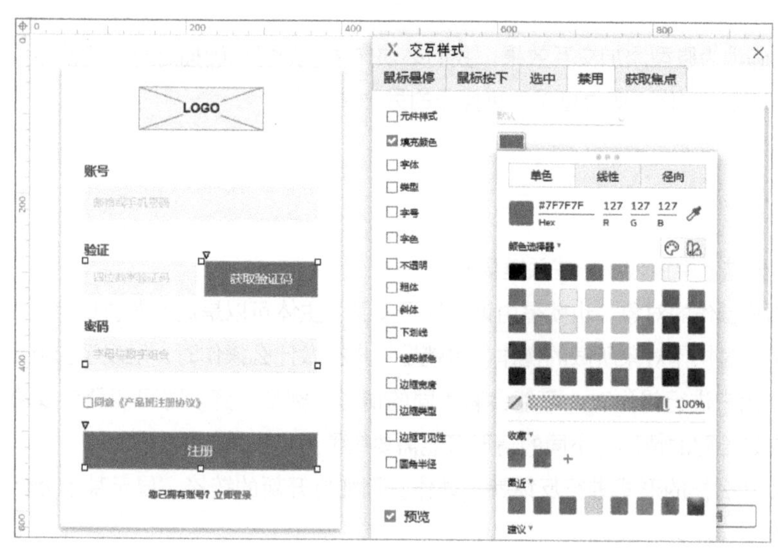

图 4–26　设置禁用的交互样式

然后，在元件属性设置中勾选【禁用】，将元件设置为默认禁用的状态，如图 4–27 所示。

通过以上设置，在浏览器中查看原型时，【获取验证码】和【注册】按钮均呈现灰色的禁用状态，如图 4–28 所示。

图 4–27　设置元件为禁用状态

图 4–28　浏览器中呈现的效果

4.4 完成交互事件的固定套路

如果想要正确地为原型添加交互效果，我们必须先学会如何正确描述一个交互过程。因为可交互原型是将文字描述进行具体化，变为可见、可操作的另一种形态。

4.4.1 交互事件分析的方法

在交互事件的描述中包含了一些关键要素：

- 主体：用户操作的对象，也就是由谁触发了交互。主体可以是浏览器窗口、页面以及元件。
- 触发：用户对操作对象所做的操作，也就是用户在做什么操作时，触发了交互。
- 情形：当用户进行操作时，可能会有不同的情形。例如，登录时可能登录成功，也可能登录失败，这就是不同的情形。不同的情形可能需要给予用户不同的反馈。
- 动作：以什么样的形式进行反馈就是动作。例如打开新的链接、显示某个元件、启用某个按钮都是动作。
- 目标：动作需要有一个具体的目标，否则动作是无效的。例如，打开链接需要指定链接到哪个页面，显示元件需要指定显示哪一个元件。
- 设置：动作有具体的表现形式，例如，显示元件是滑出显示还是逐渐显示，需要我们进行相应的设定。
- 顺序：反馈往往需要多个动作来完成。例如，用户做了单击登录按钮的操作之后，反馈包含显示登录成功的提示和打开新的页面链接两个动作。那么，这两个动作有严格的顺序关系，不可颠倒。不过，并不是所有动作都必须有严格的顺序关系。例如，用户账号输入错误时，账号的输入框边框变为红色，同时显示账号错误的提示，这两个动作没有顺序的要求。

以上就是一个交互过程中所包含的关键要素，我们在描述交互过程以及在原型中添加交互时，必须将这些关键要素描述清楚。

除此之外，有些交互还需要做一些预先的设置。

例如，产品班注册面板中的【注册】按钮，当启用这个按钮时，按钮的颜色需要从灰色变回蓝色，这个禁用时的颜色样式就需要预先在交互样式中进行设置。

如果没有描述交互的经验，我们可以借助思维导图进行分析。

以产品班网站注册面板中的注册按钮变色交互为例。

用户选中“同意《产品班注册协议》”复选框时，启用【注册】按钮；取消选中“同意《产品班注册协议》”复选框时，禁用【注册】按钮；禁用【注册】按钮时按钮为灰色，启用【注册】按钮时按钮为蓝色。

上面就是对交互的描述，根据这句交互描述，我们在思维导图中找出其中包含的关键要素。

在上面的交互描述中，主体只有一个复选框，而用户的操作有两个：选中和取消选中，所以要分别进行反馈，如图 4–29 所示。

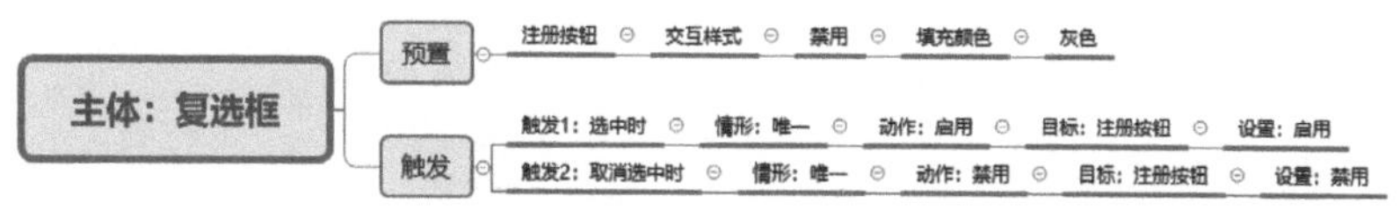

图 4–29　通过思维导图进行交互分析 1

4.4.2　交互事件设置的过程

交互设置实际上就是根据交互描述中的关键要素进行的一套固定操作步骤。

Axure RP 的交互事件设置可以在交互功能面板中进行内联编辑，每一步操作之后会自动呈现下一步操作的界面，直到交互完成。我们所要做的就是在每一步操作中根据关键要素进行选择与配置。

仍以产品班网站注册面板中的【注册】按钮变色的交互效果为例，我们根据之前分析的关键要素完成选中复选框时的交互事件设置。

步骤 1：选中主体。选中主体只需要在页面中选中主体元件–复选框，然后，在交互功能面板中单击【新建交互】按钮，如图 4–30 所示。

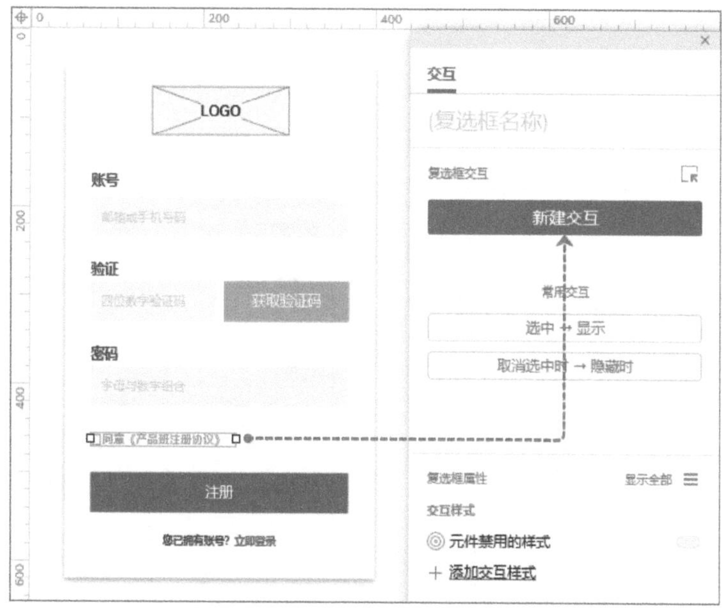

图 4–30　新建交互

步骤 2：选择触发。在弹出的交互事件列表中，选择触发事件【选中时】，如图 4–31 所示。

步骤 3：选择动作。在弹出的元件动作列表中，选择【启用/禁用】动作，如图 4–32 所示。

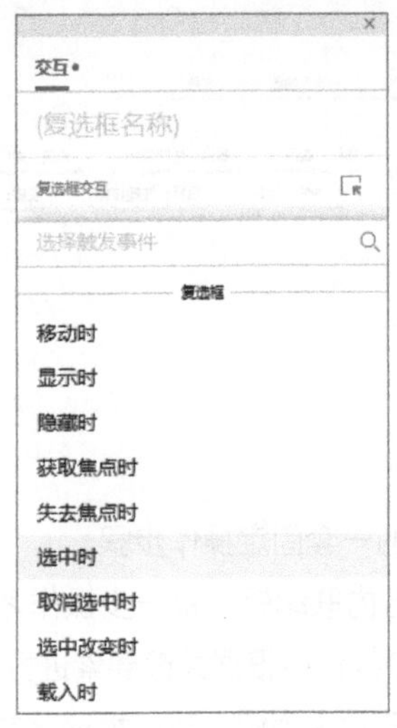

图 4–31　选择触发事件

图 4–32　选择交互动作

步骤 4：选择目标。在弹出的元件列表中，选择【注册】按钮元件，如图 4–33 所示。

步骤 5：设置动作。在设置界面中，默认选项即为【启用】，无须更改，如图 4–34 所示。

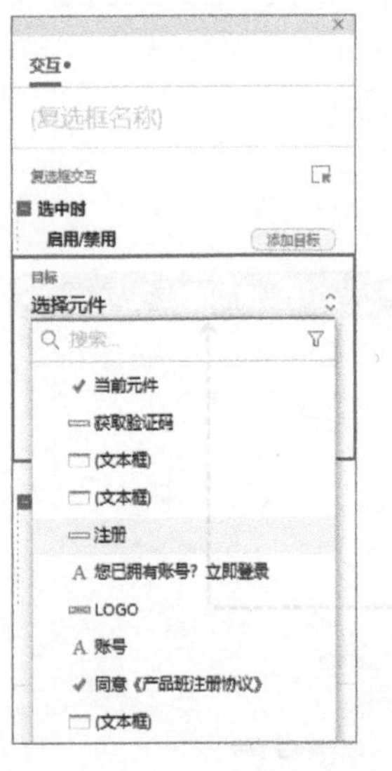

图 4–33　选择目标元件

图 4–34　设置动作

另外，Axure RP 中还可以使用交互编辑器进行交互事件的设置。

接下来，我们通过交互编辑器完成复选框取消选中时的交互事件设置。

步骤 1：选中主体。在页面中选中主体元件–复选框，然后，在交互功能面板中单击【交互编辑器】按钮，如图 4–35 所示。

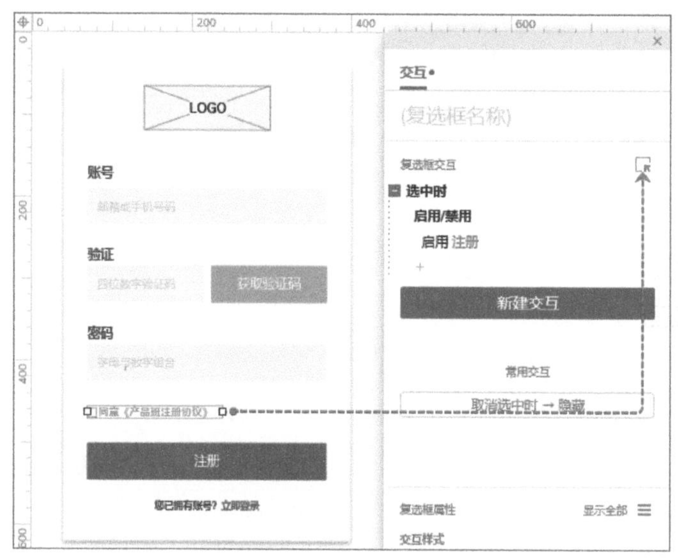

图 4–35　打开交互编辑器

步骤 2：选择触发。在交互编辑器的交互事件列表中，选择触发事件【取消选中时】，如图 4–36 所示。

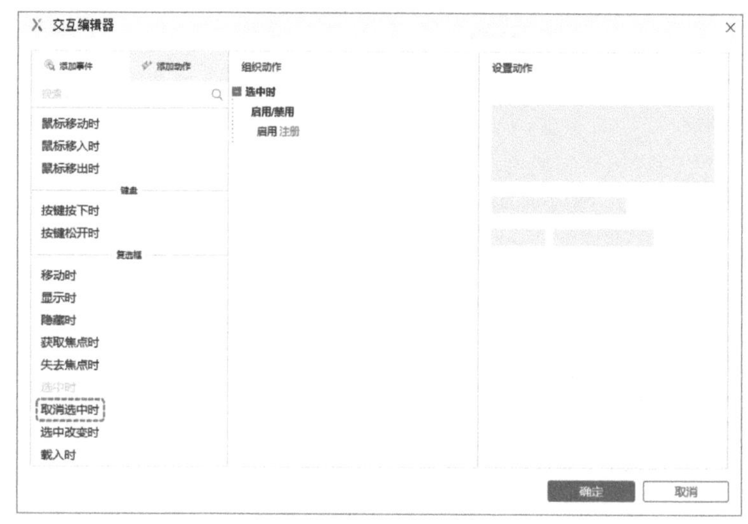

图 4–36　选择触发事件

步骤 3：选择动作。此时，软件会自动切换至动作列表。在动作列表中，选择【启用/禁用】动作，如图 4–37 所示。

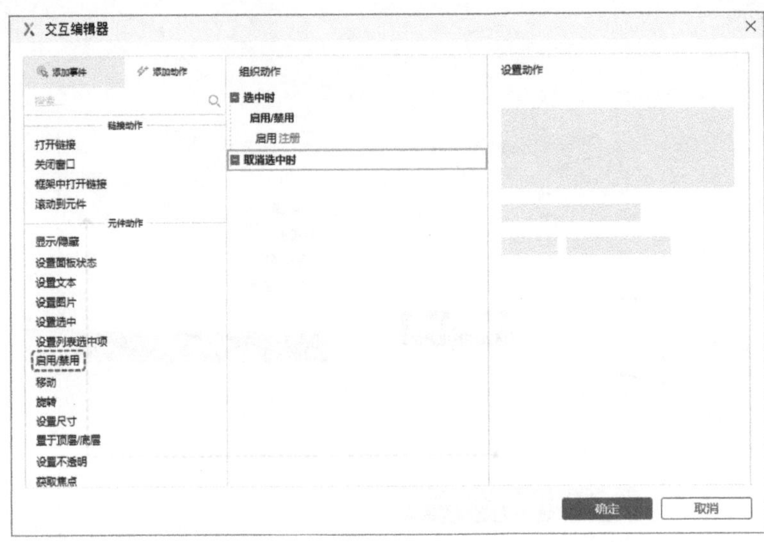

图 4–37　选择交互动作

步骤 4：选择目标。在弹出的元件列表中，选择【注册】按钮元件，如图 4–38 所示。如果不小心关闭了元件列表，也可以在【设置动作】中选择，如图 4–39 所示。

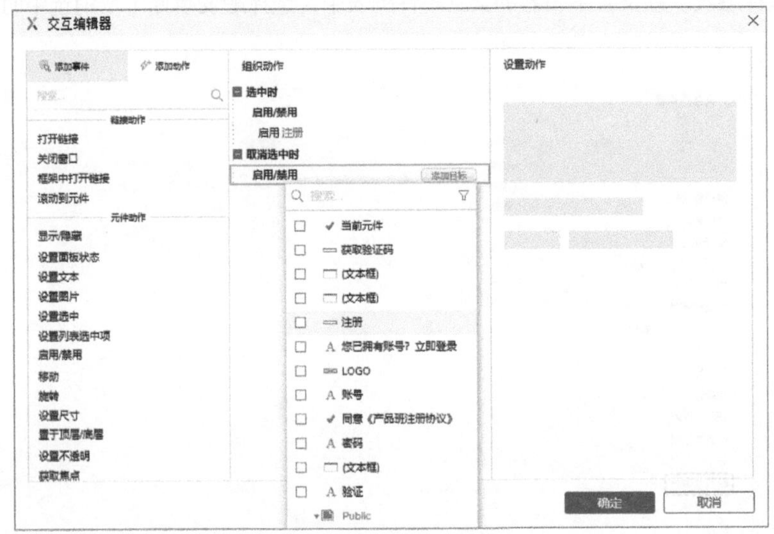

图 4–38　选择目标元件

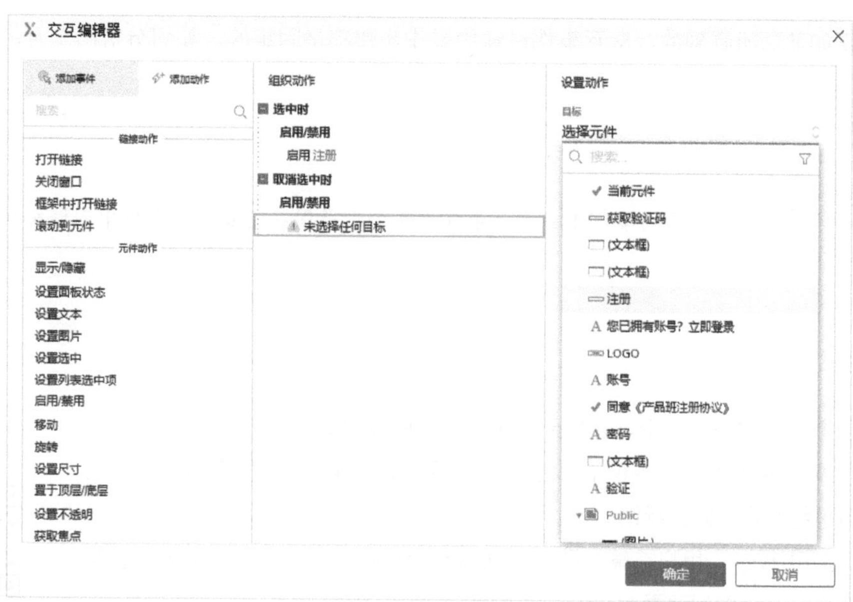

图 4–39　在设置动作中选择目标元件

步骤 5：设置动作。在设置动作界面中，单击选中【禁用】选项，完成设置，如图 4–40 所示。

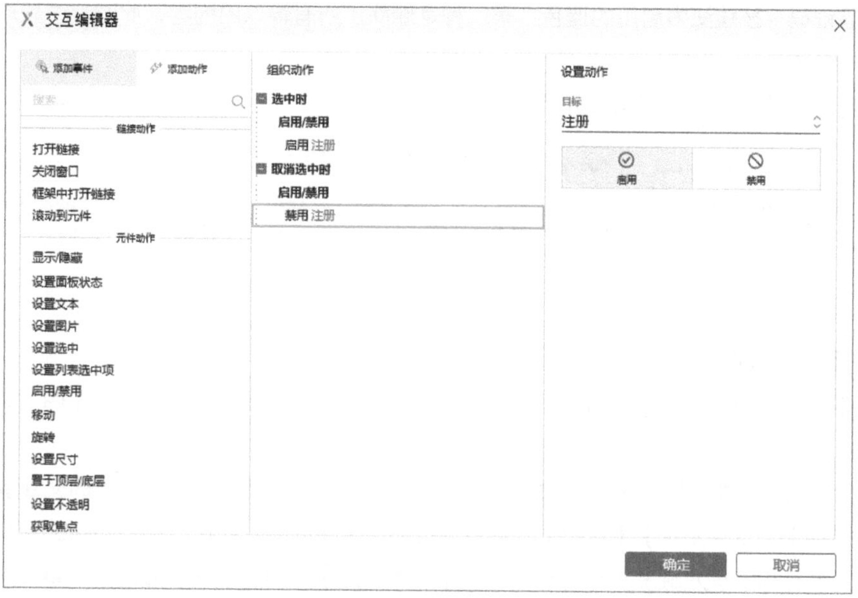

图 4–40　设置动作

上面的交互事件设置，就是对用户进行选中和取消选中复选框操作时的反馈。

学习重在对每一部分所学内容的理解，而并非步骤的模仿，只有按正确的方法学习才会有良好的学习效果。正如前面所看到的，交互事件设置的操作步骤都是固定的，如何分析出交互的关键要素才是重点。

> **提 示**
>
> 为了便于阅读，本书之后的案例中，交互事件设置全部采用在交互功能面板中内联编辑的方式。

4.4.3 交互事件的情形

如果交互事件只有一种情形，我们无须进行情形的设置。

动画 12

案例的交互效果

但是，如果交互事件带有多种情形时，就必须添加多种情形的交互设置，以便针对不同的情形给用户不同的反馈。

产品班注册面板中，用户在输入账号的文本框元件中输入内容时会触发“获取验证码”按钮变色。（案例动画 12）

不过要注意，用户的操作只有一个，就是编辑文本框中的内容（用户做了什么操作），而情形和反馈是两种（要给用户什么反馈），第一种是输入了内容，此时，“获取验证码”按钮变为启用的蓝色；第二种是删除了所有输入的内容，此时，“获取验证码”按钮变为禁用的灰色。

我们同样通过思维导图进行交互分析，如图 4–41 所示。

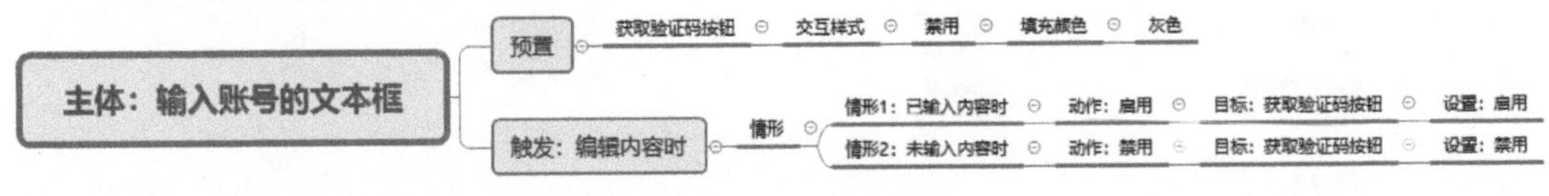

图 4–41 通过思维导图进行交互分析 2

根据分析出的关键要素，我们添加交互。

在交互事件列表中，并不存在名为“编辑内容时”的交互事件名称，但是有一个叫“文本改变时”的交互事件，如图 4–42 所示。

只有在对内容进行编辑时，文本才会发生改变，所以这个事件就是我们所设置的交互事件。

首先，添加【文本改变时】【启用】“获取验证码”按钮的交互动作，如图 4–43 所示。

然后，将鼠标指针移入触发事件名称，单击【启用情形】按钮，为设置好的交互事件添加情形，如图 4–44 所示。

情形的名称设置为“已输入内容时”，单击【确定】按钮完成情形编辑，如图 4–45 所示。

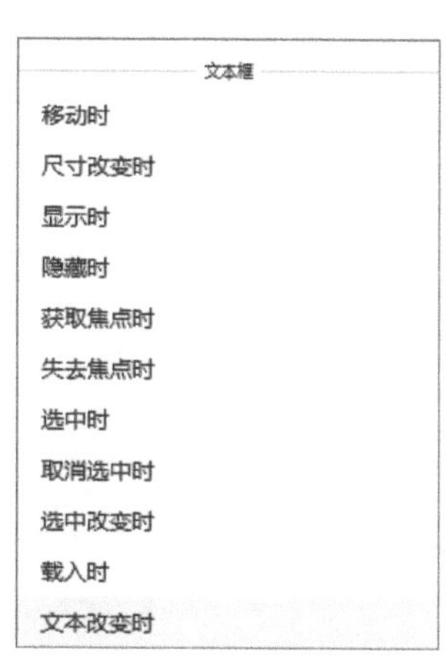

图 4–42　选择触发事件

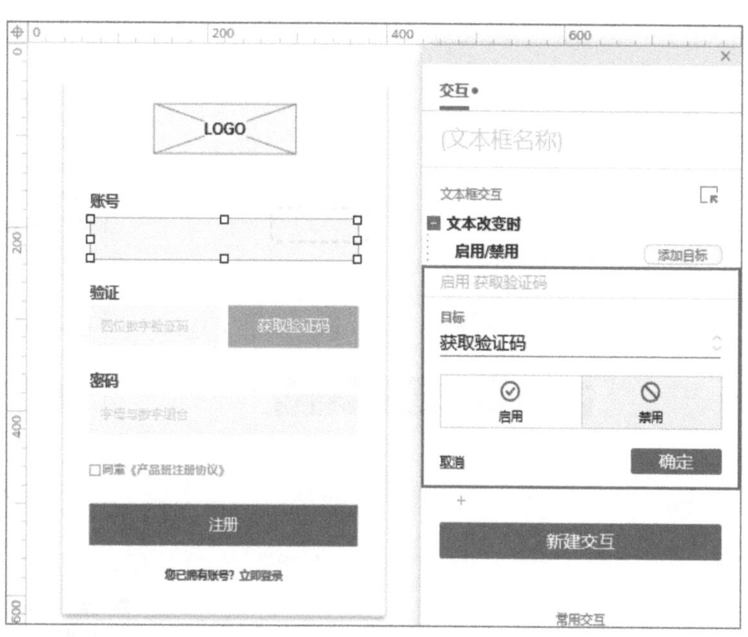

图 4–43　交互动作设置

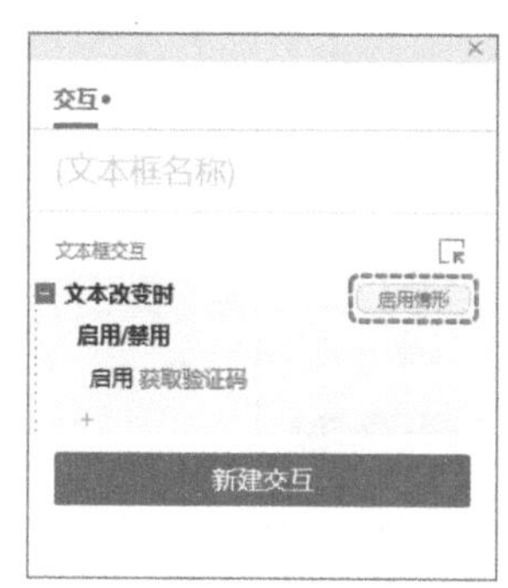

图 4–44　为交互事件启用情形

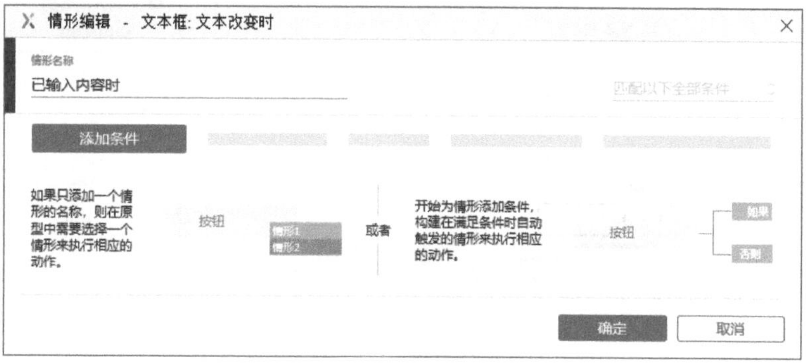

图 4–45　设置情形名称 1

到这里，我们就完成了第一种情形“已输入内容时”的交互设置。

接下来，我们继续为交互事件【添加情形】，如图 4–46 所示。情形的名称设置为“未输入内容时”，如图 4–47 所示。然后，单击【加号（+）】按钮添加交互动作（见图 4–48），【禁用】“获取验证码”按钮，如图 4–49 所示。

到这里我们就完成了“获取验证码”按钮根据输入账号的文本框是否输入内容改变颜色的交互设置。

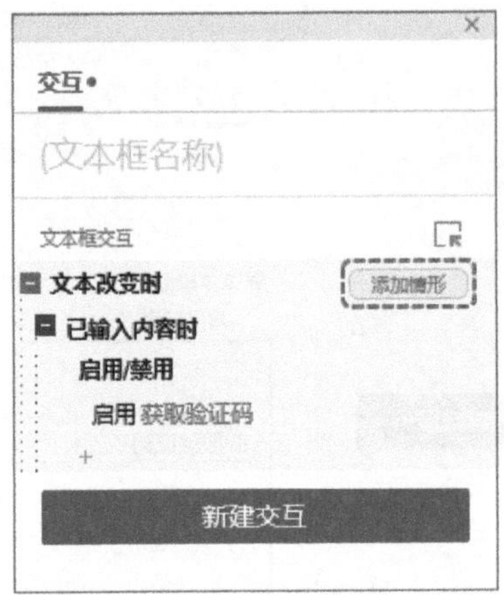

图 4-46　为交互事件添加情形

图 4-47　设置情形名称 2

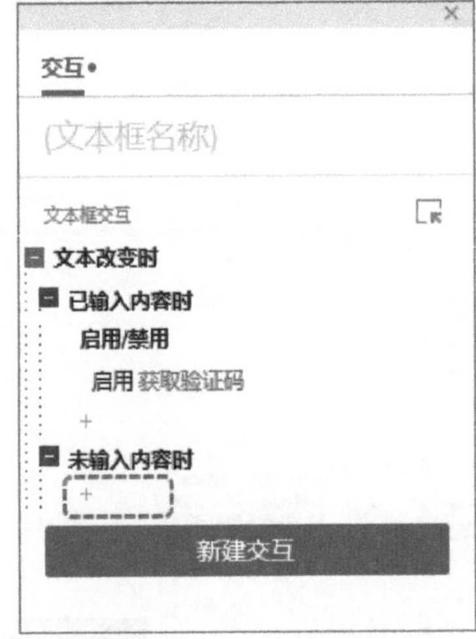

图 4-48　添加交互动作

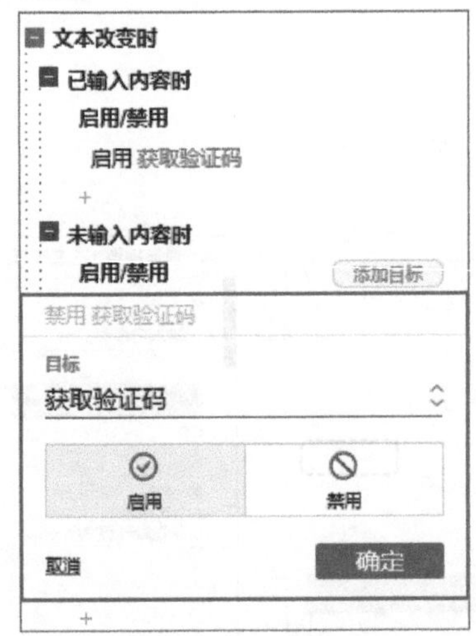

图 4-49　设置交互动作

4.4.4　情形的条件设置

当我们为情形添加条件判断时，程序将可以自动执行符合条件的交互反馈。（案例动画 13）

动画 13

案例的交互效果

1. 添加条件判断

之前，我们已经对交互进行了分析。并且，在输入账号的文本框（账号输入框）元件上添加了交互。接下来，我们为情形添加条件。

首先，是“已输入内容时”的情形。

在鼠标指针进入情形名称时，会出现【添加条件】的按钮，单击这个按钮就会弹出情形编辑的设置对话框，如图 4–50 所示。

情形编辑设置对话框中会自动出现一个默认的条件设置，如图 4–51 所示。

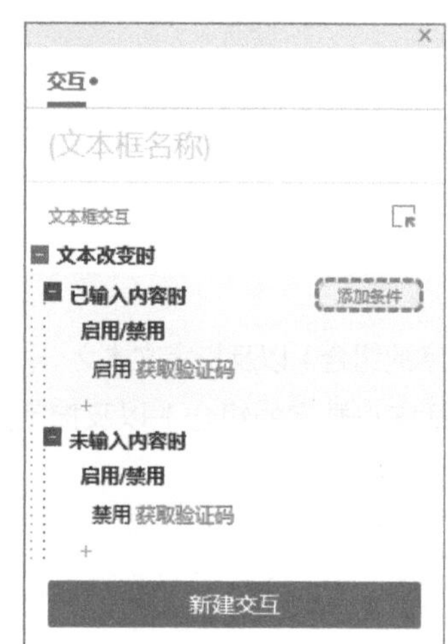

图 4–50　添加条件的操作

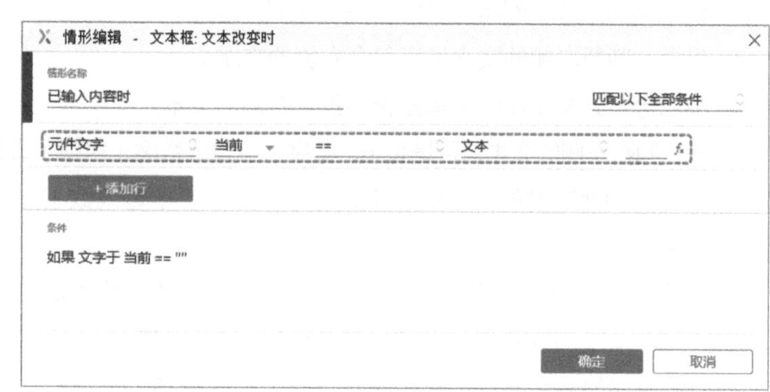

图 4–51　情形编辑中默认的条件设置

这个默认的条件设置是对于【当前】元件中【元件文字】【==】空值的判断，或者说是对当前元件未输入内容的判断。

这个默认的条件设置与我们的情形不符，所以我们需要将它修改为当前元件中元件文字不为空值的判断。也就是把条件设置中的关系类型由“==”改为“!=”，如图 4–52 所示。

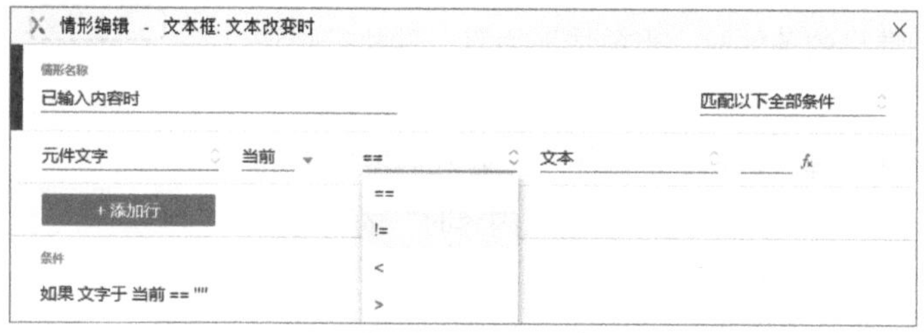

图 4–52　更改关系类型

提 示

> 空值是指不输入任何内容，包括空格。

“==”和“!=”是关系运算符。条件设置中有 10 种关系类型，这里简单介绍一下。

- ==：判断两侧内容是否相等或相同。
- !=：判断两侧内容是否不相等或不相同。
- <：判断左侧的值是否小于右侧的值。
- >：判断左侧的值是否大于右侧的值。
- <=：判断左侧的值是否小于或等于右侧的值。
- >=：判断左侧的值是否大于或等于右侧的值。
- 包含：判断左侧的文本是否包含右侧的文本。
- 不包含：判断左侧的文本是否不包含右侧的文本。
- 是：判断左侧的文本是否是字母、数字、字母或数字（包括字母数字的组合）以及指定文本之一。
- 不是：判断左侧的文本是否不是字母、数字、字母或数字（包括字母数字的组合）以及指定文本之一。

条件判断的结果称为“真”和“假”。只有符合条件，也就是说条件为“真”时，才能够执行此情形中的交互反馈（动作）。

我们所添加的交互事件在被程序执行时，是按照由上至下的顺序执行的。当一种情形不符合条件的时候，程序就会自动查找有没有下一种情形的设置。

我们能够看到，当完成“已输入内容时”这种情形下条件判断的添加，另一种情形设置中，出现了“否则 如果 真”的语句，如图 4-53 所示。

图 4-53 自动出现的条件语句

这个语句表示，当前的情形是不符合前一种情形条件的情形。当不符合前一种情形的条件时，当前情形为真，并执行情形中的交互反馈（动作）。

在这个案例中，账号输入框只可能有“已输入内容时”和“未输入内容时”两种情形，如果不是“已输入内容时”的情形，就一定是“未输入内容时”的情形。

所以，软件自动添加的语句就满足了我们的设置需求，不需要再进行额外的设置。

此时，预览原型并编辑账号输入框中的文字内容，就能够看到我们想要的交互效果了。

2. 情形的优先级

动画 14

案例的交互效果

用户单击【注册】按钮时需要判断账号、验证码以及密码的输入框都不是空值。如果哪一个文本框是空值，我们可以让光标进入文本框，以便用户输入内容。如果全部都已输入，就认为验证成功跳转到“个人中心”页面。（案例动画 14）

根据交互需求，我们通过思维导图进行交互分析，如图 4–54 所示。

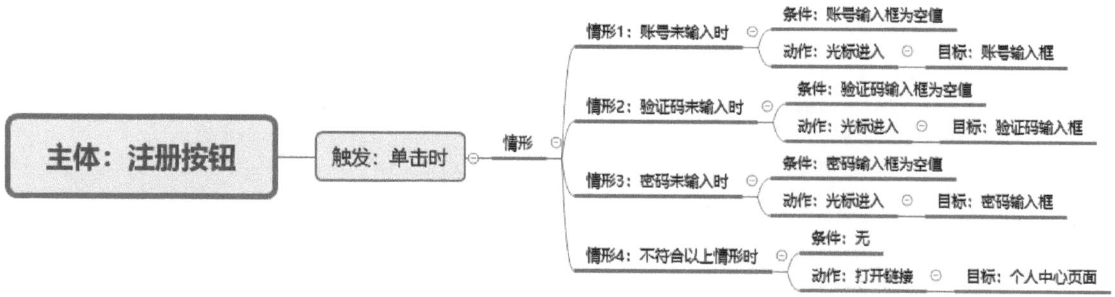

图 4–54　通过思维导图进行交互分析 3

这里需要注意情形的优先级。因为光标只能进入多个文本框中的某一个文本框，所以交互的反馈只能有一个。但是，有可能多个输入框同时未输入内容。这个时候，情形的判断需要有先后顺序，也就是优先级。我们知道用户习惯从上至下依次输入内容，所以，情形的判断也按照这个顺序。

首先，将账号、验证码以及密码输入框的元件依次命名为“UserName”“VerificationCode”和“Password”。

元件的命名可以在概要中编辑（见图4–55），也可以在样式、交互或说明功能面板的顶部编辑（见图 4–56）。

当采用英文命名时，建议采用帕斯卡命名法。单词之间不以空格断开或连接号连接，第一个单词首字母使用大写字母；后续单词的首字母也使用大写字母。然后，进行交互事件的添加。

（1）添加账号未输入的情形

首先，添加交互动作设置。让文本框元件“UserName”【获取焦点】，如图 4–57 所示。

然后，将光标移入触发事件名称，单击【启用情形】按钮（见图 4–58），并设置条件，判断文本框“UserName”的【元件文字】【==】空值（见图 4–59）。

以上就是当程序判断账号输入框未输入内容时将光标进入账号输入框的交互设置。

图 4-55　概要中进行元件命名

图 4-56　样式、交互与说明功能面板中进行元件命名

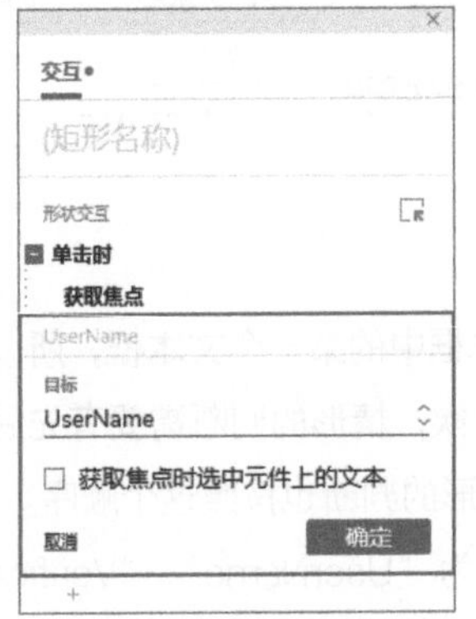

图 4-57　获取焦点的交互动作设置 1

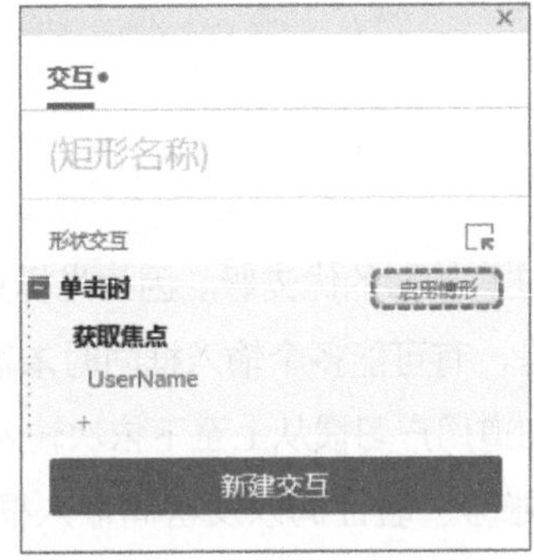

图 4-58　为交互事件启用情形 1

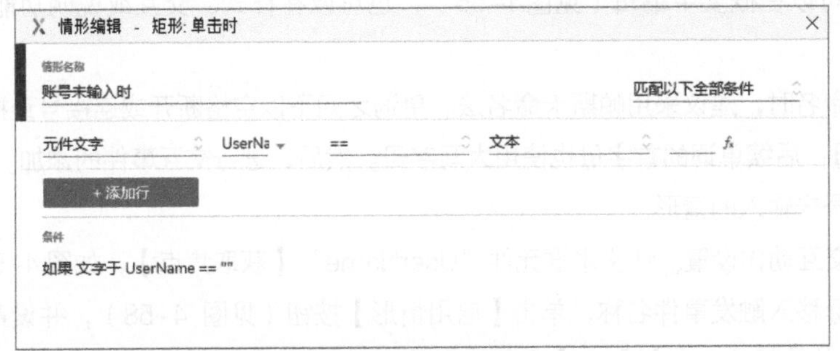

图 4-59　设置情形名称并添加条件 1

（2）添加验证码未输入的情形

首先，将光标移入触发事件名称，单击【添加情形】按钮（见图 4-60），并设置条件，判断文本

框“VerificationCode”的【元件文字】【==】空值（见图 4–61）。

图 4–60　为交互事件添加情形 1

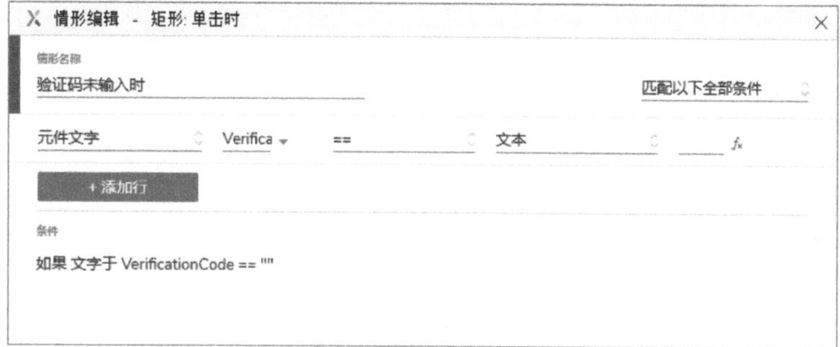

图 4–61　设置情形名称并添加条件 2

然后，单击情形下方的【加号（+）】按钮添加动作（见图 4–62），让文本框元件“VerificationCode”【获取焦点】（见图 4–63）。

图 4–62　为情形添加动作 1

图 4–63　获取焦点的交互动作设置 2

（3）添加密码未输入的情形

参照上一步【添加情形】，并设置条件，判断文本框“Password”的【元件文字】【==】空值。并且，在情形名称下方单击【加号（+）】按钮添加动作，让文本框元件“Password”【获取焦点】，如图 4–64 所示。

（4）添加不符合上述条件的情形

首先，完成【添加情形】的操作，只需要输入名称，不需要添加条件，如图 4–65 所示。

图 4-64　添加情形与交互动作

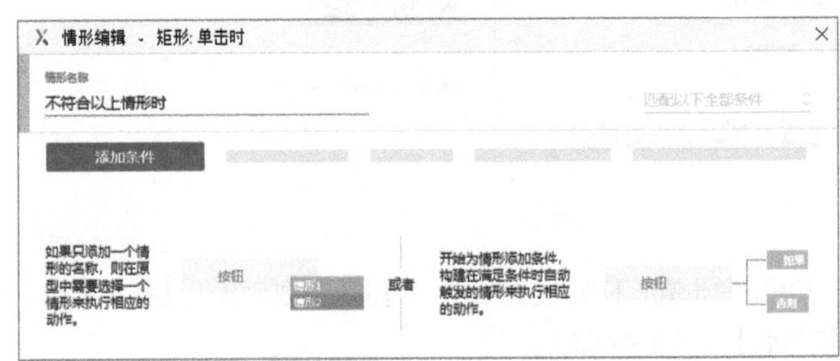

图 4-65　设置情形名称 3

然后，为当前情形添加【打开链接】到“个人中心”页面的动作设置，如图 4-66 所示。

现在，账号、验证码和密码这 3 个文本框都没有输入内容时，光标会进入到账号输入框。

思考一下，密码输入框没有输入内容也符合条件，为什么光标不是进入密码输入框呢？

这是因为当多个情形具有优先级关系的时候，程序会执行第一个满足条件的情形中所预置的交互动作，其他的情形不再进行判断。所以，当 3 个输入框都没有输入内容时，程序会先对账号输入框是否输入内容进行判断，此时，程序发现账号输入框中没有输入内容，符合情形的条件，就开始执行交互动作，后面两种情形的条件判断就不会再执行下去。

在进行条件设置之后，从第一个情形开始，条件的语句是“如果”开头，后面的都是“否则”开头。也就是说，从“如果”开头的情形开始，到下一个“如果”开头的情形之前的所有情形具有优先级关系。

图 4-66　打开链接的交互动作设置

3. 多组条件判断

接下来，我们为产品班网站登录面板的【登录】按钮添加条件判断。当用户单击【登录】按钮时，需要判断账号和密码是否已输入，没有输入的要显示错误图标，已输入的不显示图标。这样的需求下，如果两个输入框都没有输入内容，就要同时显示两个错误图标。

如果把带有优先级关系的情形所添加的条件称作一组条件的话，有时，我们还需要同时存在多组条件。例如，刚刚提出的交互需求。根据交互需求，我们通过思维导图进行交互分析，如图 4-67 所示。

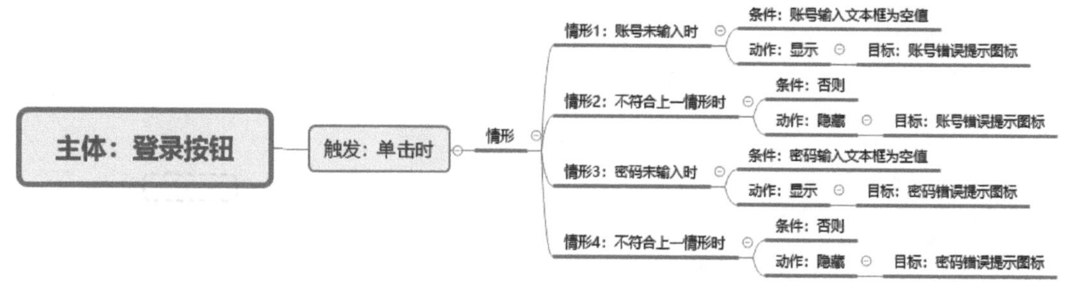

图 4-67　通过思维导图进行交互分析 4

通过思维导图，我们能够看出，所列出的 4 种情形中，前两种情形和后两种情形之间不带有优先级关系。也就是说，我们在进行条件设置时，需要添加两组带有优先级的条件。

我们先来完成登录面板的制作，并且为交互相关的元件命名。账号输入框和密码输入框分别命名为“UserName”和“Password”，错误提示对应命名为“UserNameError”和“PasswordError”，如图 4-68 所示。

两个错误提示图标元件，预先在样式功能面板中单击【眼睛】图标【设为隐藏】，如图 4-69 所示。隐藏的操作也可以通过快捷工具栏或上下文菜单完成。

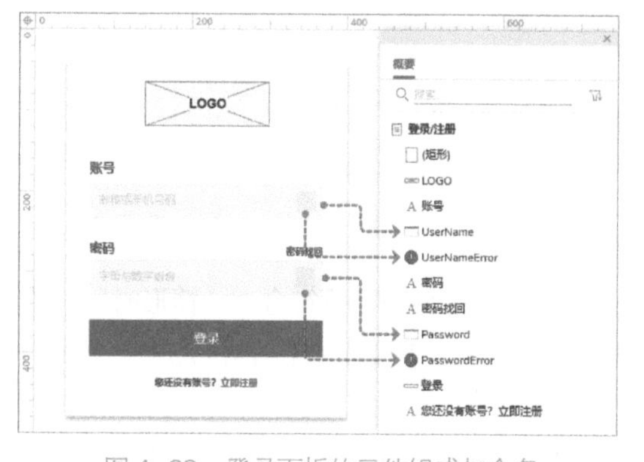

图 4-68　登录面板的元件组成与命名

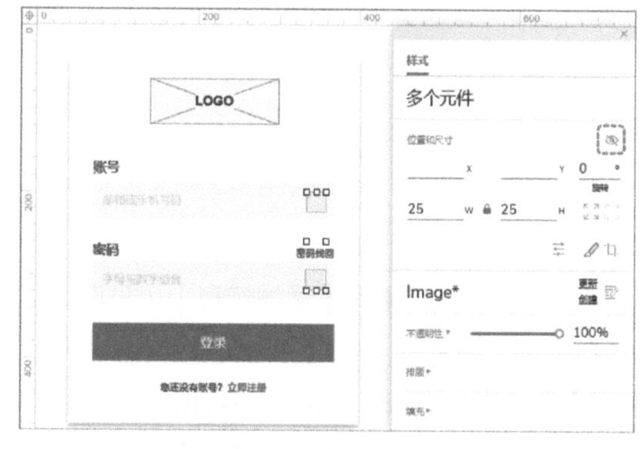

图 4-69　隐藏元件的操作

然后，为“登录”按钮添加交互事件。

1）“登录”按钮【单击时】【显示】错误提示图标“UserNameError”，如图 4-70 所示。并且，为交互事件【启用情形】（见图 4-71），设置情形名称为“账号未输入时”，【添加条件】判断文本框“UserName”的【元件文字】【==】空值，如图 4-72 所示。

图 4-70 显示/隐藏的交互动作设置 1

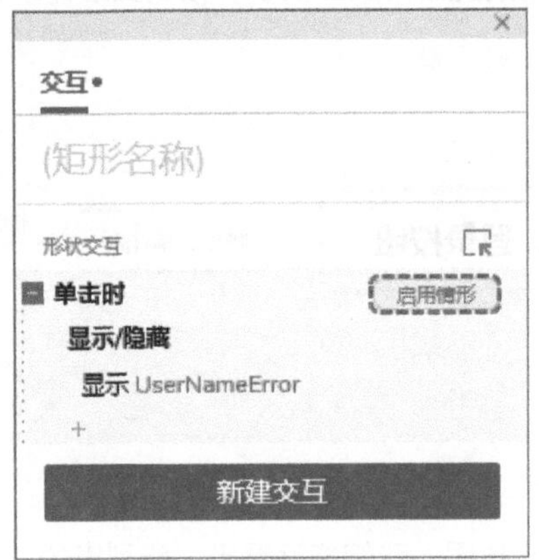

图 4-71 为交互事件启用情形 2

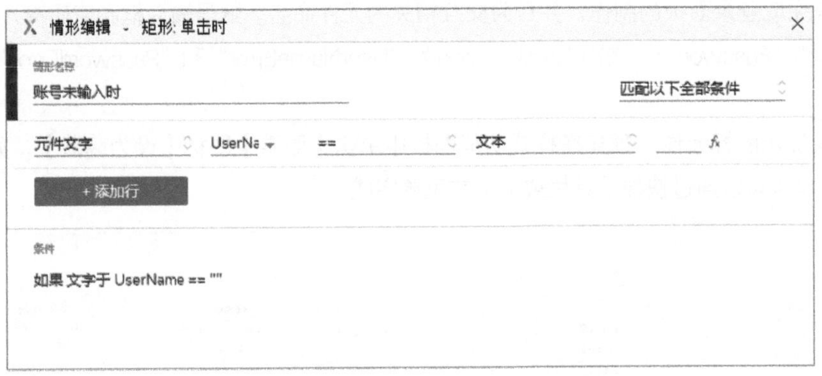

图 4-72 设置情形名称并添加条件 3

2）继续为交互事件【添加情形】（见图 4-73），设置情形名称为“不符合上一情形时”，不添加任何条件（见图 4-74）。并且，在情形名称下方单击【加号（+）】按钮（见图 4-75），添加动作【隐藏】错误提示图标“UserNameError”，如图 4-76 所示。

3）继续为交互事件【添加情形】，设置情形名称为“密码未输入时”，【添加条件】判断文本框“Password”的【元件文字】【==】空值（见图 4-77）。并且，在情形名称下方单击【加号（+）】按钮，添加动作【显示】错误提示图标“PasswordError”，如图 4-78 所示。

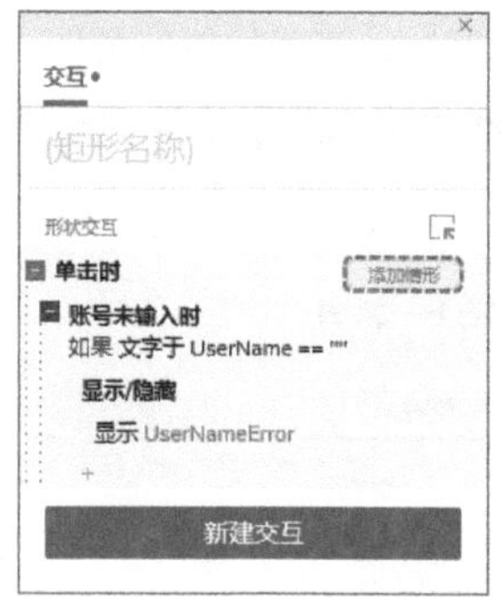

图 4-73　为交互事件添加情形 2

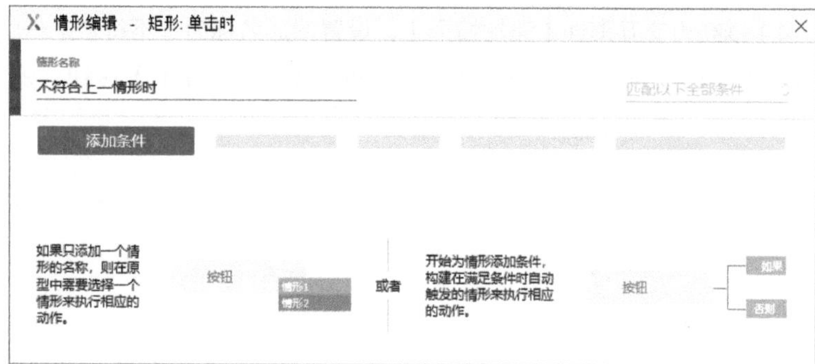

图 4-74　设置情形名称 4

图 4-75　为情形添加动作 2

图 4-76　显示/隐藏的交互动作设置 2

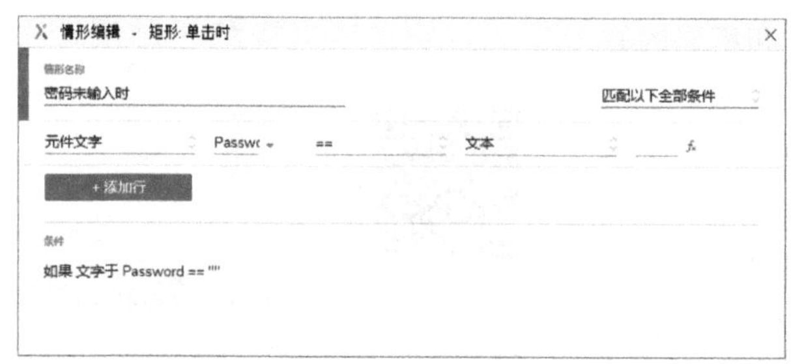

图 4-77　设置情形名称并添加条件 4

图 4-78　显示/隐藏的交互动作设置 3

4）继续为交互事件【添加情形】，设置情形名称为“不符合上一情形时”，不添加任何条件，如图 4–79 所示。并且，在情形名称下方单击【加号（+）】按钮，添加动作【隐藏】错误提示图标“PasswordError”，如图 4–80 所示。

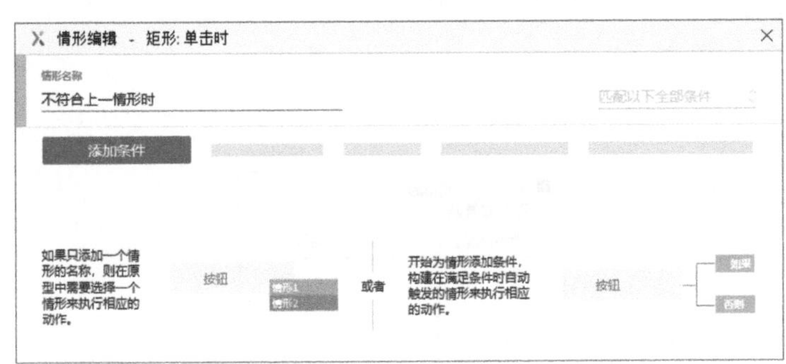

图 4–79　设置情形名称 5

图 4–80　显示/隐藏的交互动作设置 4

此时，这些情形具有优先级关系，账号和密码都没有输入的时候，还是只显示账号错误的提示图标。所以我们还需要一步操作。

在第 3 种情形（密码未输入时）的名称上单击鼠标右键，上下文菜单中，我们选择最后一项【切换为[如果]或[否则]】，将第 3 种情形变更为“如果”开头，如图 4–81 所示。

通过这一步操作，前两个情形和后两个情形之间就不存在优先级关系，可以各自完成判断，并在符合条件时执行交互反馈。

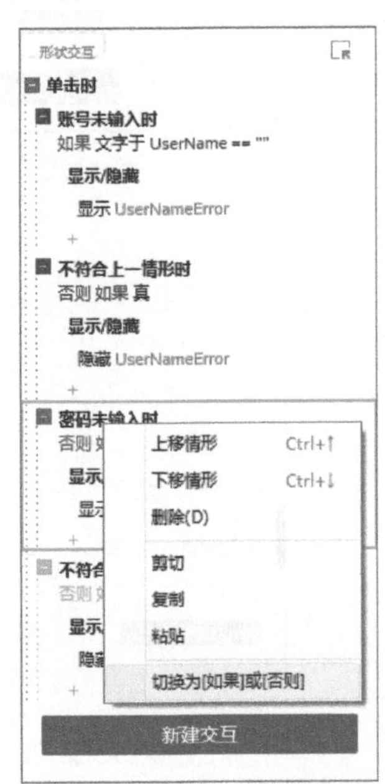

图 4–81　如果与否则的切换

4. 条件的逻辑关系

登录按钮的交互也可以采用另一种方式。例如，产品班 App 的登录面板中，在没有正确输入账号和密码的时候禁用登录按钮，呈现灰色样式；正确输入了所有内容后再启用登录按钮，呈现蓝色样式。（案例动画 15）

动画 15

案例的交互效果

实现这样的交互效果，我们只要在用户输入的时候，同时判断账号和密码是否都已经输入，如果都已经输入，就启用登录按钮，否则，就禁用登录按钮。

登录按钮默认的颜色是蓝色，禁用的样式需要在【交互样式】设置中设置【填充颜色】为灰色。只有先预置【禁用】的交互样式，才能在按钮为禁用状态的时候，呈现禁用的样式。

根据交互需求，我们通过思维导图进行交互分析，如图 4–82 所示。

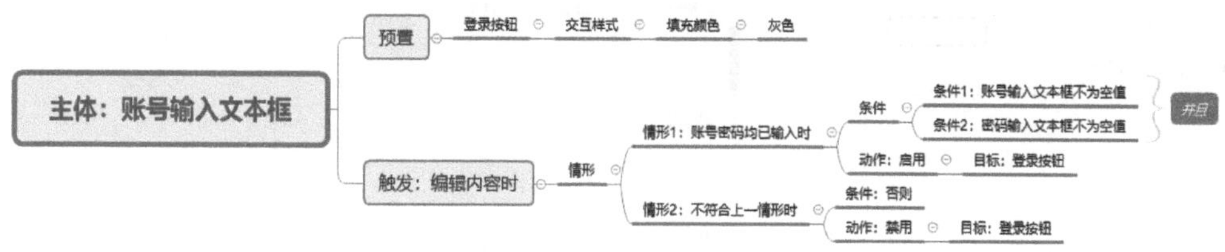

图 4–82　通过思维导图进行交互分析 5

然后，为账号输入文本框“UserName”添加交互事件。

1）账号输入文本框【文本改变时】，【启用】“登录”按钮，如图 4–83 所示。并且，为交互事件【启用情形】（见图 4–84），设置情形名称为“账号密码均已输入时”，【添加条件】判断文本框“UserName”的【元件文字】【!=】空值；然后，【添加行】，判断文本框“Password”的【元件文字】【!=】空值，如图 4–85 所示。

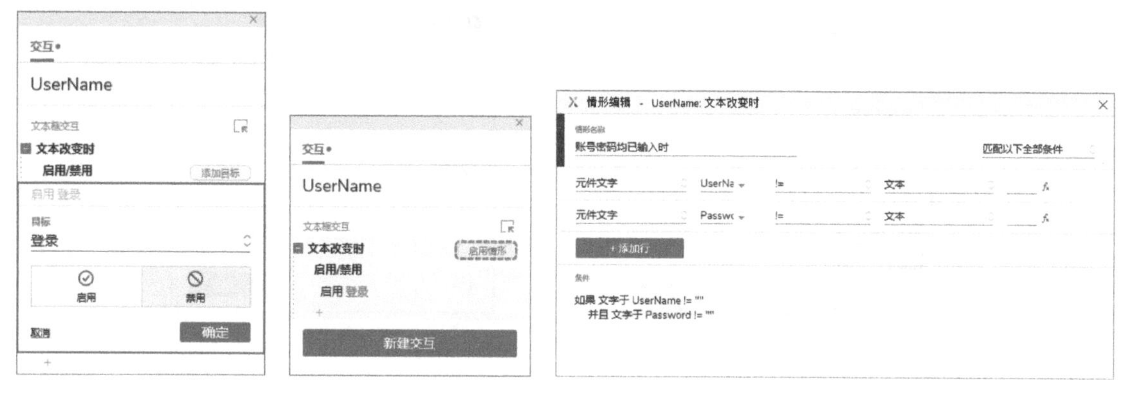

图 4–83　启用/禁用的交互动作设置 1

图 4–84　为交互事件启用情形 3

图 4–85　设置情形名称并添加条件 5

2）为交互事件【添加情形】（见图 4–86），设置名称为“不符合以上情形时”，不添加任何条件，如图 4–87 所示。并且，在情形名称下方单击【加号（+）】按钮（见图 4–88），添加动作【禁用】“登录”按钮，如图 4–89 所示。

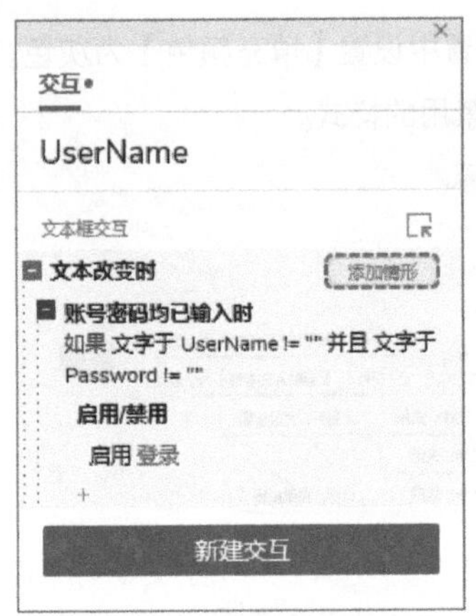

图 4-86　为交互事件添加情形 3

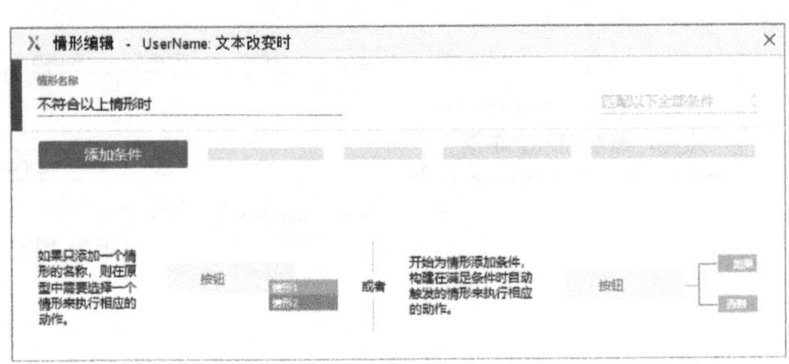

图 4-87　设置情形名称 6

图 4-88　为情形添加动作 3

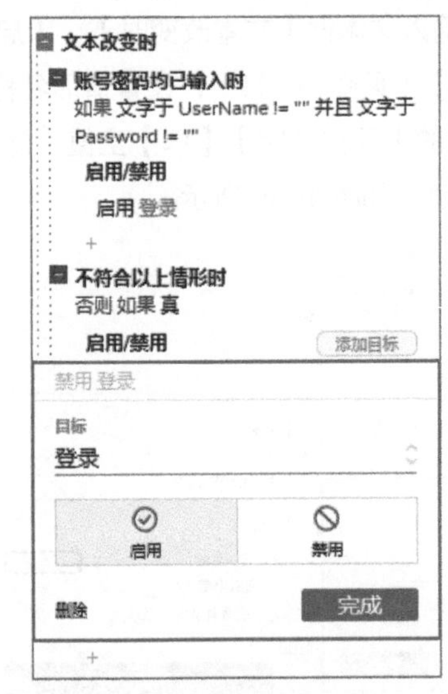

图 4-89　启用/禁用的交互动作设置 2

完成这一步操作之后，将账号输入文本框的交互事件复制到密码输入文本框上，就完成了目标交互效果。（案例动画 16）

动画 16

复制交互事件的操作

另外，这个条件判断还能设置为任何一个文本框没有输入内容时，禁用登录按钮；否则，启用登录按钮。

在添加条件的时候，将【匹配以下全部条件】的选项更改为【匹配以下任何条件】，就能够让多个条件由“并且”变为“或者”的关系。

例如，在密码输入框的交互事件中使用“或者”的条件关系，最终效果是一样的。

根据交互需求，我们通过思维导图进行交互分析，如图 4–90 所示。

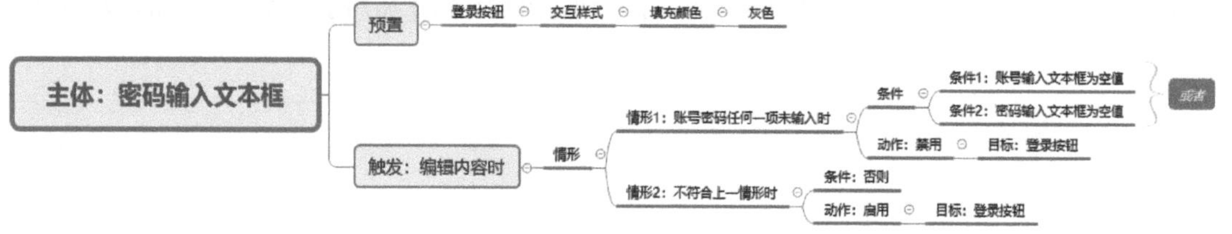

图 4–90　通过思维导图进行交互分析 6

然后，为密码输入文本框“Password”添加交互事件。

1）密码输入文本框【文本改变时】，【禁用】“登录”按钮，如图 4–91 所示。并且，为交互事件【启用情形】。设置情形名称为“账号密码任何一项未输入时”，【添加条件】判断文本框“UserName”的【元件文字】【==】空值；然后，【添加行】，判断文本框“Password”的【元件文字】【==】空值；最后将【匹配以下全部条件】更改为【匹配以下任何条件】，如图 4–92 所示。

图 4–91　启用/禁用的交互动作设置 3

情形编辑 - Password: 文本改变时

情形名称

账号密码任何一项未输入时　　匹配以下任何条件

元件文字　UserNa　==　文本

元件文字　Passwo　==　文本

条件

如果 文字于 UserName == ""
或者 文字于 Password == ""

图 4–92　设置情形名称并添加条件 6

2）为交互事件【添加情形】，设置名称为“不符合以上情形时”，不添加任何条件，如图 4–93 所示。并且，在情形名称下方单击【加号（+）】按钮，添加动作【启用】“登录”按钮，如图 4–94 所示。

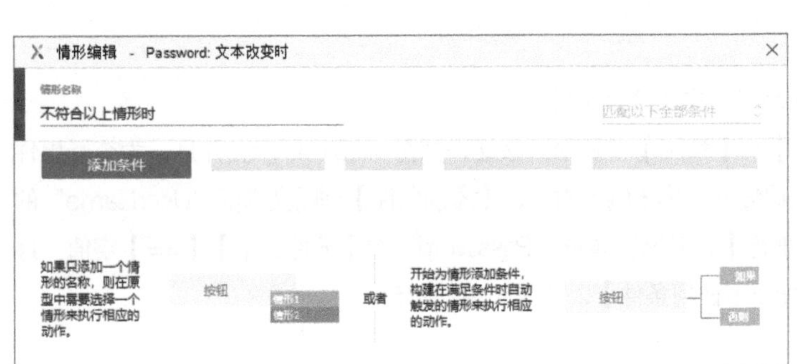

图 4–93　设置情形名称 7

图 4–94　启用/禁用的交互动作设置 4

在模拟用户登录操作的交互时，我们还可以预置一组账号和密码。只有用户输入正确的账号和密码时，才能登录到“个人中心”页面，否则，根据账号或者密码的错误给出提示。（案例动画 17）

动画 17

案例的交互效果

根据交互需求，我们通过思维导图进行交互分析，如图 4–95 和图 4–96 所示。

这里提供了两种交互分析图表，都能够实现目标交互效果。

区别在于，第 1 种是一组条件判断，而第 2 种是多组条件判断。

我们以第 1 种交互分析为例，设置交互事件。

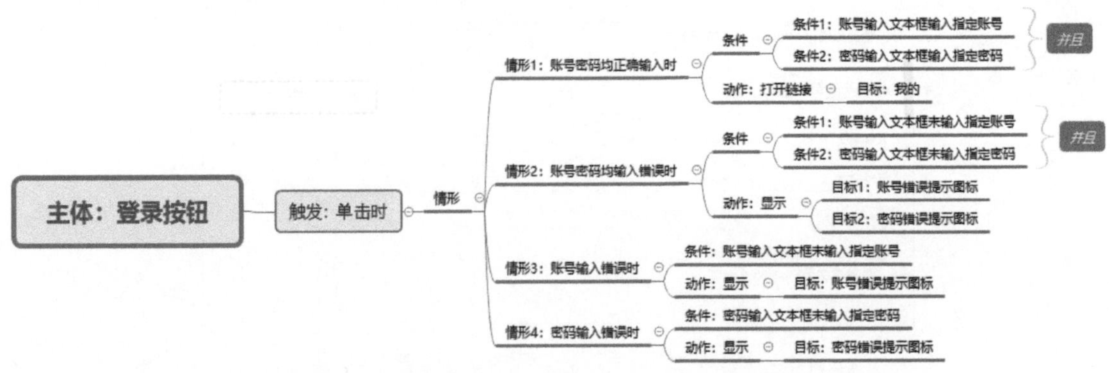

图 4–95　通过思维导图进行交互分析 7（第 1 种）

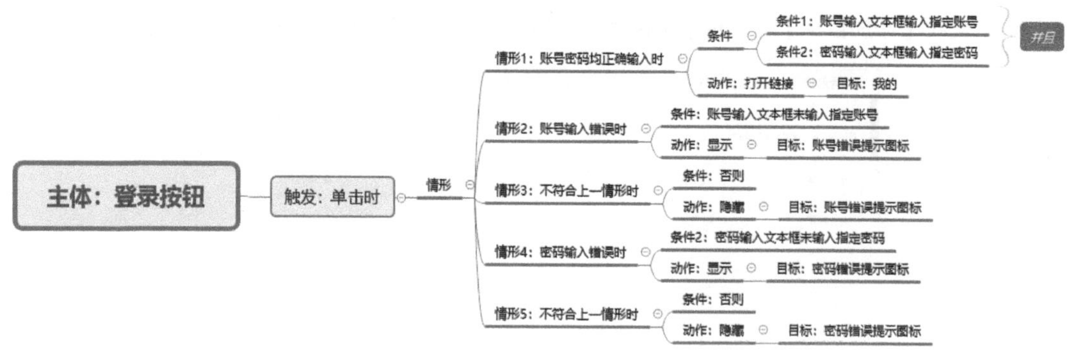

图 4–96　通过思维导图进行交互分析 8（第 2 种）

我们需要预先指定一组可以正常登录的账号和密码，例如：

账号：13800138000。

密码：666666。

1）“登录”按钮【单击时】【打开链接】，目标页面为“我的”页面，如图 4–97 所示。并且，为交互事件【启用情形】，设置名称为“账号密码均正确输入时”，添加条件判断文本框“UserName”的【元件文字】【==】预定的手机号码“13800138000”；然后，【添加行】，判断文本框“Password”的【元件文字】【==】预定的密码“666666”，如图 4–98 所示。

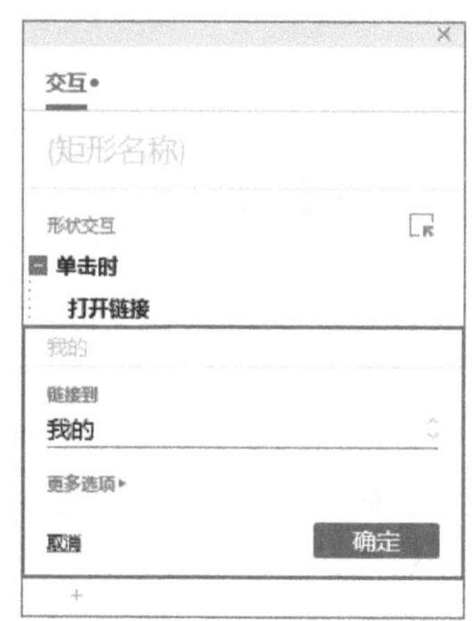

图 4–97　打开链接的交互动作设置

图 4–98　设置情形名称并添加条件 7

2）为交互事件【添加情形】，设置名称为“账号密码均输入错误时”，添加条件判断文本框“UserName”的【元件文字】【!=】预定的手机号码“13800138000”；然后，【添加行】，判断文本框“Password”的【元件文字】【!=】预定的密码“666666”，如图 4–99 所示。并且，在情形名称下方单击【加号（+）】按钮，添加动作【显示】错误提示图标“UserNameError”，如图 4–100 所示；同时，还要【添加目标】【显示】错误提示图标“PasswordError”，如图 4–101 所示。

图 4–99 设置情形名称并添加条件 8

图 4–100 显示/隐藏的交互动作设置 5

图 4–101 为交互动作添加目标

3）继续为交互事件【添加情形】，设置名称为“账号输入错误时”，添加条件判断文本框“UserName”的【元件文字】【!=】预定的手机号码“13800138000”，如图 4–102 所示；并且，在情形名称下方单击【加号（+）】按钮，添加动作【显示】错误提示图标“UserNameError”；同时，还要【添加目标】【隐藏】错误提示图标“PasswordError”，如图 4–103 所示。

4）继续为交互事件【添加情形】，设置名称为“密码输入错误时”，添加条件判断文本框“Password”的【元件文字】【!=】预定的密码“666666”，如图 4–104 所示。并且，在情形名称下方单击【加号（+）】按钮，添加动作【显示】错误提示图标“PasswordError”；同时，还要【添加目标】【隐藏】错误提示图标“UserNameError”，如图 4–105 所示。

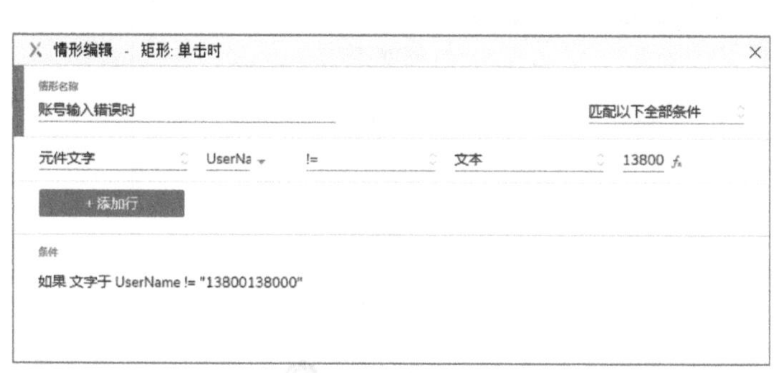

图 4-102　设置情形名称并添加条件 9

图 4-103　显示/隐藏的交互动作设置 6

图 4-104　设置情形名称并添加条件 10

图 4-105　显示/隐藏的交互动作设置 7

4.4.5　交互事件操作小结

这里，我们对添加交互事件相关操作进行一下总结，以便更熟悉、清晰地掌握添加交互事件的流程与操作。

1）交互事件设置：按照选中交互主体→单击【新建交互】或打开【交互编辑器】→选择【触发事件】→选择交互【动作】→选择动作【目标】→完成动作【设置】的步骤完成交互事件设置。

以交互功能面板中的内联编辑为例，如图 4-106 所示。

图 4–106　交互事件的操作步骤

当我们看到一个交互事件的设置时，要能够立刻看出交互事件的关键要素，并能够根据这些关键要素完成交互事件的设置，如图 4–107 所示。

2）添加情形：鼠标指针进入已添加的触发事件名称，单击后方的【启用情形】按钮或【添加情形】按钮进行添加，如图 4–108 所示。

3）添加条件：添加情形时单击【添加条件】按钮进行添加，如图 4–109 所示；或者，使鼠标指针进入已添加的情形名称，单击后方的【添加条件】按钮进行添加，如图 4–110 所示。

图 4–107　交互事件设置中的关键要素

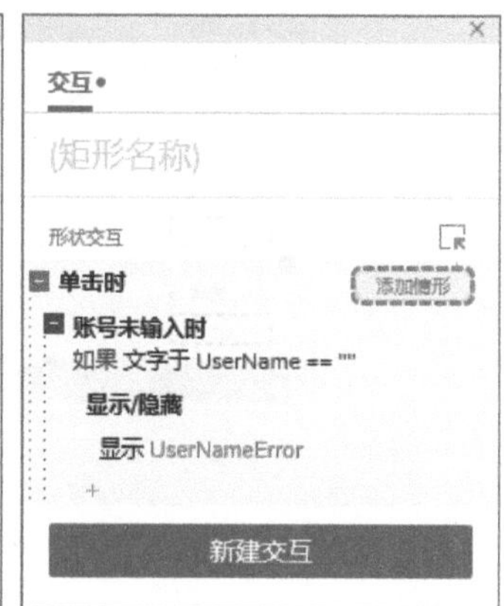

图 4–108　启用与添加情形的操作

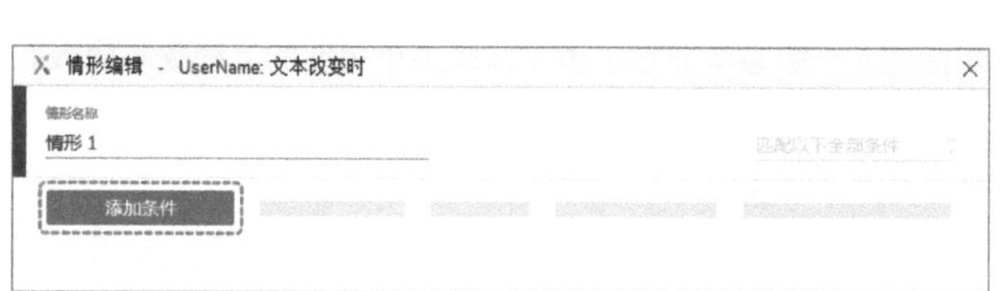

图 4–109　情形编辑中添加条件的操作

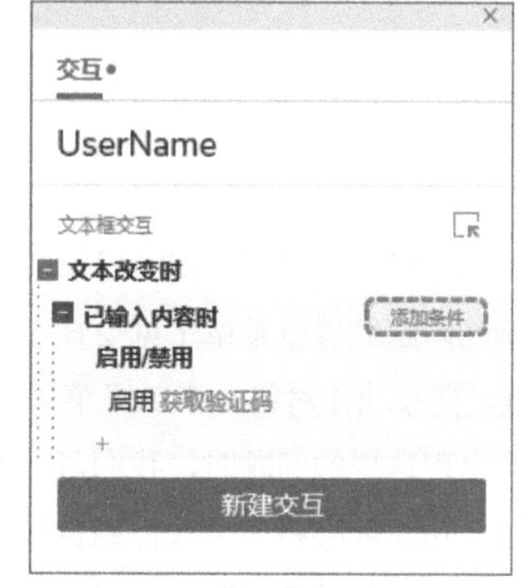

图 4–110　交互功能面板中添加条件的操作

4）添加动作：单击某一情形中最后一个动作下方的【加号（+）】按钮添加更多动作，如图 4–111 所示。

5）添加目标：一个动作可以控制多个目标，使鼠标指针进入已添加的动作名称，单击后方的【添加目标】按钮选择更多目标，如图 4–112 所示。

在本书之后的内容中，除了某些设置细节，不再对以上交互设置操作提供详细截图，只提供交互面板中设置完成后所呈现的交互描述。所以，请各位读者熟练掌握以上操作。

图 4-111　为情形添加动作的操作 4

图 4-112　为动作添加目标的操作

4.5　用元件组合实现交互

4.5.1　交互动作统一控制多个元件

有的时候，我们需要同时显示或隐藏多个目标元件。

例如网站的导航菜单（见 2.6 节），光标进入一级菜单显示由多个二级菜单组成的二级菜单面板。如果通过交互动作对每一个二级菜单面板的组成元件进行隐藏或显示，整个过程会非常烦琐。

当出现这样的问题时，我们可以通过组合元件来解决。

组合功能能够将多个元件组合到一起，实现统一移动、显示、隐藏、选中、启用、禁用等交互，而且也能够方便我们在画布中对同一模块中的多个元件进行选中、移动等操作。

我们可以通过工具栏中的【组合】与【取消组合】按钮对多个元件进行组合的操作，也可以通过快捷键〈Ctrl+G〉进行组合，〈Ctrl+Shift+G〉取消组合，如图 4-113 所示。

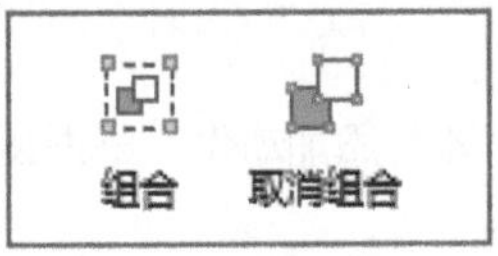

组合　取消组合

图 4-113　组合与取消组合按钮

当多个元件组合到一起时，就可以像一个元件一样，添加交互事件或者作为交互动作的目标。

例如，刚刚所提到的网站导航栏母版中，导航菜单包含了一些二级菜单，如图 4-114 所示。

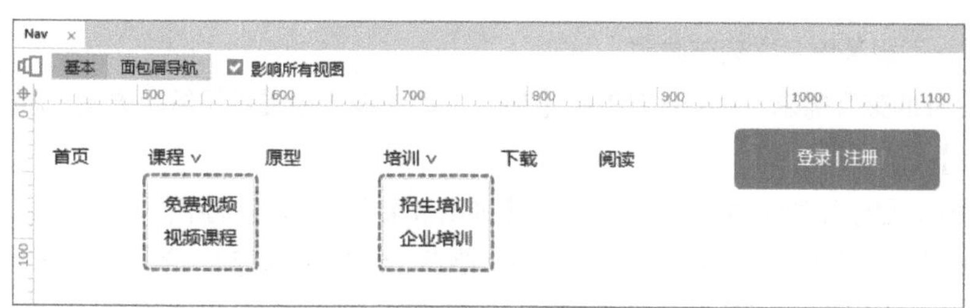

图 4-114　导航菜单的二级菜单

每个二级菜单，都通过矩形和文本标签创建，然后，将它们组合到一起，并分别命名为“Submenu01”和“Submenu02”，如图 4-115 所示。

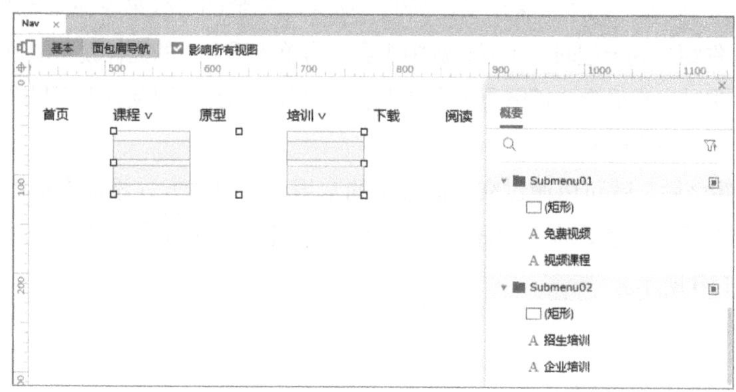

图 4-115　组合二级菜单

然后，我们将这些二级菜单隐藏，添加用户将鼠标指针进入一级菜单时显示二级菜单的交互。

以“课程”菜单为例。

根据交互需求，我们通过思维导图进行交互分析，如图 4-116 所示。

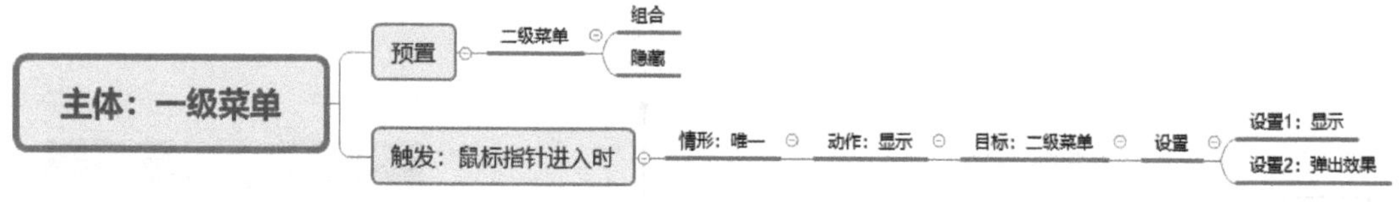

图 4-116　通过思维导图进行交互分析 9

根据当前的交互需求，我们需要做到鼠标指针进入一级菜单和二级菜单时，二级菜单会一直显示，而从一级菜单或者二级菜单离开时，二级菜单需要隐藏。

如果根据用户的操作去添加交互的话，这个交互很难完成。例如，如果加上鼠标指针离开一级菜单时隐藏二级菜单的交互，那么鼠标指针则会无法进入二级菜单，因为鼠标指针进入二级菜单时，意味着离开了一级菜单，二级菜单会立刻被隐藏。

为了解决这样的交互需求，Axure RP 的【显示】动作设置中提供了解决方案，就是【更多选项】中的【弹出效果】。

在当前案例中，显示元件的动作设置中选择了【弹出效果】之后，我们不需要添加隐藏的交互，当鼠标指针离开一级菜单和二级菜单所覆盖的区域时，会自动隐藏二级菜单。否则，会一直显示二级菜单。

接下来，我们为带有二级菜单的一级菜单添加交互事件。

以“课程”菜单为例。为“课程”菜单设置【鼠标移入时】的交互事件，【显示】目标二级菜单的元件组合“Submenu01”，单击【更多选项】之后，选择【弹出效果】。另外，我们还可以勾选【置于顶层】的选项，以免母版添加到页面后被页面中的其他元件所遮挡，如图 4–117 所示。

除了“课程”和“培训”这两个菜单项，其他一级菜单和全部二级菜单都需要添加单击时跳转页面的交互。当我们把元件组合到一起时，可以先选中组合，再单击组合中的元件就可以单独对元件进行操作。另外，在概要中能够更加方便地选择组合中的元件以及其他不易在画布中选择的元件。（案例动画 18）

动画 18

选择组合中元件的操作

当我们选择元件之后，就可以通过交互面板中的常用交互快捷方式添加【单击时–打开链接】的交互了。当然，也可以通过属性设置中的【引用页面】完成同样的交互效果，如图 4–118 所示。

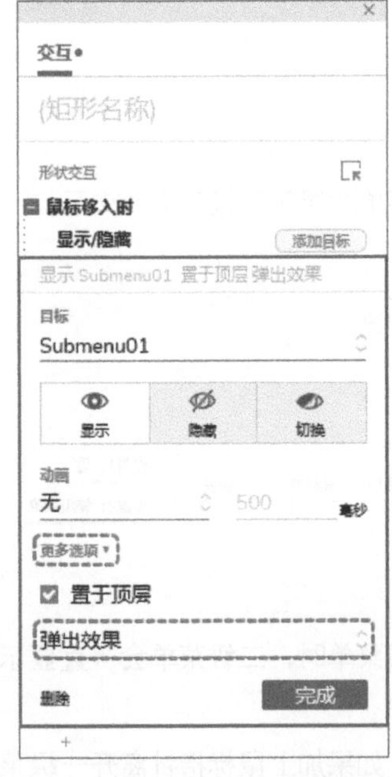

图 4–117　添加交互事件

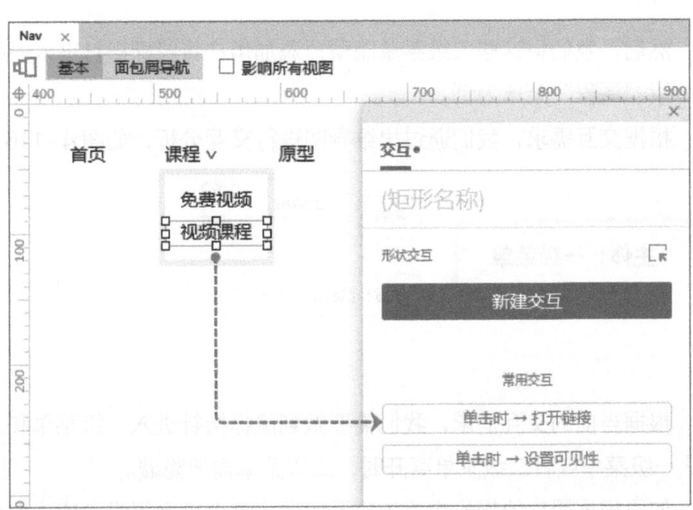

图 4–118　使用常用交互选项

4.5.2　多个元件添加同一交互事件

案例的交互效果

使用元件组合不但能够让多个元件同时被动作所控制，还可以为多个元件添加统一的交互事件。

例如，产品班网站个人中心页面中的菜单如图 4–119 所示。每个菜单项都包含了形状与图标，但是无论是用户单击形状还是图标都应该有相同的交互，这个时候，我们就可以将形状和图标组合，然后为组合添加单击时的交互。（案例动画 19）

这里，用户的操作有两个。当用户将鼠标指针进入菜单项时，菜单项要有样式的改变，用户单击菜单项时，菜单项也要有样式的改变，并且只能有一个菜单项呈现选中的样式。另外，第一个菜单项在页面打开之后，就需要呈现选中的样式。

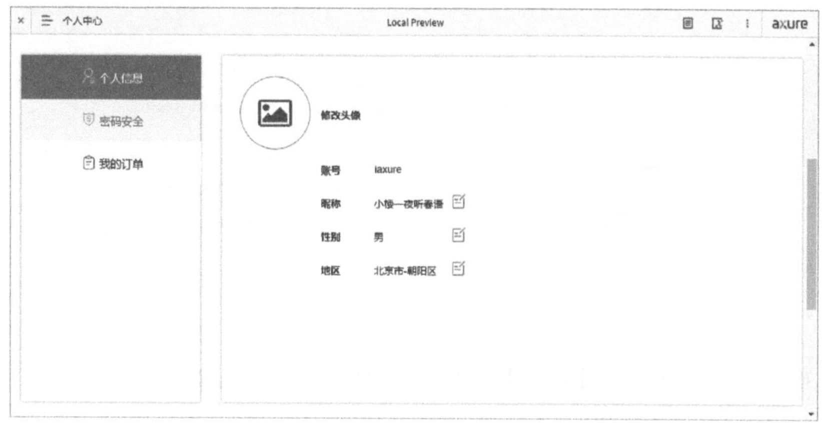

图 4–119　个人中心页面

根据交互需求，我们通过思维导图进行交互分析，如图 4–120 所示。

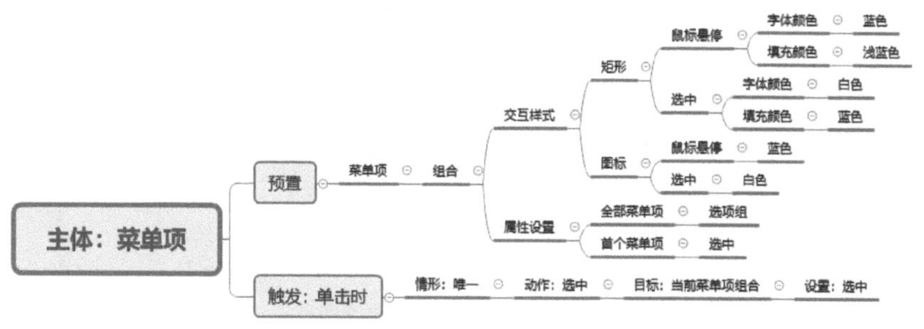

图 4–120　通过思维导图进行交互分析 10

对于用户操作所产生的样式改变，我们需要为菜单项所包含的矩形元件和图标元件分别设置【鼠标悬停】和【选中】的交互样式，如图 4-121 和图 4-122 所示。

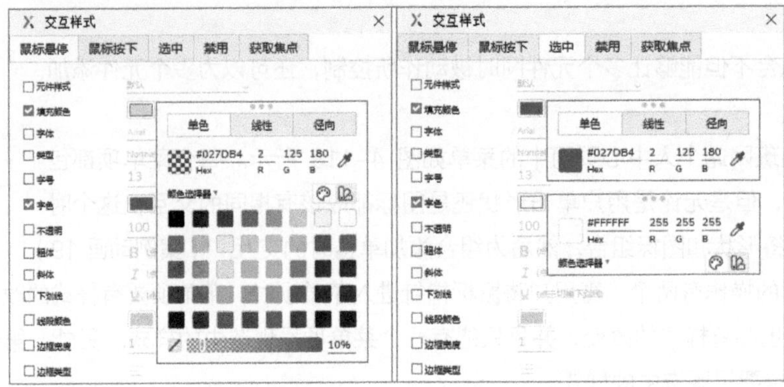

图 4-121　矩形元件交互样式设置

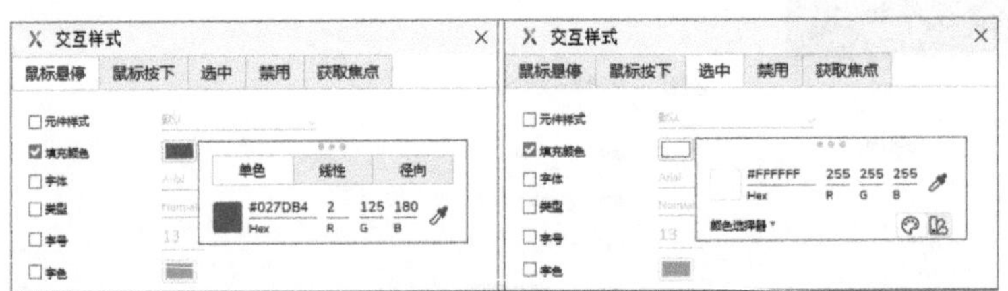

图 4-122　图标元件交互样式设置

然后，将矩形元件和图标元件【组合】成为一个整体，如图 4-123 所示。

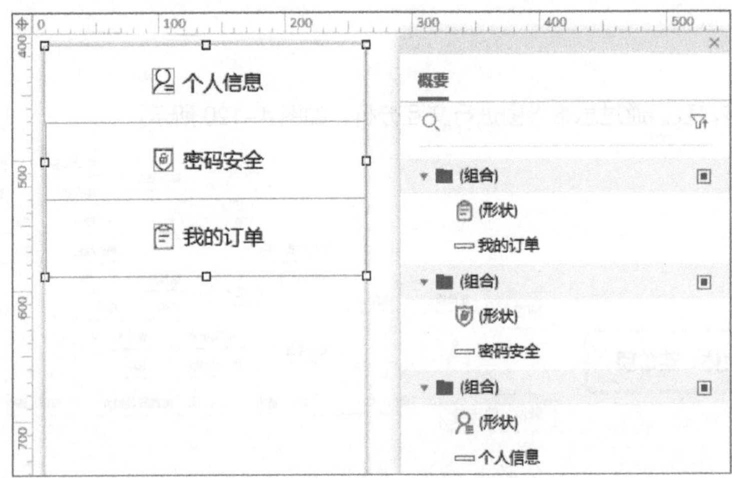

图 4-123　组合元件

在属性设置中，为所有的菜单项组合设置【选项组】名称为“menu”，并且勾选【触发内部元件鼠标交互样式】，如图 4–124 所示。

图 4–124　元件属性设置 1

如果不太理解【触发内部元件鼠标交互样式】的功能，可以先取消这一项的勾选之后查看原型，此时会发现鼠标指针进入矩形时，矩形的样式发生了变化，但图标样式不会发生变化。或者鼠标指针进入图标时，图标的样式发生了变化，而矩形样式不会发生变化。而勾选这一项之后，无论鼠标指针进入了矩形还是图标，组合中的所有元件样式都会发生变化。也就是说，当鼠标指针进入组合时能够触发组合内部所有元件的鼠标悬停的交互样式。

另外，第一个菜单项的属性设置中，还要勾选【选中】，以便在页面打开之后，就呈现选中的交互样式，如图 4–125 所示。

最后，我们根据交互分析给每个菜单项添加【单击时】【选中】“当前”菜单项组合的交互事件，如图 4–126 所示。

因为每个菜单项的交互事件都一样，所以我们可以在添加完一个菜单项的交互之后，复制粘贴给其他菜单项。（案例动画 20）

动画 20

复制交互事件的操作

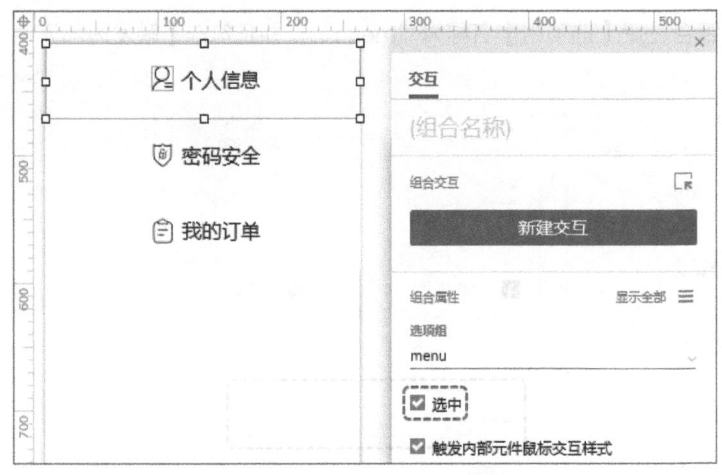

图 4–125　元件属性设置 2

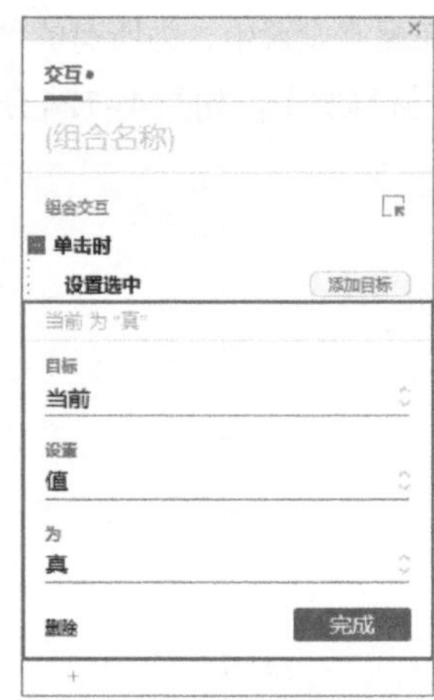

图 4–126　设置选中的交互动作设置

4.6　用内联框架嵌入内容实现交互

内联框架是一个能够在当前页面嵌入其他页面、URL 链接以及多媒体文件的元件。

4.6.1　嵌入项目内页面

单击产品班网站“个人中心”页面中的菜单项时，页面右侧的内容在切换。像这样的内容切换，我们可以通过内联框架元件嵌入不同的页面来实现（仍可参考动画 19：案例的交互效果）。

产品班网站的“个人中心”页面中，右侧切换的内容可以单独放在不同的页面中。

我们先完成“个人信息”“密码安全”以及“我的订单”页面内容的创建，如图 4–127 所示。

然后，通过内联框架元件嵌入到“个人中心”页面。

嵌入默认显示的页面，可以通过双击内联框架元件，打开【链接属性】设置对话框，然后选择链接的目标页面，如图 4–128 所示。

【链接属性】设置对话框也可以通过上下文菜单中的【框架目标】选项打开，如图 4–129 所示。

内联框架的边框可以在样式设置中隐藏，并且样式中还能够进行链接目标、滚动条以及预览图的设置，如图 4–130 所示。

因为内联框架本身没有任何内容，设置预览图能够方便我们在编辑时知道框架的位置尺寸（不显示滚动条时）以及嵌入内容。并且，预览图只是编辑原型时在画布中才能看到，在浏览器中查看原型时是看不到的。

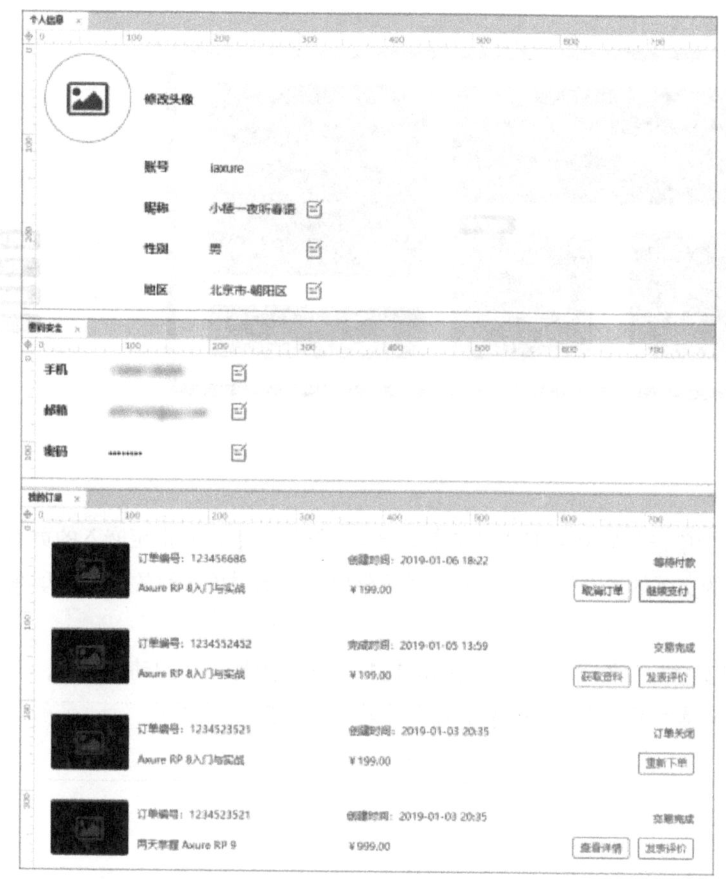

图 4-127　创建页面内容

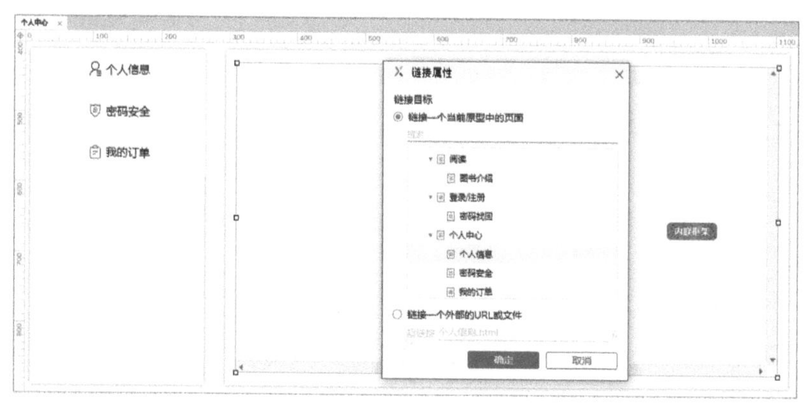

图 4-128　内联框架链接属性设置

图 4-129　内联框架上下文菜单选项

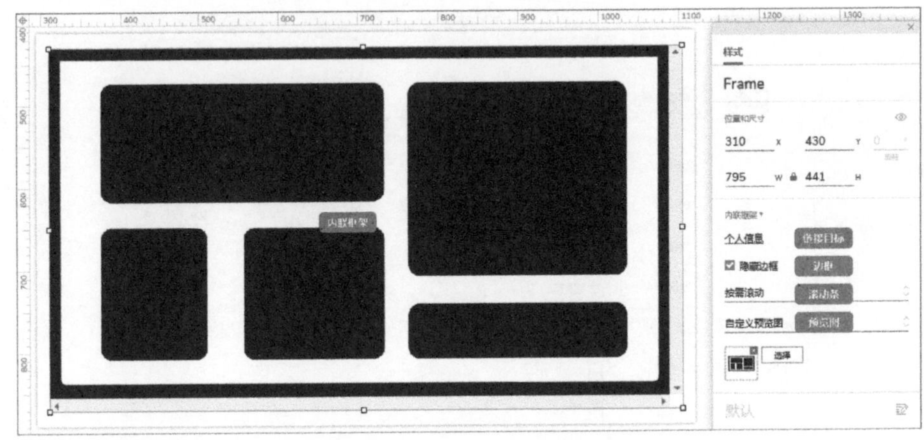

图 4–130　内联框架样式设置

最后，通过添加单击时的交互事件，在【框架中打开链接】，并指定嵌入的页面，就可以实现单击菜单项时切换内容的交互效果。因为，之前已经给菜单项添加过单击时的交互，现在要做的只是添加新的动作。

此处以“密码安全”菜单项为例，如图 4–131 所示。添加完新的动作之后，将新添加的动作单独复制，并粘贴到其他菜单项的【单击时】交互事件中。（案例动画 21）

图 4–131　框架中打开链接的交互动作设置

复制交互动作的操作

4.6.2　链接 URL 或文件

内联框架还能够嵌入 URL 链接和多媒体文件。例如，当用户将鼠标指针进入网站页面底部的联系地址时，显示一个地图名片。（案例动画 22）

动画 22

案例的交互效果

1．链接 URL

通过内联框架可以嵌入 URL 所指向的内容，包括网页、网络音视频、网络图片以及浏览器所支持浏览的网络文件等。

百度地图开放平台提供的地图名片功能，地址为 http://api.map.baidu.com/mapCard/setInformation.html。

我们可以使用这个功能为指定的地址生成地图名片页面 http://j.map.baidu.com/s/RDA_Fb，如图 4–132 所示。

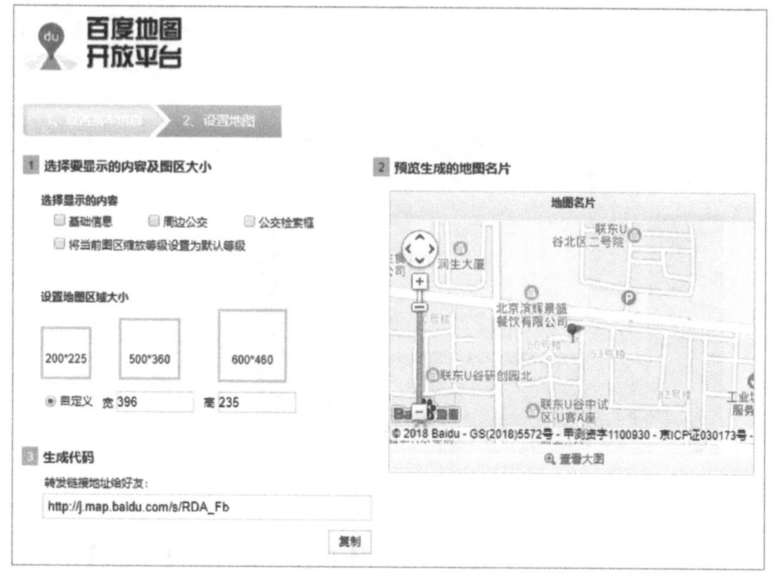

图 4–132　创建地图名片

接下来，我们就可以通过内联框架在项目中嵌入这个网页。

首先，添加矩形元件和内联框架元件。

将内联框架【隐藏边框】，滚动条设置为【从不滚动】，【预览图】设置为【地图】。同时，【添加框架目标】，【链接属性】设置对话框中选择【链接一个外部的 URL 或文件】，并填入地图名片的链接地址，如图 4–133 所示。

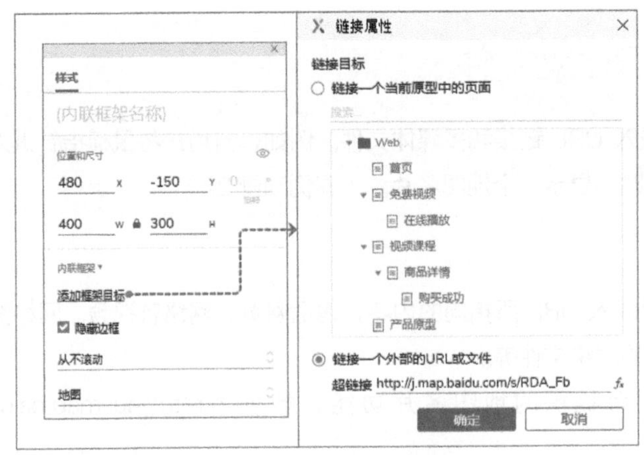

图 4–133　内联框架嵌入地图名片

然后，将矩形与内联框架组合后命名为“Map”，并隐藏组合，如图 4–134 所示。

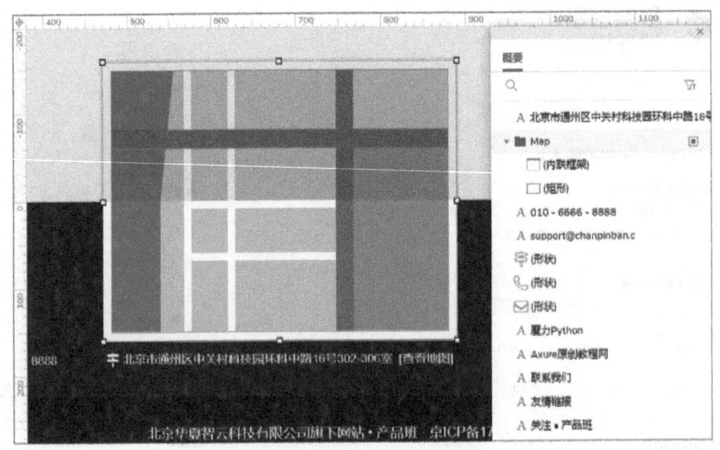

图 4–134　组合元件

最后，为“联系地址”元件添加【鼠标移入时】的交互事件，【显示】“Map”组合，带有“500”毫秒【向上滑动】的【动画】。并且，勾选【置于顶层】避免地图被其他元件遮挡。【更多选项】中还要选择【弹出效果】，让鼠标指针离开时能够自动隐藏地图，如图 4–135 所示。

另外，考虑到用户用移动设备查看页面时移动设备并没有鼠标指针，为此再给“联系地址”元件添加【单击时】的交互，交互事件内容与【鼠标移入时】相同。我们从已完成的【鼠标移入时】交互事件中进行复制，单击【新建交互】之后，【粘贴】到【单击时】触发事件中。（案例动画 23）

动画 23

复制交互事件的操作

除了百度地图名片，一些视频网站的视频地址，也可以通过内联框架嵌入到原型项目中。例如，优酷视频的分享功能中，能够获取通用代码，如图 4–136 所示。

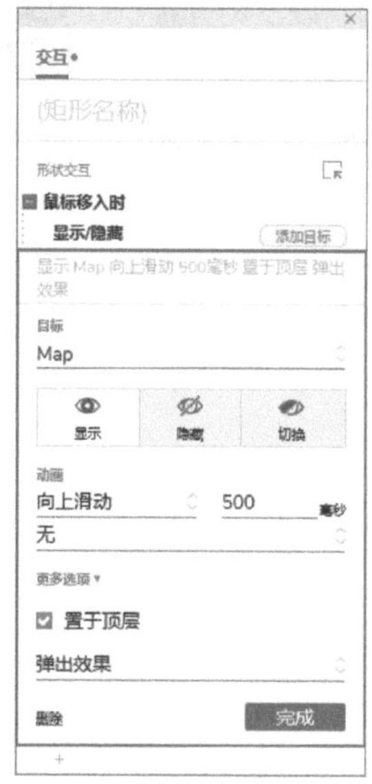

图 4–135　显示/隐藏的交互动作设置 8

图 4–136　获取在线视频通用代码

通用代码中的“src”属性值就是在线视频的源地址。

通用代码示例：

```
<iframe height=498 width=510 src='http://player.youku.com/embed/XNDA0NjAxNzM4NA==' frameborder=0 'allowfullscreen'></iframe>
```

我们将源地址通过内联框架嵌入原型页面中，就可以在原型页面中播放视频了，如图 4–137 所示。

通用代码中的“iframe”就是框架的意思。

我们将原型生成 HTML 文件之后，原型中的内联框架就是这样的代码。所以，【添加框架目标】时，就是为最终生成的 HTML 代码添加“src”的属性值。

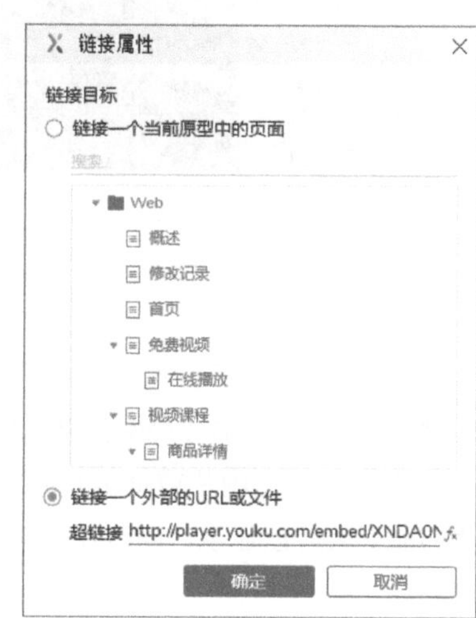

图 4–137　内联框架嵌入在线视频

2. 打开本地多媒体文件

产品班网站的免费视频能够在线播放，可以先把视频上传到网络上，然后再把链接通过内联框架嵌入到原型页面中。例如上传到视频网站（如优酷、爱奇艺等），然后获取分享代码中的源地址；也可以上传到在线存储空间（如七牛云、又拍云等）后，获取文件的外链。不过，还有一种方式，就是直接把需要打开的多媒体文件放入生成的 HTML 文件夹中，在内联框架中填写相对路径就可以了。

动画 24

案例的交互效果

通过内联框架能够嵌入的本地多媒体文件，包括网页、音视频、图片以及浏览器所支持浏览的文件等。

例如，我们在“在线播放”页面中播放一个名为“制作圆环.mp4”的视频文件。（案例动画 24）

首先，我们放入组成页面内容的元件。其中，内联框架元件命名为“VideoFrame”，被相同尺寸的图片元件所覆盖；图片元件与其上层的播放图标元件组合，命名为“Play”，如图 4–138 所示。

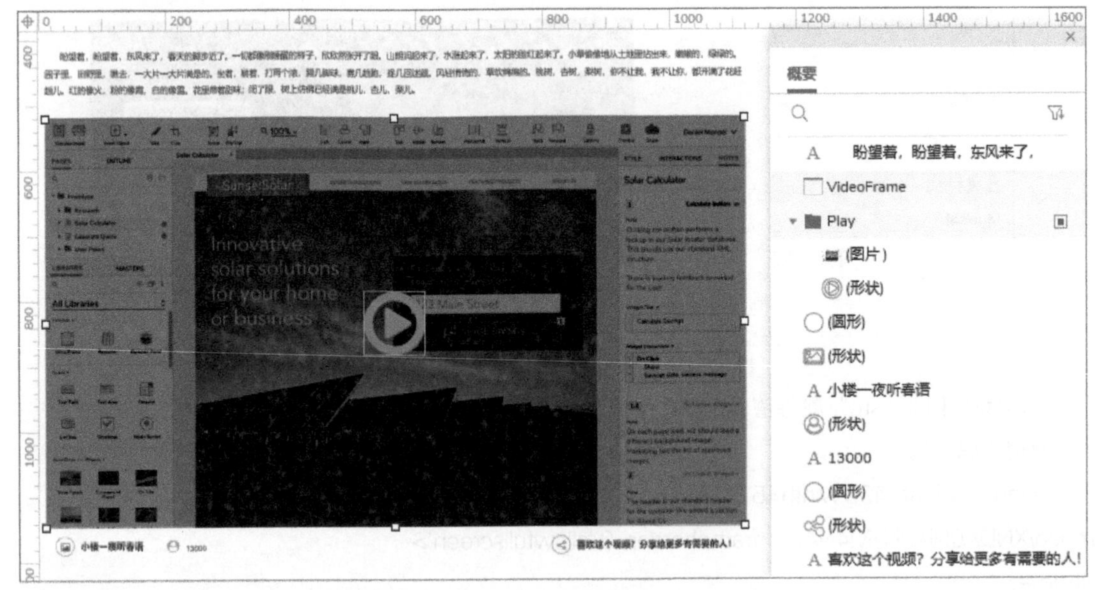

图 4–138　元件命名与组合

另外，为了让图片显得暗一些，我们需要在样式功能面板中为图片【调整颜色】，将图片【亮度】调整为“–0.5”，如图 4–139 所示。

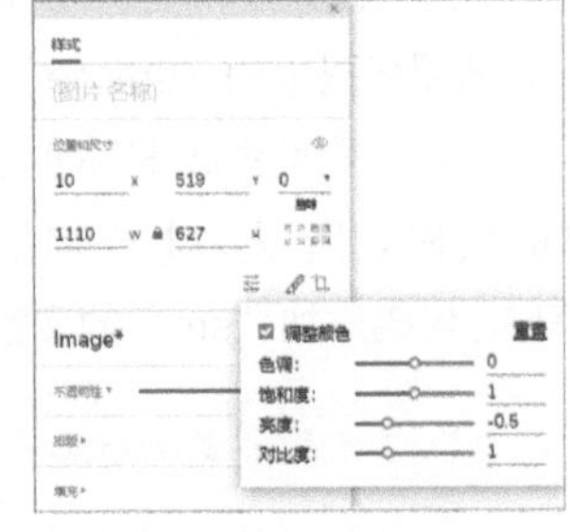

图 4–139　调整图片颜色

当用户单击图片或播放按钮时，会隐藏图片与按钮组合，以便让内联框架得以显示，同时在框架中打开视频文件，达到播放视频的目的。

根据交互需求，我们通过思维导图进行交互分析，如图 4–140 所示。

接下来，我们根据交互分析，为图片与播放按钮组合“Play”添加交互事件。

1）添加【单击时】【隐藏】【当前】图片与播放按钮组合的交互动作，如图 4–141 所示。

图 4–140　通过思维导图进行交互分析 11

2）继续【添加动作】，在【框架中打开链接】，目标为内联框架“VideoFrame”，选择【链接到 URL 或文件路径】，填入相对文件路径“media/制作圆环.mp4”，如图 4–142 所示。

图 4–141　显示/隐藏的交互动作设置 9

图 4–142　框架中打开链接的交互动作设置

最后，将原型生成 HTML 文件到本地磁盘中的某一文件夹（如 demo），并且，不要勾选【发布之后在浏览器中打开】，因为此时打开还无法播放视频文件，如图 4–143 所示。

发布完毕后，在“demo”文件夹中新建“media”文件夹，将视频文件“制作圆环.mp4”放入“media”文件夹中，如图 4–144 所示。

此时，使用浏览器打开网页文件“在线播放.html”，即可播放视频。

如果打开在线播放页面之后，单击播放按钮时，提示找不到文件，如图 4–145 所示。那是因为使用预览功能查看页面。一定要通过浏览器打开生成的 HTML 文件，才能够正常显示。

预览功能是通过 Axure RP 自带的简易 HTTP 服务器模拟在线查看网页，它的 HTML 文件目录与我们生成的 HMTL 文件目录“demo”并不是同一个目录，所以会提示无法找到文件。

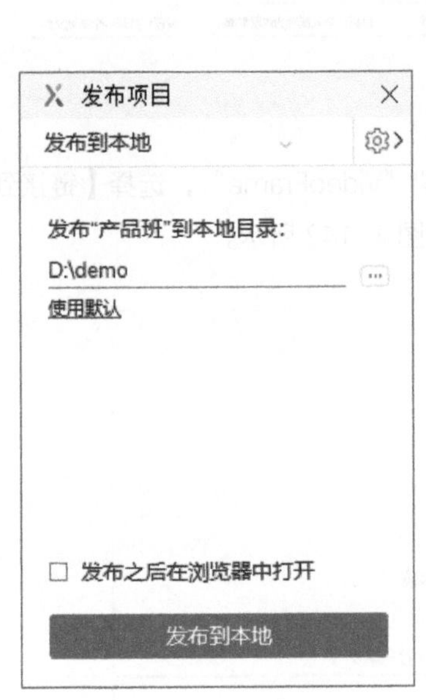

图 4-143　发布原型到本地磁盘

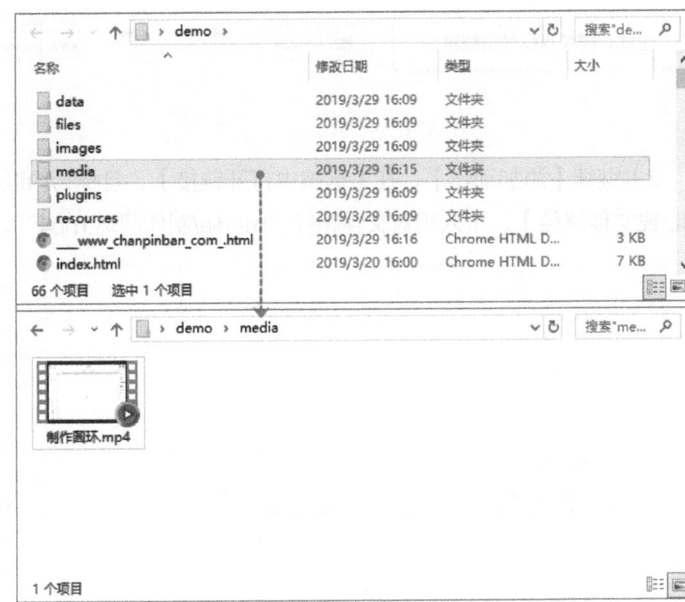

图 4-144　添加视频文件到 HTML 文件夹

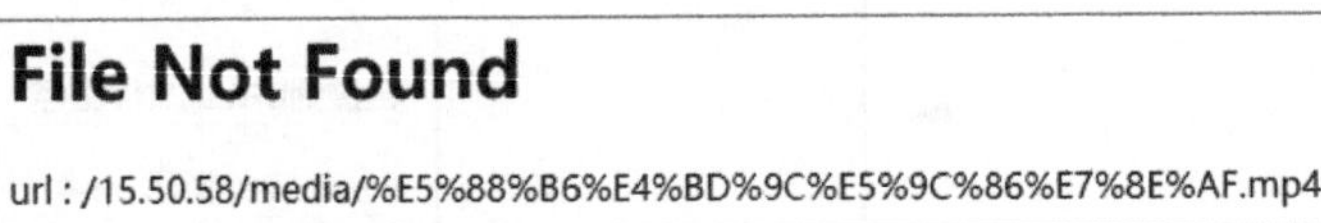

图 4-145　无法找到文件提示

4.7　通过功能强大的动态面板实现交互

动态面板是一个功能强大的元件。想用好动态面板的话，需要了解这个元件的结构与特性。

4.7.1　动态面板的状态编辑

从结构上来说，动态面板是一个容器元件，它能够包含其他元件。也就是说，动态面板内部可以放置其他元件。

动态面板默认带有一个状态“State1”，这个状态可以理解为是容器的一层。当我们在画布中放入一个动态面板元件，双击它就能打开这个默认的状态。然后，就可以向动态面板内部添加其他元件，如图 4-146 所示。（案例动画 25）

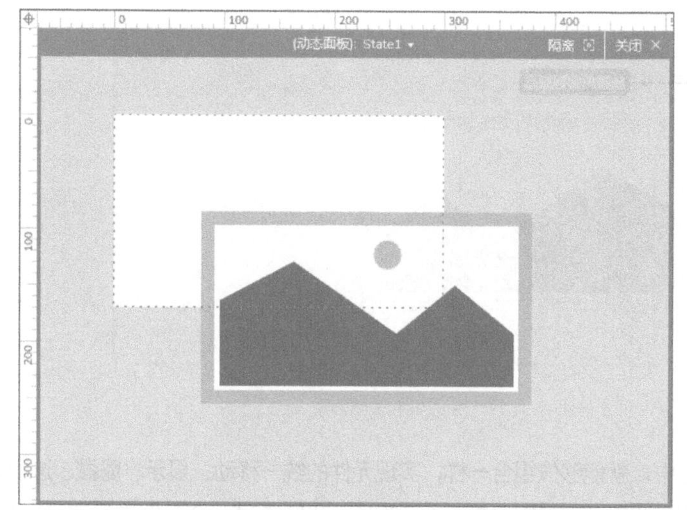

动画 25

动态面板状态编辑的操作

图 4-146　动态面板状态编辑

如图 4-146 所示，放入动态面板的元件内容没有完全被包含在虚线框（可见区域）内时，将不能够在页面中完全显示，如图 4-147 所示。

我们可以在上下文菜单中选择【自适应内容】，动态面板就能够自动呈现内部所有的内容，如图 4-148 所示。

但是，此时动态面板左上角有一部分是空白，如图 4-147 所示。

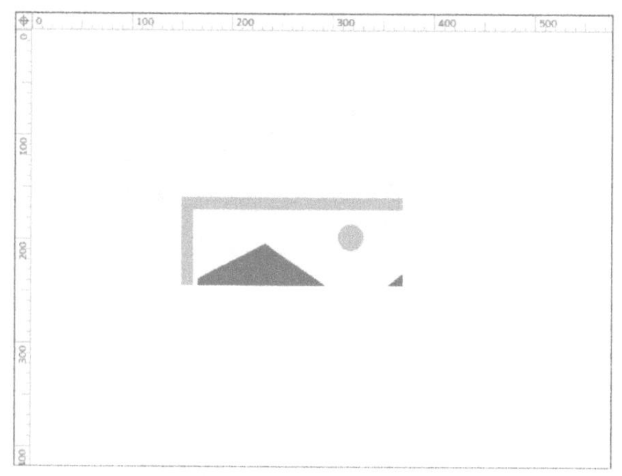

图 4-147　页面画布中呈现的效果

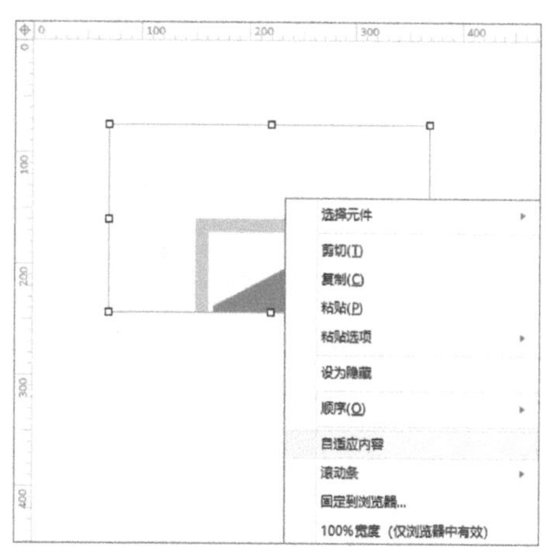

图 4-148　动态面板自适应状态内容尺寸

很显然，这是因为在状态中添加内容的时候，没有将元件内容放在原点坐标的位置，所以才会出现空白，如图 4-149 所示。

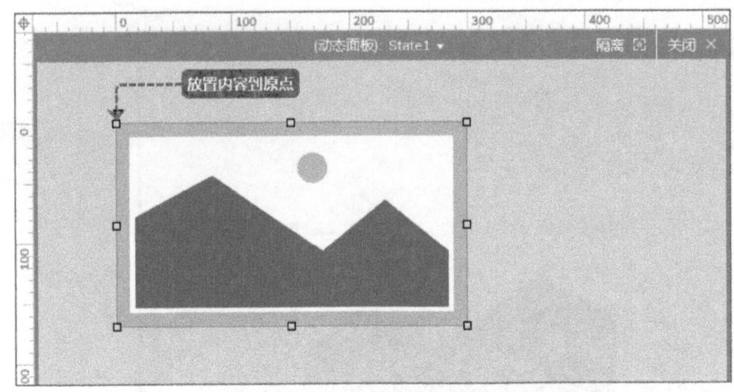

图 4–149　摆放元件到原点

把元件放入动态面板的状态中，就能够像组合一样，实现元件的统一移动、显示、隐藏、选中等操作。

有时候使用组合可能会出现问题，例如推动或拉动元件时。我们通过一个示例进行演示，如图 4–150 所示。

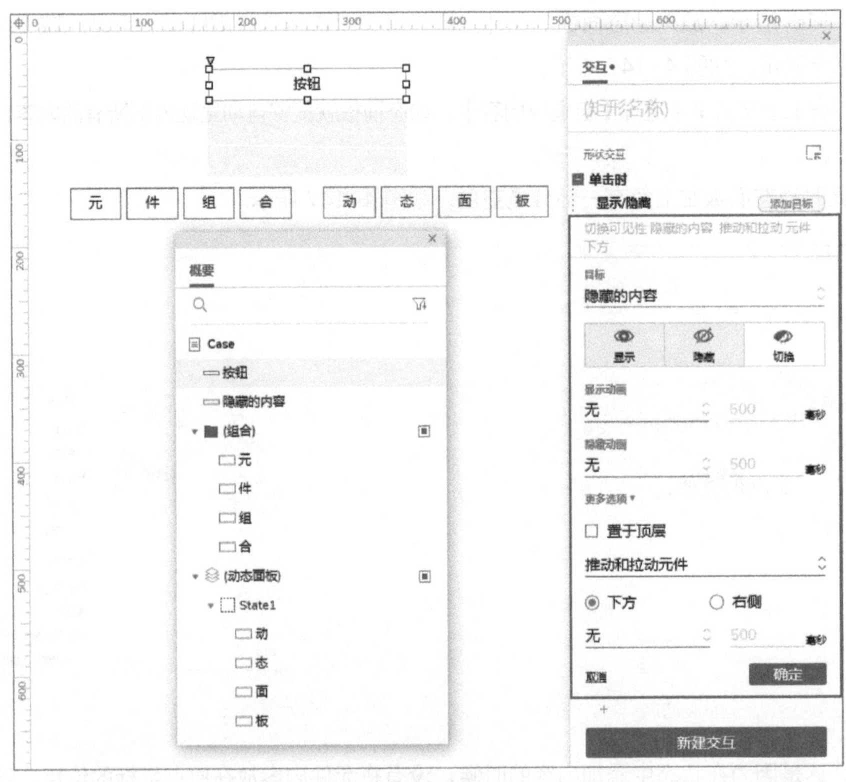

图 4–150　元件组合与交互事件设置

单击【按钮】时切换显示或隐藏【隐藏的内容】，同时推动和拉动下方元件。

查看原型时，就能够发现组合的元件只会被推动或拉动其中的一部分，而动态面板则会被推动或拉动全部元件，如图 4–151 所示。（案例动画 26）

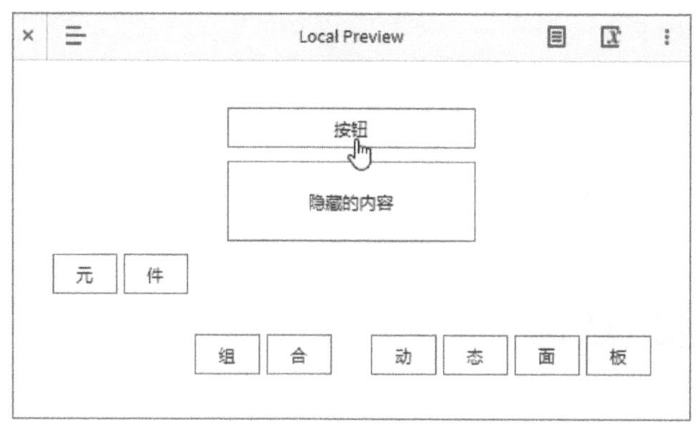

图 4–151　交互执行效果

动画 26

案例的交互效果

打个比方，组合就好像把东西捆到了一起，如果推动其中一部分，那么就会散掉。而动态面板就好像把东西装进了箱子，不管推哪里都不会散掉。所以带有推动或拉动的交互效果尽量不要将被推动或拉动的内容组合，而是放入同一个动态面板中。

如果想把做好的内容放入动态面板，可以选中所有放入动态面板的内容，在上下文菜单中选择【转换为动态面板】。或者，通过快捷键〈Ctrl+Shift+Alt+D〉也能完成将内容放入动态面板的操作。

如果选错了内容，还可以在上下文菜单中选择【从首个状态脱离】进行还原。快捷键和脱离母版一样，是〈Ctrl+Shift+Alt+B〉。

4.7.2　动态面板的多状态切换

动态面板可以添加多个状态的内容。

当为动态面板添加了多个状态的内容之后，我们通过交互事件改变动态面板的状态，就能够在同一区域呈现不同的内容。这个效果和内联框架嵌入其他页面的效果相似。

但是，使用内联框架所嵌入的页面内容在切换时会有刷新的过程，而使用动态面板则不会。并且，动态面板在进行状态切换时还可以添加动画效果。

在双击动态面板之后，画布顶部中央的下拉列表中有【添加状态】按钮，单击就能够添加新的状态，并且单击下拉列表中的状态名称就能够切换到不同状态的编辑区。此外，选中某个状态名称之后，还能够单击【重复】按钮，复制当前选中的状态为新的状态。

在产品班网站的“登录/注册”页面中已经完成了登录面板和注册面板的创建，如图 4-152 所示。

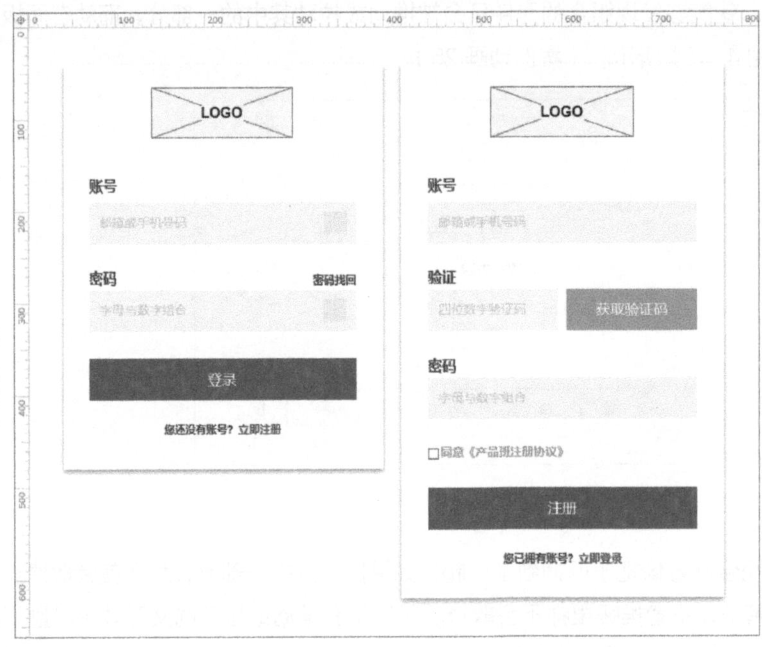

图 4-152　已完成的原型内容

但是，这两个面板不应该同时呈现在页面中，而是在用户操作时能够切换显示。（案例动画 27）

动画 27

案例的交互效果

首先，我们将注册与登录面板放置到同一个动态面板的不同状态中。（案例动画 28）

1）将组成登录面板的所有元件全选，在上下文菜单中选择【转换为动态面板】，快捷键为〈Ctrl+Alt+Shift+D〉，如图 4-153 所示。

2）将组成注册面板的所有元件全选并通过上下文菜单【剪切】，也可以通过快捷键〈Ctrl+X〉完成剪切操作，如图 4-154 所示。

动画 28

动态面板状态编辑的操作

3）双击动态面板，在状态下拉列表中添加新的状态，如图 4-155 所示。

4）将步骤 2）中剪切的内容粘贴到新的状态中，并摆放到编辑区原点位置，如图 4-156 所示。

5）在状态列表中将动态面板状态的名称分别命名为“Login”和“Register”。编辑名称，只需要单击选择某一项之后，再次单击该项，即可变为编辑状态，如图 4-157 所示。

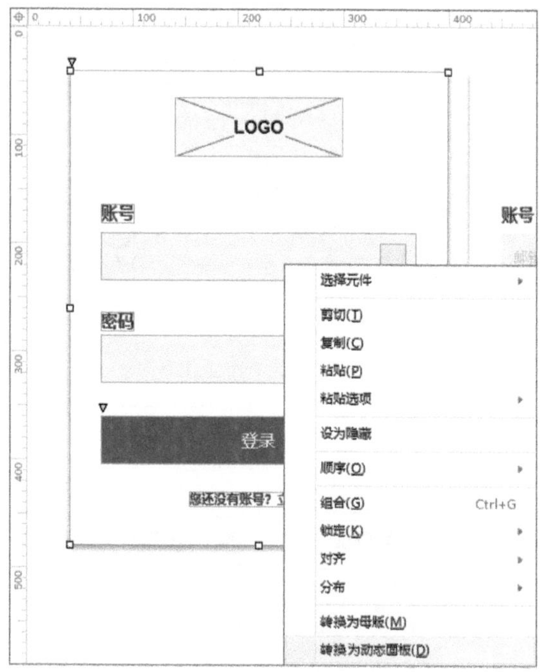

图 4-153　将元件放置到动态面板默认状态中

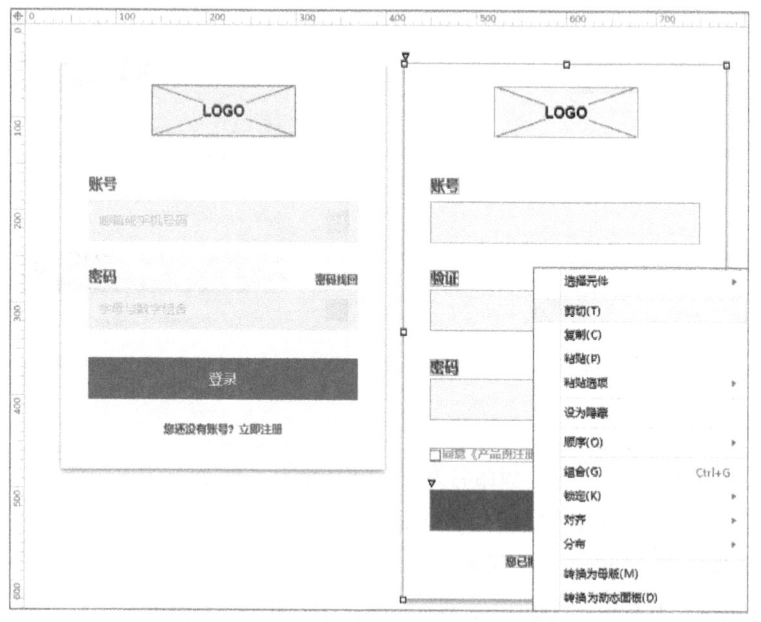

图 4-154　剪切原型内容

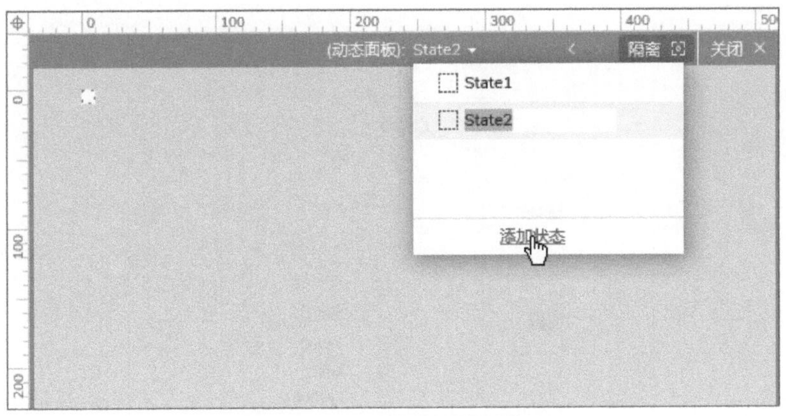

图 4-155　为动态面板添加状态

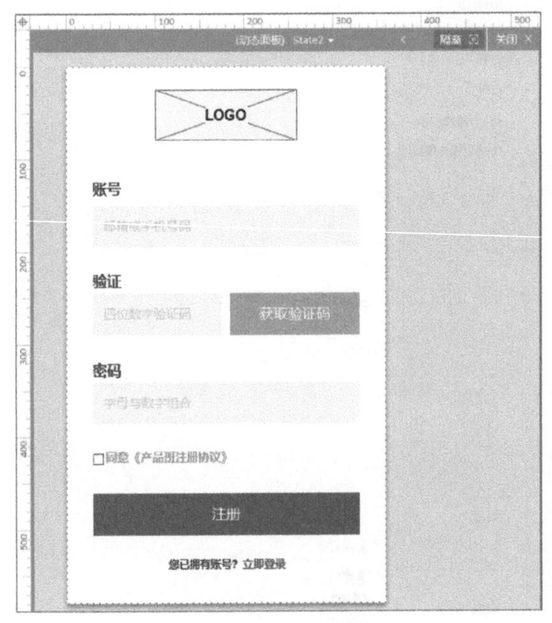

图 4-156　粘贴原型内容

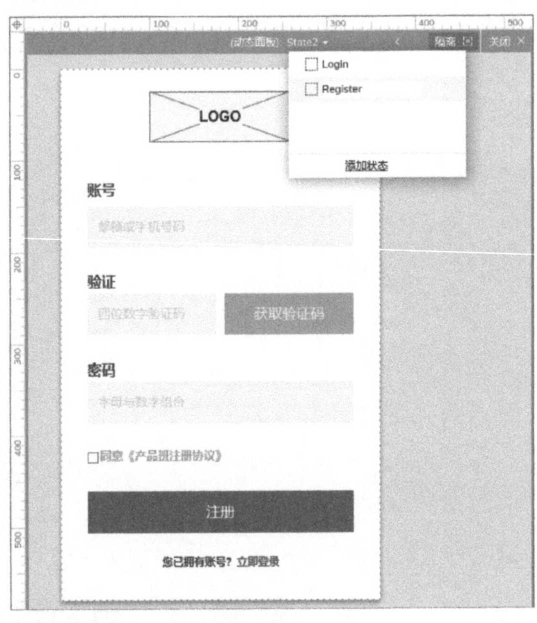

图 4-157　编辑动态面板状态名称

6）在概要功能面板中，将动态面板命名为“SignPanel”，如图 4-158 所示。

然后，根据交互需求，我们通过思维导图进行交互分析，如图 4-159 所示。

接下来，我们根据交互分析添加交互事件。

1）双击动态面板打开状态“Login”。双击带有文字“您还没有账号？立即注册”的元件进入文本编辑状态，划选其中的“立即注册”部分，添加【插入文本链接】的交互。

【插入文本链接】的交互可以通过交互功能面板中的常用交互快捷方式添加，如图 4-160 所示。也可以通过上下文菜单中的选项进行添加，如图 4-161 所示。

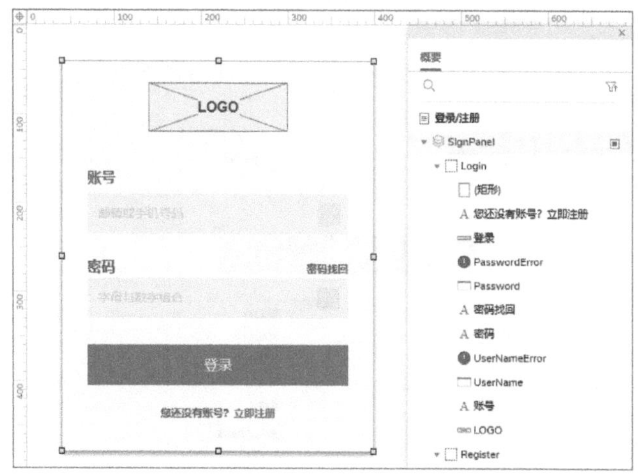

图 4-158　将动态面板命名为“SignPanel”

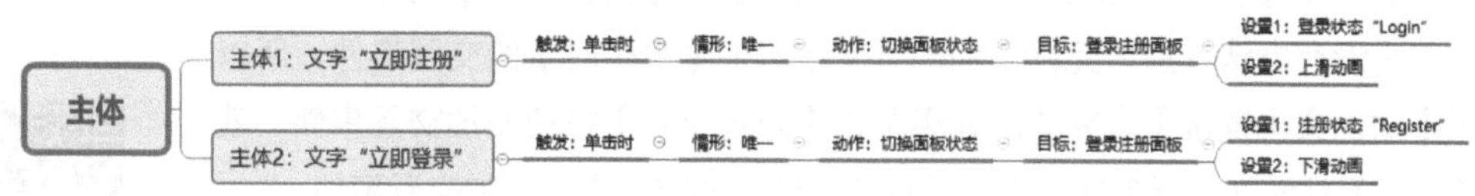

图 4-159　通过思维导图进行交互分析 12

图 4-160　通过常用交互快捷方式添加插入文本链接的交互

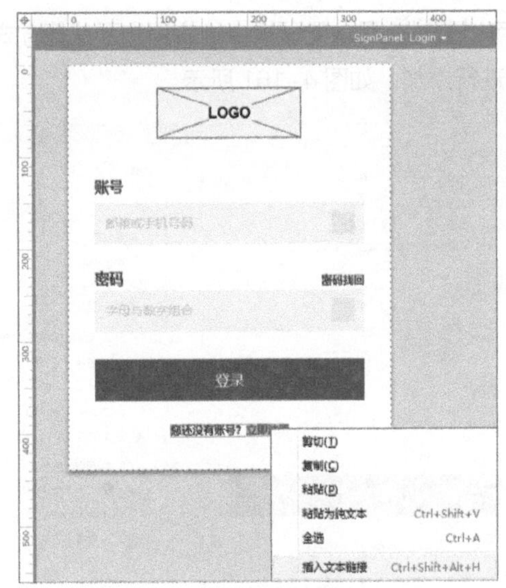

图 4-161　通过上下文菜单添加插入文本链接的交互

注意，自带的【插入文本链接】交互可以将默认的【打开链接】动作改变为其他动作。因为没有办法直接为元件中的部分文字添加【单击时】的交互事件，所以需要通过【插入文本链接】来完成。如果单击【新建交互】按钮添加交互事件，就会变为给整个元件添加交互事件，而不是仅给元件上的部分文字添加交互事件。

动画 29

元件文字添加交互事件的操作

2）删除自动出现的【打开链接】动作（见图 4-162），添加【设置面板状态】动作。将动态面板“SignPanel”的【状态】设置为“Register”，同时带有“500”毫秒【向上滑动】的【线性】【动画】，如图 4-163 所示。（案例动画 29）

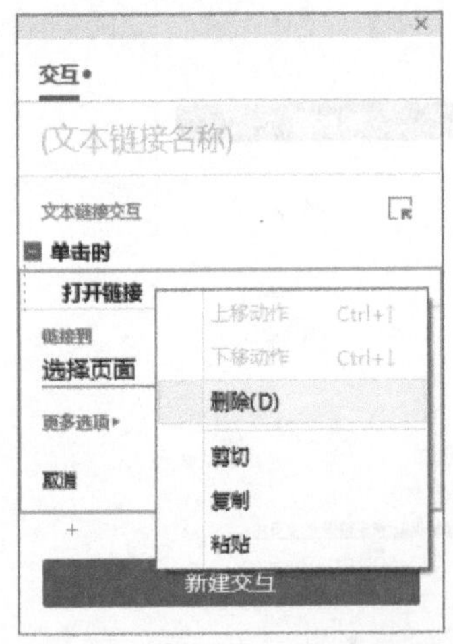

图 4-162　删除交互动作

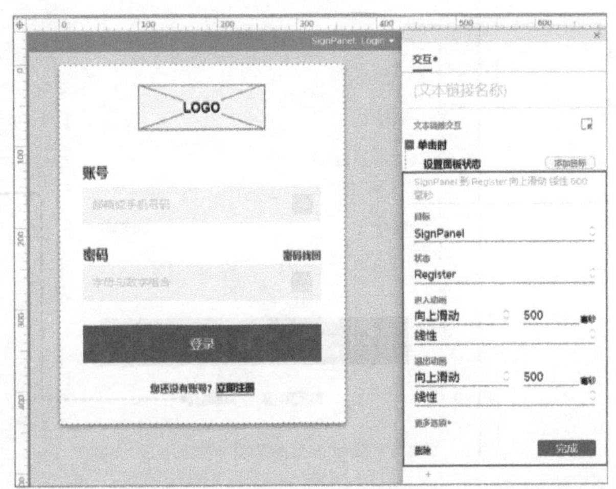

图 4-163　设置面板状态的交互动作设置 1

提 示

动画设置中的线性可以理解为匀速直线运动，线性动画也就是匀速向上滑动的动画。

3）打开状态列表，切换到“Register”状态中。参考步骤 1）和步骤 2），为“您已拥有账号？立即登录”元件中的文字“立即登录”，添加【单击时】【设置面板状态】的交互，将动态面板“SignPanel”的【状态】设置为“Login”，同时带有“500”毫秒【向下滑动】的【线性】【动画】，如图 4-164 所示。

图 4-164　切换动态面板状态与设置面板状态的交互动作设置

4.7.3　动态面板状态的循环切换

动画 30

案例的交互效果

产品班首页的横幅图片需要做成几张图片循环播放的效果。而且用户单击左右箭头按钮的时候，能够向前或者向后切换图片。（案例动画 30）

首先，为动态面板“SlidePanel”添加 3 个状态，并在每个状态中添加不同的图片与文字等元件，如图 4-165、图 4-166 和图 4-167 所示。

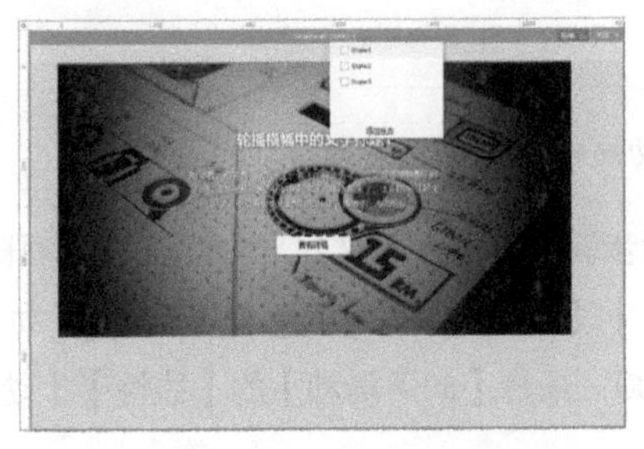

图 4-165　状态 State1

图 4-166　状态 State2

图 4-167　状态 State3

然后，根据交互需求，通过思维导图进行交互分析，如图 4-168 所示。

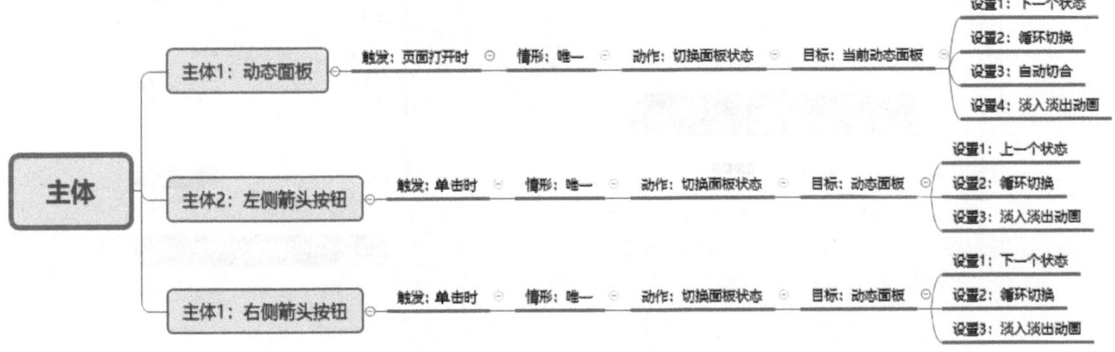

图 4-168　通过思维导图进行交互分析 13

接下来，我们根据交互分析添加交互事件。

1）页面打开时实际上就是页面加载内容时，也是元件在页面上加载时。所以，为动态面板“SlidePanel”添加【载入时】【设置面板状态】的交互。设置面板状态切换到【下一项】并且允许【向后循环】，状态切换时的【动画】为“500”毫秒的【逐渐】进入与退出，【循环间隔】为“2000”毫秒，并且让【首个状态延时 2000 毫秒后切换】，如图 4-169 所示。

经过上面的设置，我们就能够看到页面打开后图片自动循环播放的效果了。

2）为左侧箭头按钮添加【单击时】为动态面板“SlidePanel”【设置面板状态】的交互。设置面板状态切换到【上一项】并且允许【向前循环】，状态切换时的【动画】为“500”毫秒的【逐渐】进入与退出，如图 4–170 所示。

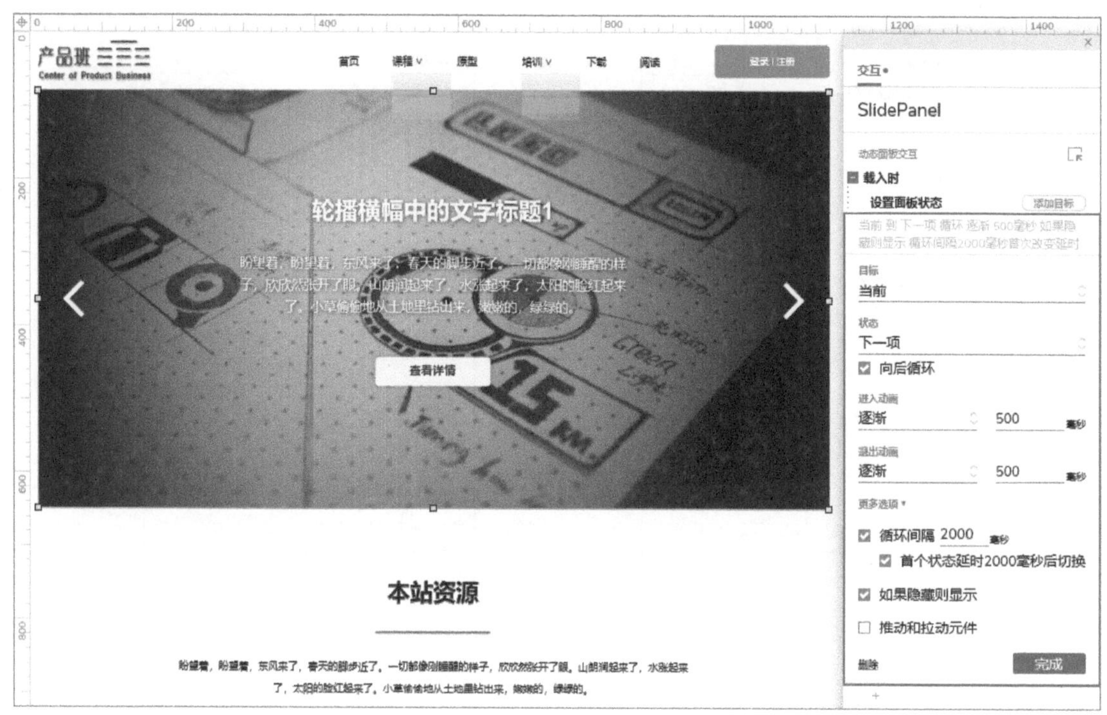

图 4–169 设置面板状态的交互动作设置 2

3）为右侧箭头按钮添加【单击时】为动态面板“SlidePanel”【设置面板状态】的交互。设置面板状态切换到【下一项】并且允许【向后循环】，状态切换时的【动画】为“500”毫秒的【逐渐】进入与退出，如图 4–171 所示。

在动态面板的交互设置中，【向前循环】的意思是当状态切换到第一项时，再次切换能够切换到最后一项；【向后循环】的意思是当状态切换到最后一项时，再次切换能够切换到第一项。

左右箭头按钮添加的交互虽然能够完成动态面板状态的切换，但是切换之后自动循环播放会被打断。解决的办法就是单击切换之后，再增加一个自动循环的交互动作。就像添加载入时的交互动作一样。

不过还有一个更简单的方法，就是让【载入时】的交互事件再次被触发。

4）为左侧与右侧的箭头按钮分别添加交互动作【触发事件】，【目标】元件为动态面板“SlidePanel”，单击【+添加事件】按钮，事件列表中选择【载入时】事件，如图 4–172 所示。

到这里，我们就完整地完成了目标交互效果。

图 4-170　设置面板状态的交互动作设置 3

图 4-171　设置面板状态的交互动作设置 4

图 4-172　触发事件的交互动作设置

4.7.4　使动态面板适应页面宽度

关于图片自动切换模块，我们期待的视觉效果是水平方向铺满全屏的（见图 4–173），而当前所呈现的效果会在图片两侧带有空白（见图 4–174）。

图 4–173　期待的浏览器中原型浏览效果

图 4–174　当前的浏览器中原型浏览效果

解决两侧带有空白的问题，只需要再做一些设置。我们可以在样式功能面板中，设置动态面板“SlidePanel”每个状态的填充颜色都和状态中图片两侧边缘的颜色保持一致，然后让动态面板“SlidePanel”的宽度为浏览器【100%宽度】。

以状态“State2”为例，如图 4–175 所示。

图 4–175　动态面板的样式设置 1

动态面板虽然是透明的元件，但是它的状态却能够添加填充颜色或填充图片。让动态面板的宽度为 100% 浏览器宽度，视觉上就是水平方向铺满整个浏览器的效果了。

同样，页面底部也没有水平方向铺满全屏，也可以这样进行处理。页面底部内容是在母版“Bottom”中创建的，所以我们要修改母版中的内容。底部内容分为上下两个区域，上半部分背景矩形填充颜色的代码是“1D1D1D”，下半部分背景矩形填充颜色的代码是“121212”。

我们选中上半部分的背景矩形，在上下文菜单中选择【转换为动态面板】，然后在样式中设置状态“State1”的填充颜色与背景矩形一致，并勾选【100%宽度】，如图 4–176 所示。

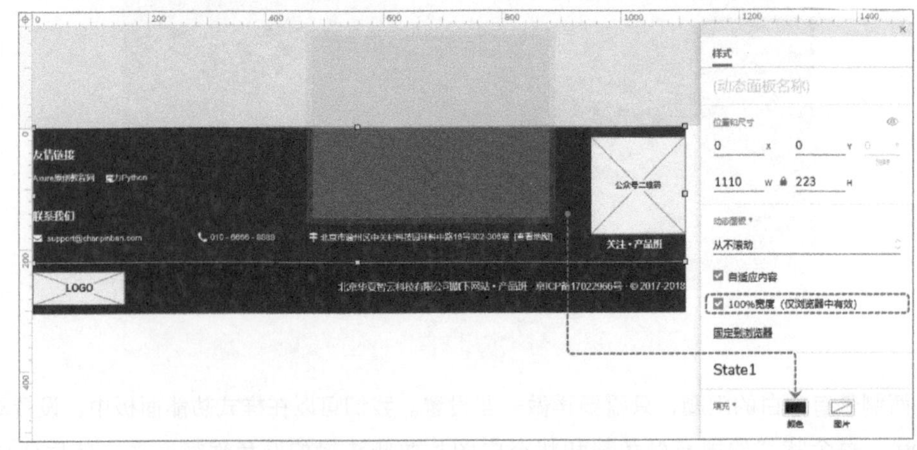

图 4–176　动态面板的样式设置 2

接下来，下半部分的背景矩形也进行同样的操作，如图 4–177 所示。

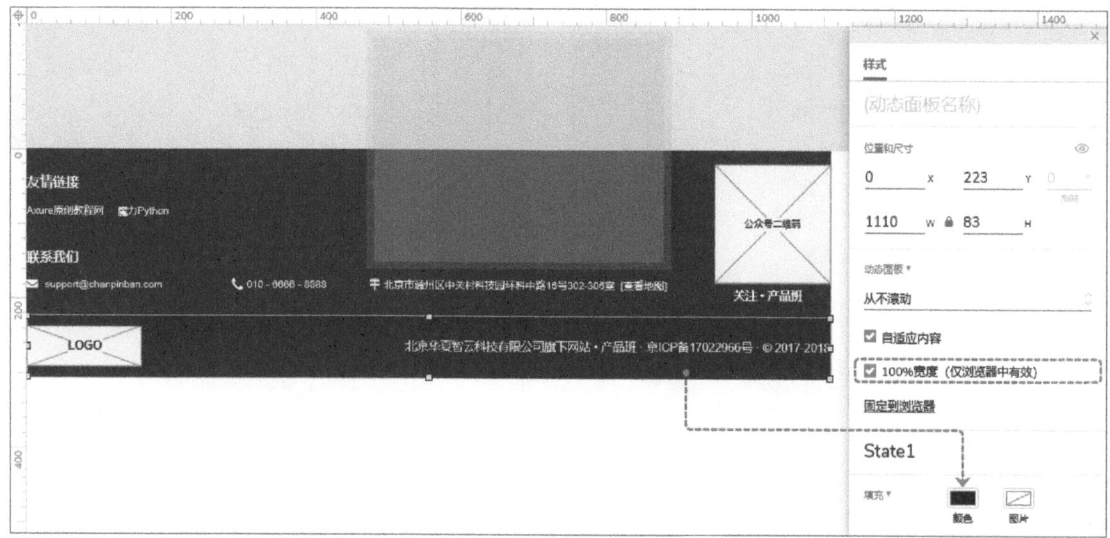

图 4–177 动态面板的样式设置 3

此时预览原型就能够看到底部内容水平方向铺满全屏的效果，如图 4–178 所示。

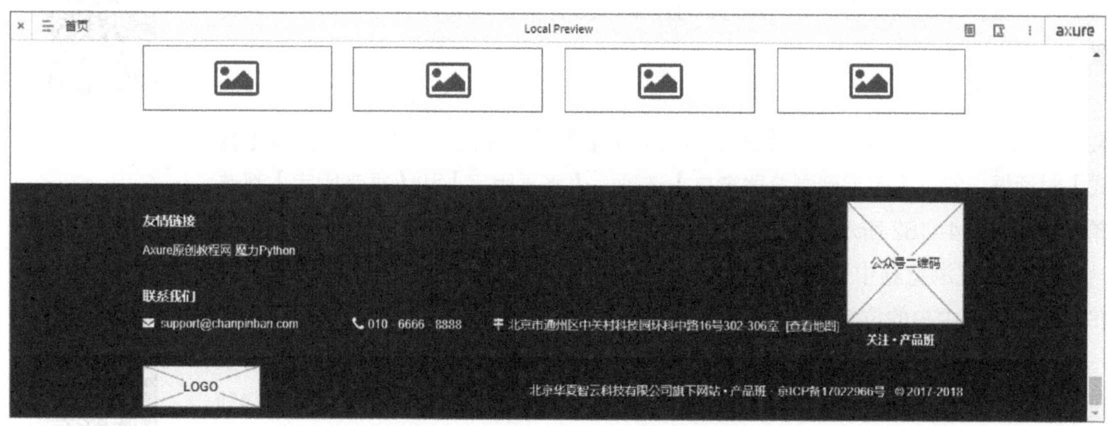

图 4–178 浏览器中的原型浏览效果

在动态面板编辑状态中，能够看到一个“隔离”按钮。它是是否在画布中显示所在页面的内容的开关。未隔离时，能够看到页面中的其他内容，如图 4–179 所示。隔离之后，页面中的其他内容就不再显示了，如图 4–180 所示。

图 4-179　未隔离的画布显示效果

图 4-180　隔离后的画布显示效果

4.7.5　动态面板固定到浏览器的功能

动态面板带有【固定到浏览器】的功能。

在浏览器中查看原型时，固定的内容不会随着页面内容的滚动或浏览器窗口的尺寸变化改变在浏览器中的位置。例如，产品班网站“登录/注册”页面中的“登录/注册”面板，无论浏览器窗口的尺寸大小，都应该始终呈现在浏览器窗口中央的位置。（案例动画 31）

动画 31

案例的交互效果

在产品班网站的“登录/注册”页面中，选中动态面板“SignPanel”，在上下文菜单或样式功能面板中单击【固定到浏览器】选项（见图 4-181），打开【样式】对话框，勾选【固定到浏览器窗口】选项，【水平固定】和【垂直固定】都选择居中，如图 4-182 所示。

此时，在浏览器中查看原型，动态面板“SignPanel”已经能够动态地保持在浏览器窗口中央的位置。

另外，产品班网站首页是一个比较长的页面，我们可以添加一个返回顶部的按钮，固定在页面的右下角。我们可以将返回顶部按钮放入动态面板的状态中，然后将动态面板固定到浏览器的右下角。并且单击返回顶部的按钮时，页面滚动回顶部。（案例动画 32）

动画 32

案例的交互效果

在页面中任意位置添加一个返回顶部的图标，并且在上下文菜单中选择【转换为动态面板】，将返回顶部图标放入动态面板的默认状态中。然后，在样式功能面板中，将带有返回顶部按钮的动态面板固定到浏览器【右侧】距离边框“50”像素，【底部】距离边框“20”像素的位置上，如图 4-183 所示。

图 4–181 固定到浏览器

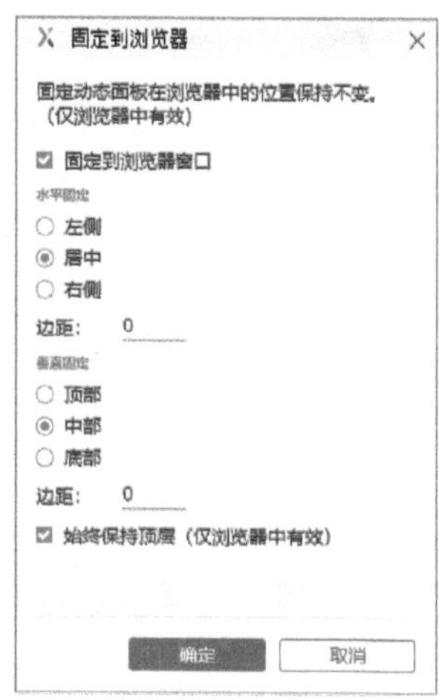

图 4–182 固定到浏览器设置 1

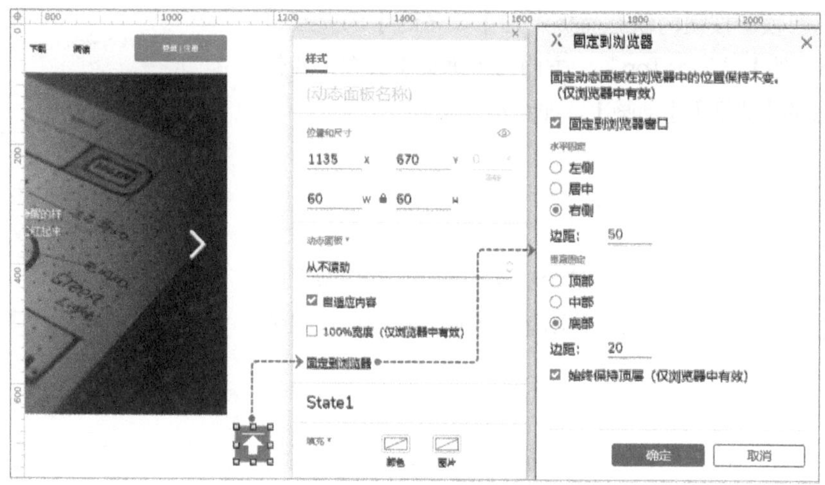

图 4–183 固定到浏览器设置 2

提 示

因为浏览器窗口的尺寸不是固定的。所以，右侧和底部固定的位置要通过与浏览器边框的距离数值来确定。而左侧或顶部固定的位置，可以直接通过摆放来确定。

再将母版“Nav”中导航栏的背景矩形命名为“PageTop”，作为页面滚动的定位元件，如图 4–184 所示。

然后，根据交互需求，通过思维导图进行交互分析，如图 4–185 所示。

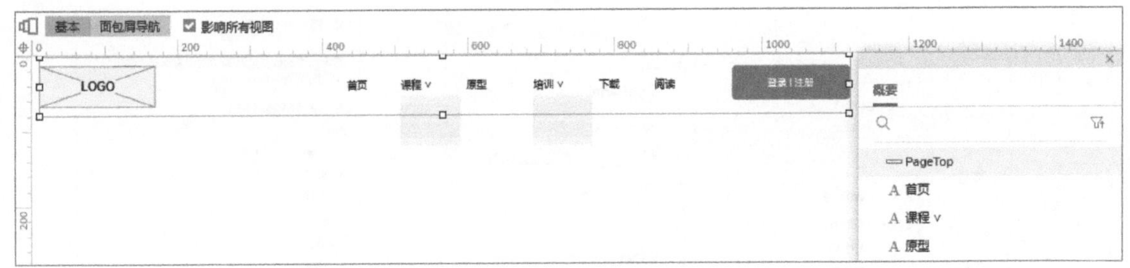

图 4-184　元件命名为“PageTop”

图 4-185　通过思维导图进行交互分析 14

接下来，我们根据交互分析添加交互事件。

为带有返回顶部按钮的动态面板添加【单击时】的交互事件，【滚动到元件】“PageTop”，方向为【垂直】方向，并带有“500”毫秒的【线性】【动画】，如图 4-186 所示。

图 4-186　滚动到元件的交互动作设置

4.7.6　动态面板滚动时的交互

动态面板中还有滚动的设置，这个功能能够让页面中某个区域的内容可以滚动查看。特别是在移动端原型中，可以通过这个功能实现某个区域内容的上下拖动。

提 示

如果画布设置中选择的是移动设备，或者在移动设备上查看原型的话，动态面板的滚动条是看不见的。（案例动画 33）

以产品班 App 的“商品详情”页面为例。（案例动画 33）

案例的交互效果

我们将标题栏与导航栏之间的内容放入动态面板，如图 4-187 所示。

然后，在样式功能面板中，设定动态面板的宽度与高度，并给动态面板添加【垂直滚动】条，就能够实现内容的上下滑动，如图 4-188 所示。

因为动态面板的内容能够滚动，由此我们能够做出双击标题滚动内容回顶部的交互。

但是要注意，之前页面内容滚动的交互中，定位元件放置在页面中。而动态面板状态中的内容滚动，就要把定位元件放置在动态面板的状态中。

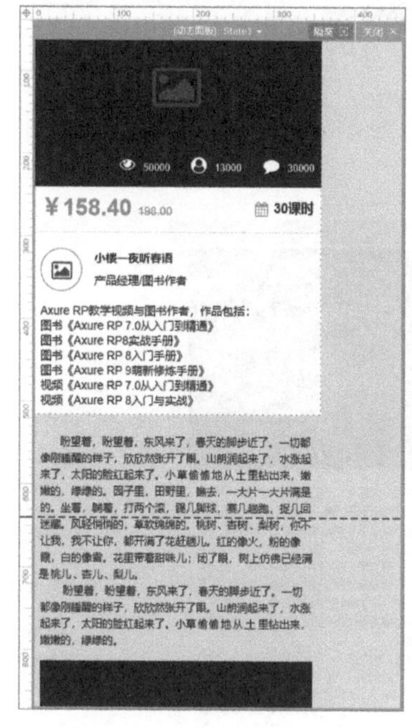

图 4–187　动态面板中的元件内容

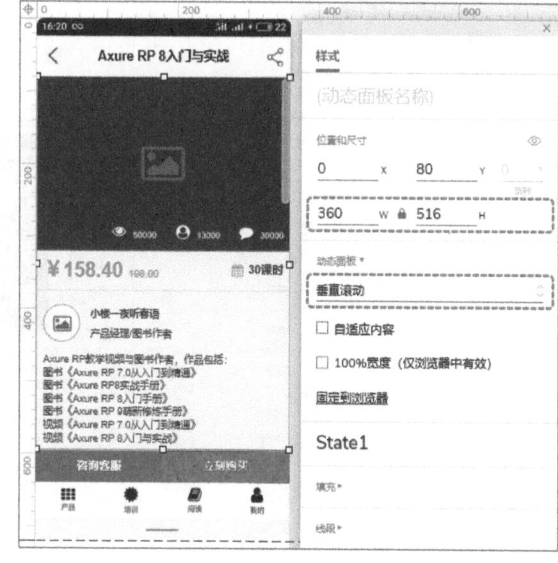

图 4–188　动态面板尺寸与滚动条设置

另外，还有一些需要解决的问题。

在我们的案例中，标题添加在母版“Public”中。在页面中没有办法给母版的元件添加交互，而在母版中给顶部的标题元件添加交互又找不到页面中的动态面板元件。还有就是多个页面都使用同一个母版，每个页面中的定位元件都不是同一个，也就没办法添加同样的交互。如果在母版中添加交互，那么所有使用同一母版的页面中交互都是统一的。而实际上，我们希望在不同的页面中能够分别给母版的元件添加不同的交互。解决所有这些问题的办法是给母版添加【引发事件】。

动画 34

案例的交互效果

以产品班 App 的“文章详情”页面为例。（案例动画 34）

在产品班 App 的母版“Public”中，将顶部标题的矩形元件命名为“Title”，如图 4–189 所示。

在“文章详情”页面中，将定位的矩形元件命名为“ContentTop”，如图 4–190 所示。

然后，根据交互需求，通过思维导图进行交互分析，如图 4–191 所示。

接下来，我们根据交互分析添加交互事件。

1）为母版“Public”中的标题元件“Title”添加【双击时】【引发事件】的设置。添加新的引发事件“DoubleClickTitle”，并选中，如图 4-192 所示。当完成这一步操作之后，在“文章详情”页面中选中母版“Public”，就能够添加“DoubleClickTitle”的交互事件。也就是说通过“DoubleClickTitle”为母版“Public”中的标题元件“Title”设置【双击时】的交互事件。

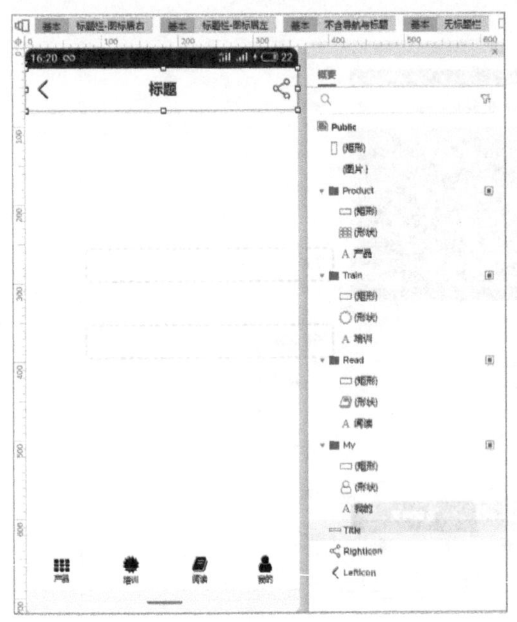

图 4-189　元件命名为“Title”

图 4-190　元件命名为“ContentTop”

图 4-191　通过思维导图进行交互分析 15

2）在“文章详情”页面中选中母版“Public”，然后单击【新建交互】按钮，选择“DoubleClickTitle”。设置交互【垂直】【滚动到元件】“ContentTop”，并带有“500”毫秒的【线性】动画，如图 4-193 所示。

4.7.7　动态面板拖动时的交互

动画 35

案例的交互效果

产品班 App“引导页面”的内容能够通过拖动进行切换。向左拖动之后，内容向后切换；向右拖动之后，内容向前切换。（案例动画 35）

同一个区域的内容切换需要在动态面板的多个状态中放置不同的内容，通过动态面板独有的拖动触发事件，可以实现【向左拖动结束时】和【向右拖动结束时】切换动态面板的状态。同时，还能够对应面板状态选中某一个圆点标签。

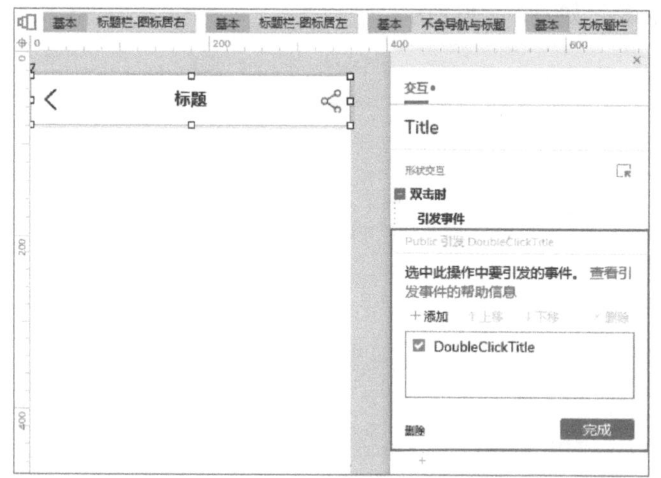

图 4-192　引发事件的交互动作设置

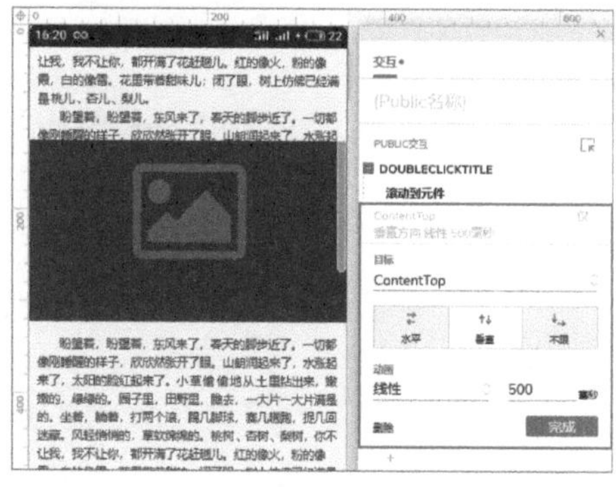

图 4-193　滚动到元件的交互动作设置

首先，在页面中添加动态面板“GuidePanel”，共包含 3 个状态，每个状态中是不同的图标与文字，最后一个状态中额外带有【进入体验】按钮，如图 4-194 所示。

在样式中，为动态面板“GuidePanel”的每个状态都添加【背景颜色】。

以状态“State1”为例，如图 4-195 所示。

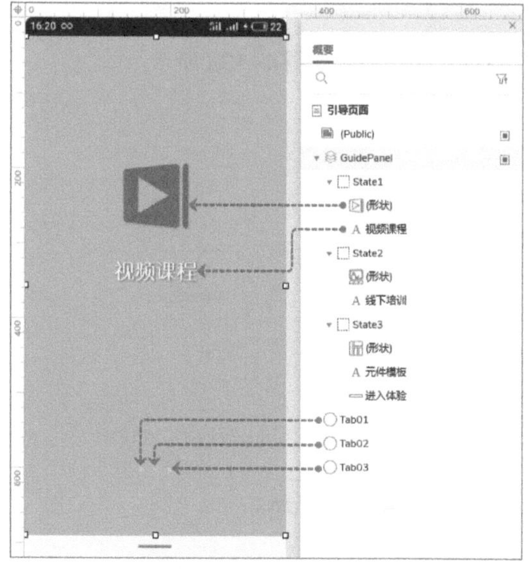

图 4-194　元件组成

图 4-195　动态面板状态样式设置

在动态面板的上一层，添加三个灰色圆形元件，命名为“Tab01”“Tab02”和“Tab03”，并设置【选中】时的交互样式为白色，同时带有阴影，如图 4-196 所示。

图 4-196　全部圆点标签元件的交互样式设置

在属性设置中，为这三个灰色圆形元件添加【选项组】名称“tabs”，以便能够唯一选中，如图 4-197 所示。

并且，单独将第一个灰色圆形元件“Tab01”设置为默认选中状态，如图 4-198 所示。

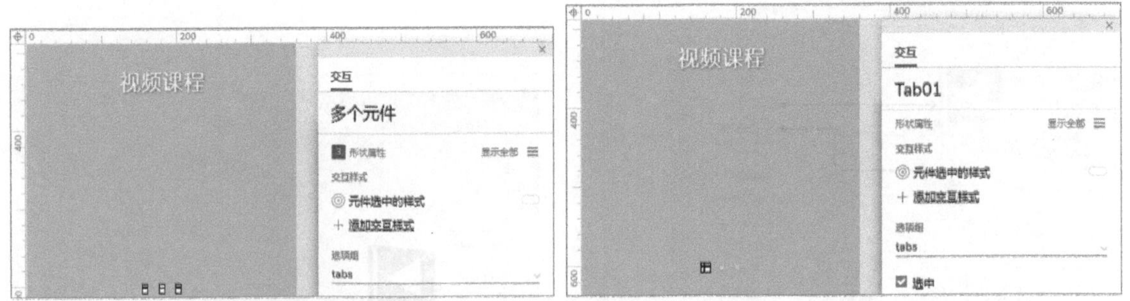

图 4-197　全部圆点标签元件的属性设置　　图 4-198　首个圆点标签元件的属性设置

然后，根据交互需求，我们通过思维导图进行交互分析，如图 4-199 所示。

接下来，我们根据交互分析添加交互事件。

1）为动态面板“GuidePanel”添加【向左拖动结束时】【设置面板状态】的交互。将【当前】元件的状态设置为【下一项】，并且带有“500”毫秒【向左滑动】的【线性】【动画】效果，如图 4–200 所示。

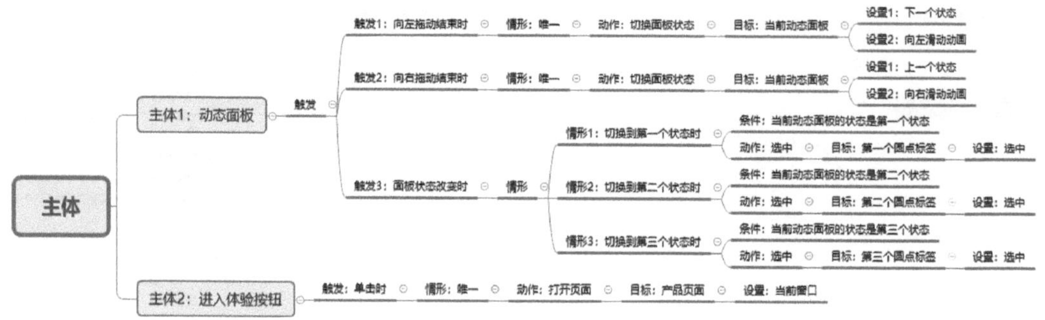

图 4–199　通过思维导图进行交互分析 16

2）为动态面板“GuidePanel”添加【向右拖动结束时】【设置面板状态】的交互。将【当前】元件的状态设置为【上一项】，并且带有“500”毫秒【向右滑动】的【线性】【动画】效果，如图 4–201 所示。

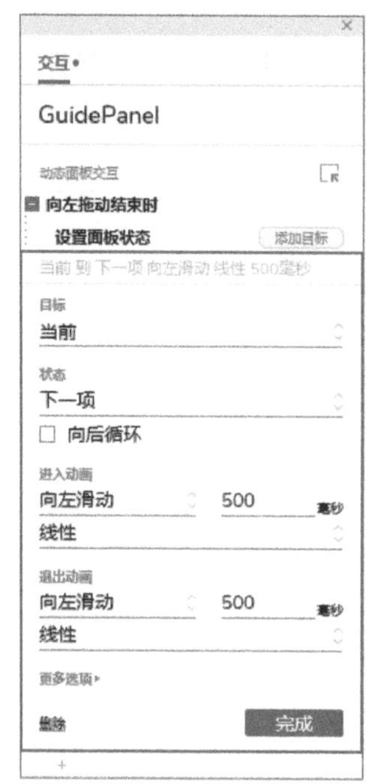

图 4–200　设置面板状态的交互动作设置 5

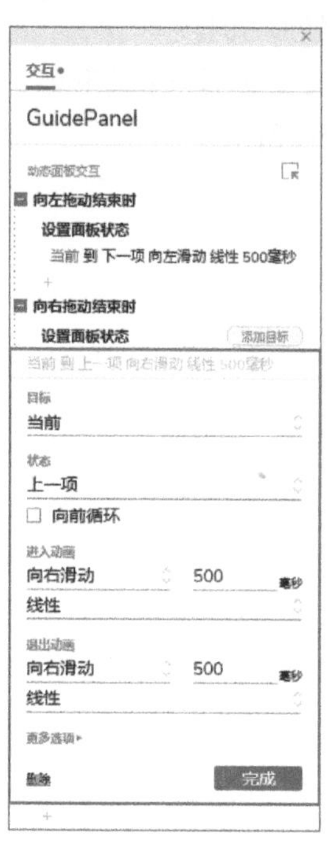

图 4–201　设置面板状态的交互动作设置 6

3）当动态面板“GuidePanel”【状态改变时】，要添加【选中】圆点标签的交互。因为动态面板“GuidePanel”共有 3 个状态，所以需要添加 3 个情形。每一种情形需要判断动态面板“GuidePanel”当前是哪一个状态（见图 4–202），从而选中哪一个圆点标签，如图 4–203 所示。

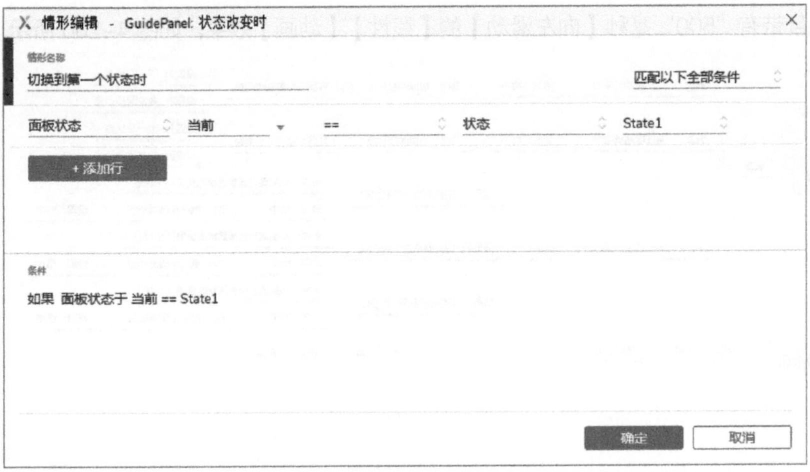

情形编辑 - GuidePanel: 状态改变时
情形名称
切换到第一个状态时
匹配以下全部条件
面板状态
当前
==
状态
State1
+ 添加行
条件
如果 面板状态于 当前 == State1
确定
取消

图 4-202　设置情形名称并添加条件 11

交互
GuidePanel
动态面板交互
向左拖动结束时
设置面板状态
当前 到 下一项 向左滑动 线性 500毫秒
向右拖动结束时
设置面板状态
当前 到 上一项 向右滑动 线性 500毫秒
状态改变时
切换到第一个状态时
如果 面板状态于 当前 == State1
设置选中
Tab01 为 "真"
新建交互

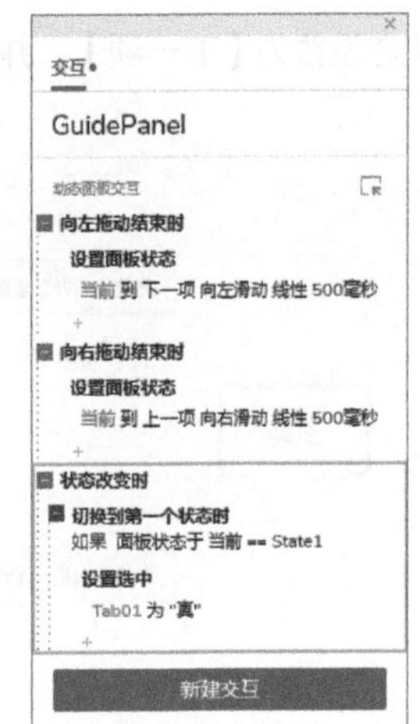

图 4-203　交互事件设置

以第一种情形为例。

这个案例中，最后一个情形可以不添加条件，因为如果不是前两种情形，就肯定是最后一种情形，如图 4-204 所示。

交互
GuidePanel
动态面板交互
向左拖动结束时
向右拖动结束时
状态改变时
切换到第一个状态时
如果 面板状态于 当前 == State1
设置选中
Tab01 为 "真"
切换到第二个状态时
否则 如果 面板状态于 当前 == State2
设置选中
Tab02 为 "真"
切换到第三个状态时
否则 如果 面板状态于 当前 == State1
设置选中
Tab03 为 "真"
新建交互

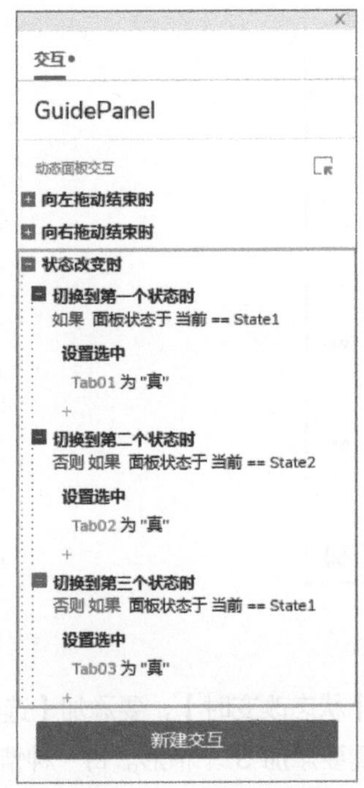

图 4-204　全部交互事件设置

到这里，我们就完成了目标交互效果。

此外，动态面板带有【拖动时】的触发事件，通过这个触发事件能够做出拖动滑块的效果。

动画 36

案例的交互效果

例如，产品班网站的“在线播放”页面中，提交评论的按钮就可以做成滑块，用户拖动滑块到最右侧时，完成评论的提交。不过，要注意的是，用户【拖动结束时】会有两种情形，分别是：接触到触点的情形和未接触触点的情形。这两种情形要有不同的交互。接触到触点时需要将边框的提示文字变为“您的评论发布成功”，未接触触点时需要移动滑块回到左侧起始位置。（案例动画 36）

首先，在页面中添加形状元件作为滑动的边框，命名为“Border”。再添加一个热区元件，命名为“Contact”，作为滑块滑动到最右侧的触点，摆放在边框右侧并重合至少 1 像素。还要将需要拖动的提交按钮通过【转换为动态面板】放入动态面板“SubmitPanel”的状态中，如图 4–205 所示。

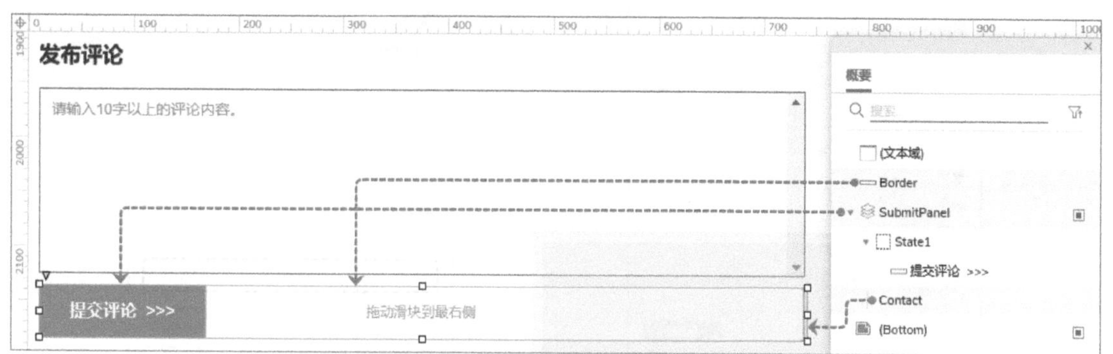

图 4–205　元件的组成

然后，根据交互需求，通过思维导图进行交互分析，如图 4–206 所示。

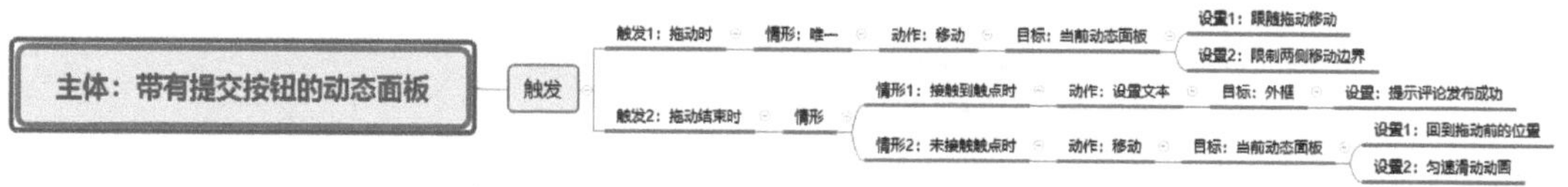

图 4–206　通过思维导图进行交互分析 17

接下来，我们根据交互分析添加交互事件。

1）为动态面板“SubmitPanel”添加【拖动时】【移动】的交互。移动【当前】动态面板【跟随水平拖动】，并且在【更多选项】中【添加边界】，【左侧】【>=】边框“Border”的左边界坐标“10”，【右侧】【<=】边框“Border”的右边界坐标“740”，如图 4–207 所示。

2）为动态面板“SubmitPanel”添加【拖动结束时】【设置文本】的交互。设置滑块边框元件

“Border”的文字为【富文本】（见图 4–208），并且，【编辑文本】内容为绿色的文字“您的评论发布成功”（见图 4–209）。然后，为交互事件【启用情形】，添加“接触到触点时”的情形，设置条件为【当前】元件的【元件范围】【接触】热区元件“Contact”的【元件范围】，如图 4–210 所示。

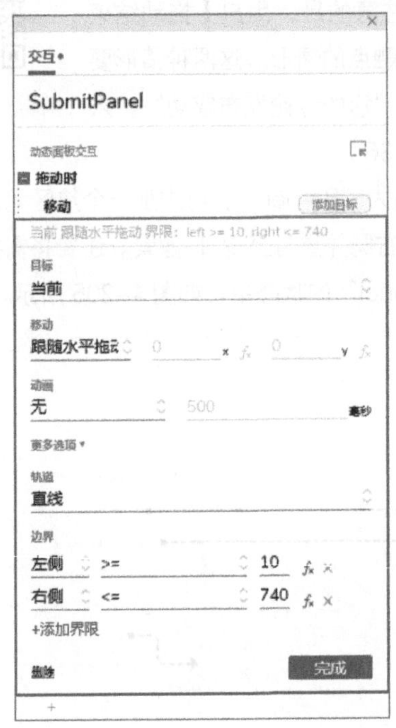

图 4–207　移动的交互动作设置 1

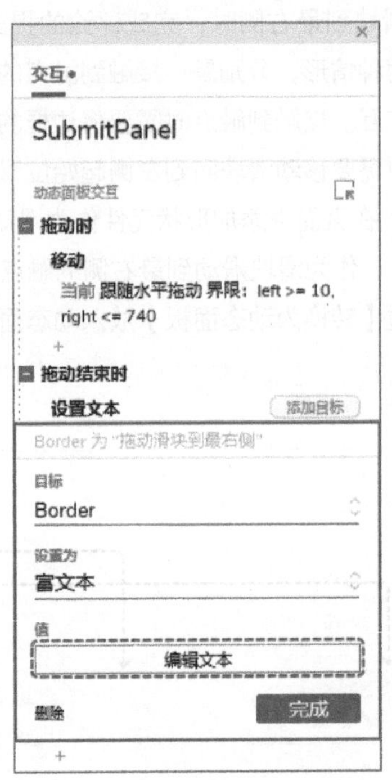

图 4–208　设置文本的交互动作设置

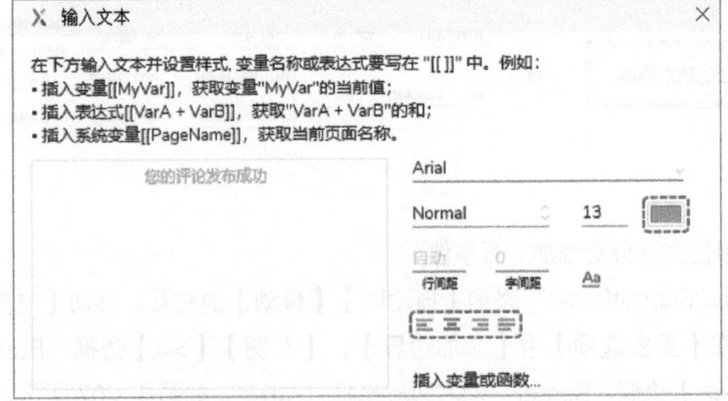

图 4–209　富文本样式设置

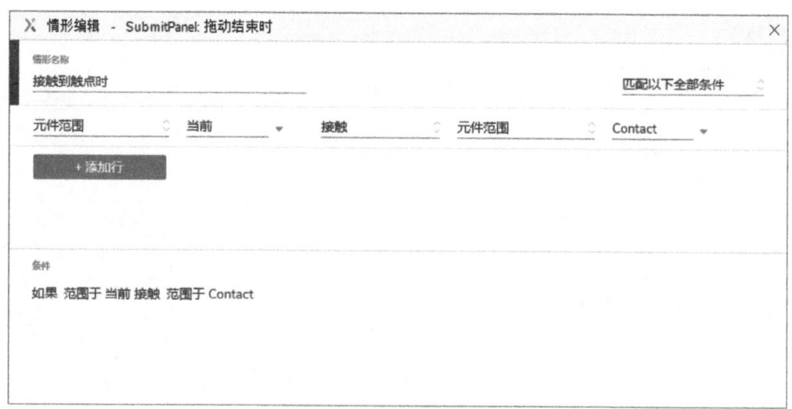

图 4–210　设置情形名称并添加条件 12

3）添加“未接触触点时”的情形，无须添加条件，如图 4–211 所示。添加动作，【移动】【当前】元件【回到拖动前位置】，带有“500”毫秒的【线性】动画，如图 4–212 所示。

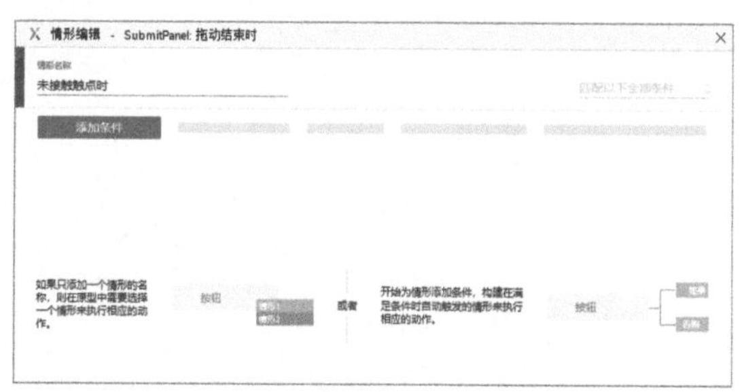

图 4–211　设置情形名称 8

图 4–212　移动的交互动作设置 2

提 示

通过本章的学习，读者应该已经掌握通过思维导图进行交互分析的方法，在后面的案例讲解中，将不再提供通过思维导图进行交互分析的内容。

第 5 章
用 Axure RP 让产品文档更精彩

介绍如何通过 Axure RP 将产品原型更好地与产品文档相结合，以更加明确地通过产品原型设计文件体现产品需求，方便产品设计过程中的沟通与交流。

是不是学会了使用 Axure RP 画原型，就能够做产品经理了呢？并不是这样！Axure RP 只是一款工具，用来绘制原型，辅助表达产品需求。

那么作为产品经理要具备什么样的能力呢？

严格意义上的产品经理要根据公司的战略目标进行产品规划，通过市场调研获取市场需求与用户需求，确定产品的商业模式与业务模式，并以此确定需要开发的产品，提出产品需求，进行产品设计。并且，产品经理还要负责协调研发、营销、运营等部门或人员，确定和组织实施相应的产品策略等。另外，还要负责产品持续的优化与迭代。

所以，作为一名真正的产品经理要具备很多专业知识与能力！

不过，各个公司的产品经理的定位是不一样的，有些公司只负责需求分析、产品设计等工作的岗位也称作产品经理。

如果想做产品经理，最初比较重要的是要具备业务逻辑能力和交互逻辑能力，掌握文档写作和原型设计技能。

其中，文档写作指的是产品需求文档。在有了明确的商业需求和市场需求之后，就可以根据这些需求进行分析，从而提出产品需求。在产品需求文档中主要表达的是产品结构、业务场景以及交互逻辑，再结合产品原型就能够清晰地表达产品需求。

如果只是面向开发人员进行沟通，可以通过只带有一些必要交互的产品原型，结合产品需求文档，来提出产品需求。例如，隐藏内容的呈现、页面跳转、页面中同一区域的内容切换以及文字无法精准表达的交互等。这些简单交互的添加能够让沟通对象更方便地查看原型。

5.1 用标记元件实现产品结构图

怎么样让产品原型和产品需求文档相结合呢？

我们之前通过思维导图绘制的产品结构图可以直接添加到产品需求文档中使用。不过，如果是移动端的产品，我们还可以通过另外一种形式来表达产品结构，如图 5-1 所示。

示例图表不但把产品结构体现出来，还能够直观地看到各个页面的内容。

提 示

> 因为桌面端网站页面内容往往比较多，尺寸比较大，不太适合采用这样的形式。

这样的图表是通过标记元件中的快照元件结合连线完成的。

我们在一个新建的页面（如产品结构）中拖入快照元件，然后双击元件，指定引用页面。此时，快照元件就呈现了所引用页面内容的缩略图，如图 5-2 所示。

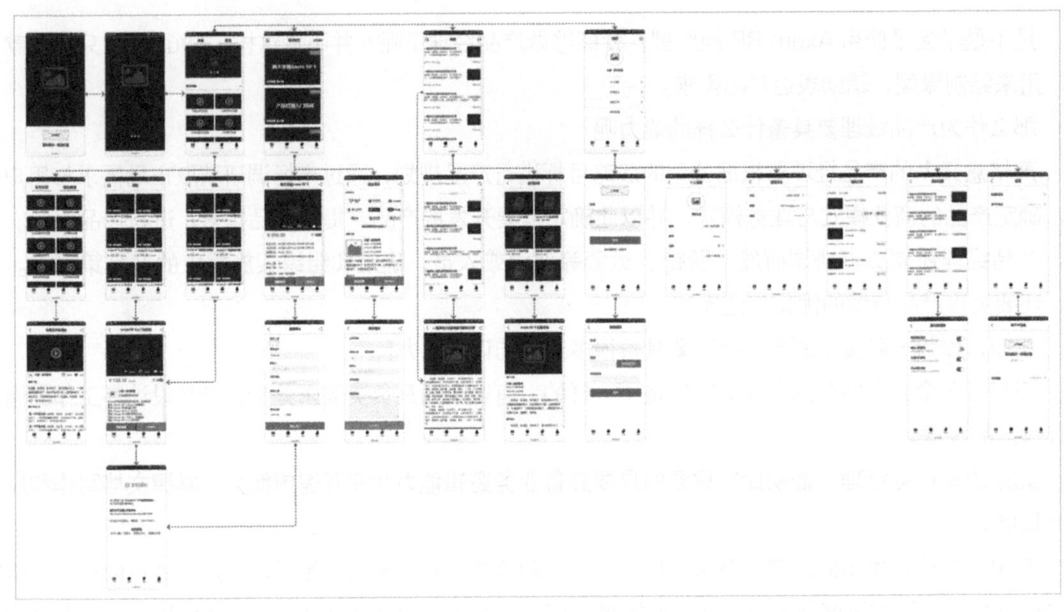

图 5–1　通过快照元件实现产品结构图

然后，可以在样式中调整快照的外观，如尺寸、填充、边框、圆角等，如图 5–3 所示。

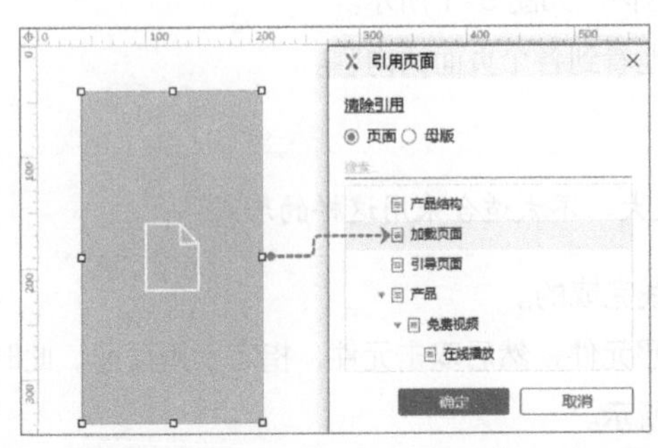

图 5–2　设置快照元件的引用页面

图 5–3　设置快照元件的样式

接下来，多次复制这个快照元件，并通过双击操作引用不同的页面。摆放这些页面时，要按照页面的层级进行排列。

动画 37

添加连接线的操作

最后，通过工具栏中的【连接】按钮，开启连线工具，添加表示页面间关联关系的连接线，如图 5–4 所示。（案例动画 37）

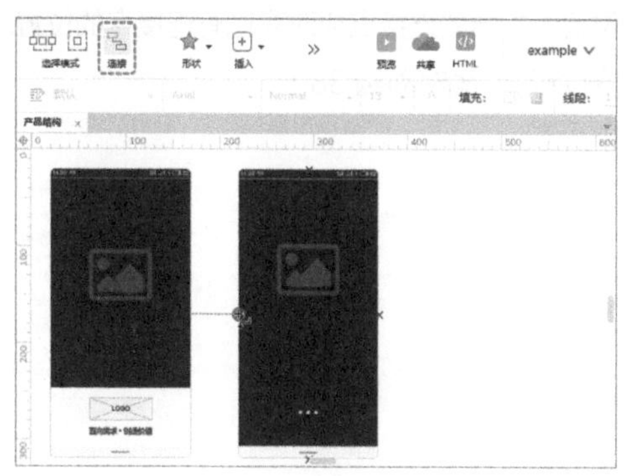

图 5–4　添加连接线

提 示

连线和线段、边框一样能够进行样式设置，改变颜色和箭头的样式（详见 2.5.1）。

5.2　用标记元件表达产品功能的使用场景

通过快照元件不但能够表达产品的结构，也可以用它来表达用户使用产品功能的流程，也就是页面流程图，用来描述用户完成一个任务的操作路径。我们仍然可以通过快照元件与连接线来完成。例如，用户修改密码，如图 5–5 所示。

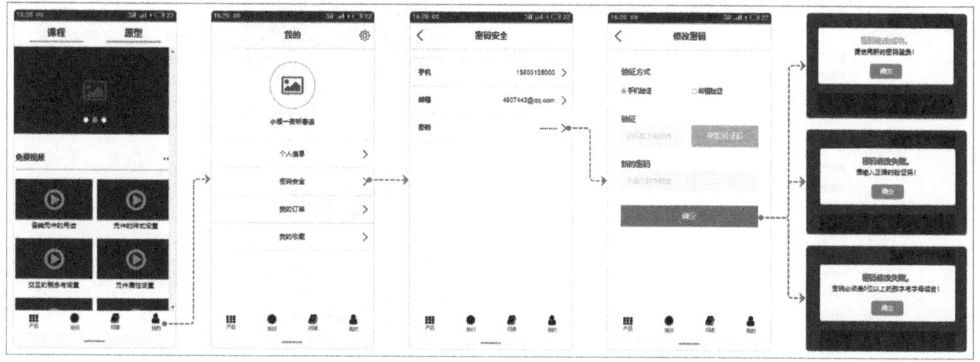

图 5–5　通过快照元件实现页面流程图

通过页面、状态、操作点以及连接线，我们能够清晰地表达用户在进行修改密码时的整体流程。

动画 38

编辑连接点的操作

快照元件需要更多连接点时，能够通过上下文菜单添加连接点，如图 5-6 所示。另外，形状与图片元件也能够添加连接点，如图 5-7 和图 5-8 所示。选择【编辑连接点】选项后，就可以在元件上的任意位置添加新的连接点或改变已有连接点的位置。连接点可以通过拖动或键盘上的方向键改变位置。（案例动画 38）

图 5-6　编辑快照元件的连接点

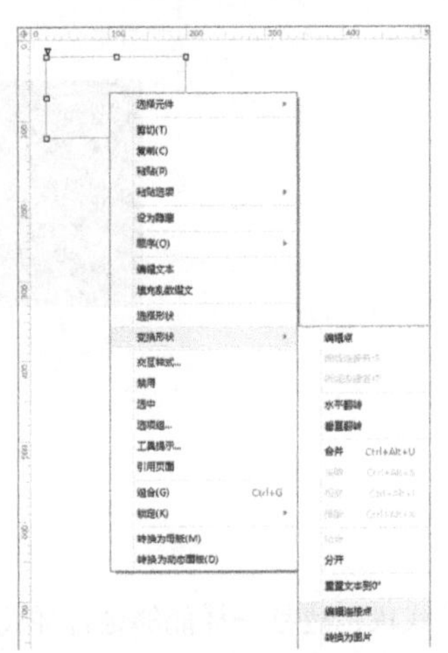

图 5-7　形状元件的编辑连接点选项

另外，快照元件还能够执行一些动作，呈现不同的状态。例如，流程最后几个不同的提示。

在“修改信息”的页面中，我们需要提前放入提示面板的相关元件。

提示面板“MessagePanel”是一个元件组合，由一个黑色半透明矩形、一个白色带有文字的矩形“Message”以及一个蓝色确定按钮所组成，如图 5-9 所示。

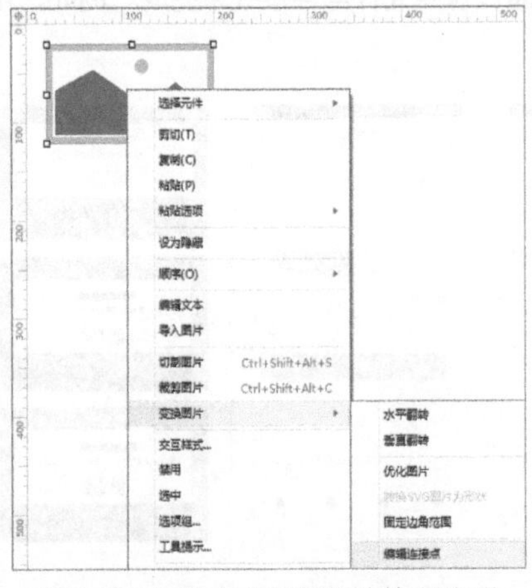

图 5-8　图片元件的编辑连接点选项

图 5-9　“MessagePanel”元件组合

动画 39

添加执行动作的操作

我们将提示面板“MessagePanel”设置为默认隐藏的状态，然后在页面流程图中，通过【执行动作】让提示面板显示出来，并显示不同的提示文字内容，如图 5-10 所示。（案例动画 39）

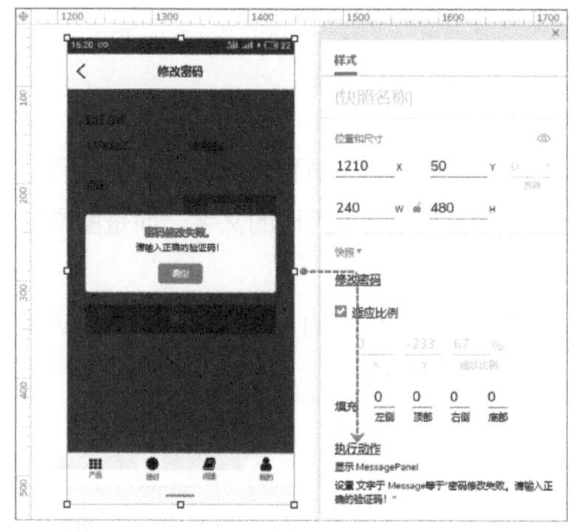

图 5-10　添加快照元件的执行动作

注意，在为提示元件“Message”【设置文本】时，需要设置为【富文本】，在富文本的编辑对话框中才能修改文字的样式，如图 5-11 所示。

动画 40

设置快照样式的操作

另外，我们还需要让快照元件只显示一部分页面内容。这就需要先取消【适应比例】的选项，再根据具体需求设置【缩放比例】，然后调整快照元件的尺寸就可以仅显示部分页面内容了。但是，这样设置完毕后，只能显示页面左上方的部分内容，我们还要设置页面内容【X】轴和【Y】轴方向的偏移值，将页面内容移动到正确的位置如图 5-12 所示。（案例动画 40）

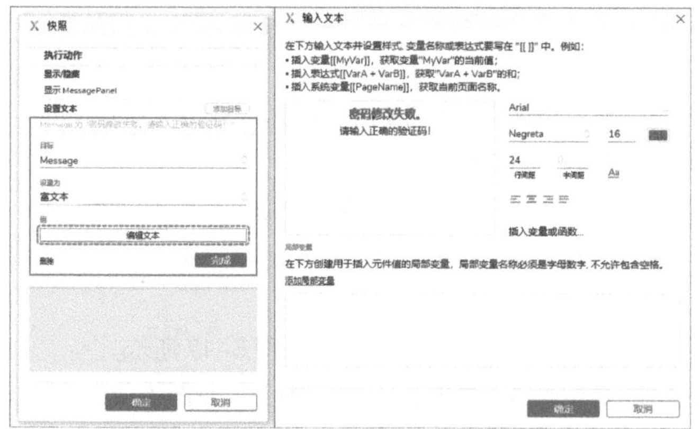

图 5-11　编辑富文本

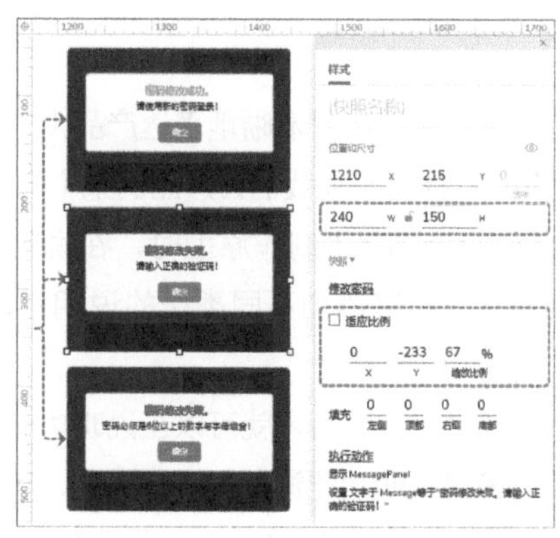

图 5-12　更改快照元件的尺寸与内容位置

提 示

双击快照元件，此时鼠标指针会变成抓手的样式，能够拖动快照元件中的页面内容改变位置。

5.3 形式多样的产品原型标注说明

快照元件不仅能够帮助我们展现产品结构、页面流程，还能够进行页面的标注说明。这样的标注说明，让产品文档中对于产品功能的描述不再是干巴巴的文字，而是图文结合，产品需求表达得更直观、更清晰，如图 5–13 所示。

快照元件结合连线和矩形元件，做各种形式的页面标注说明非常方便，而且做完标注之后就可以复制粘贴到产品文档里面使用，如图 5–14 所示。

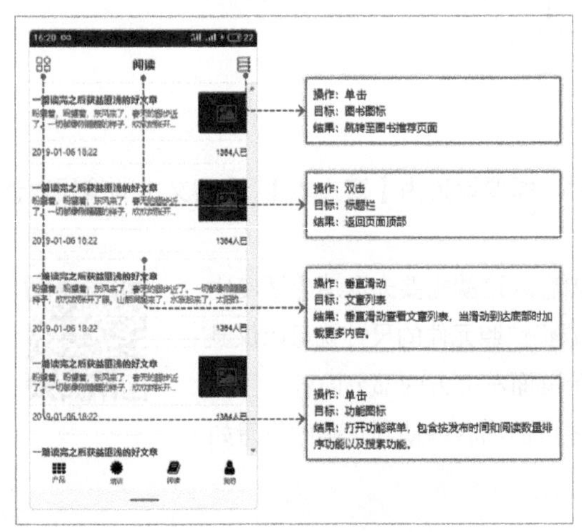

图 5–13 页面功能说明 1

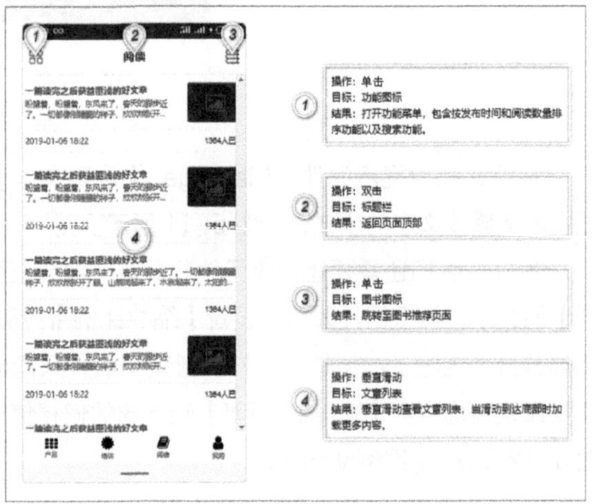

图 5–14 页面功能说明 2

我们的目的是清晰地表达产品需求，形式上可以根据习惯灵活使用。另外，Axure RP 还提供了说明功能，能够帮助我们为产品的某个页面或元件添加标注说明。

Axure RP 中制作原型时，在说明功能面板中，可以为页面或元件添加说明。通过自定义说明字段功能，能够添加不同类型的说明字段，或对说明字段进行顺序排列以及删除的操作，如图 5–15 和图 5–16 所示。

添加字段之后，就可以在说明功能面板中撰写页面或元件的说明内容，如图 5–17 所示。

通过说明功能添加的说明内容，可以在浏览原型时通过单击说明的数字标记（见图 5–18）或说明功能图标按钮（见图 5–19）进行查看。

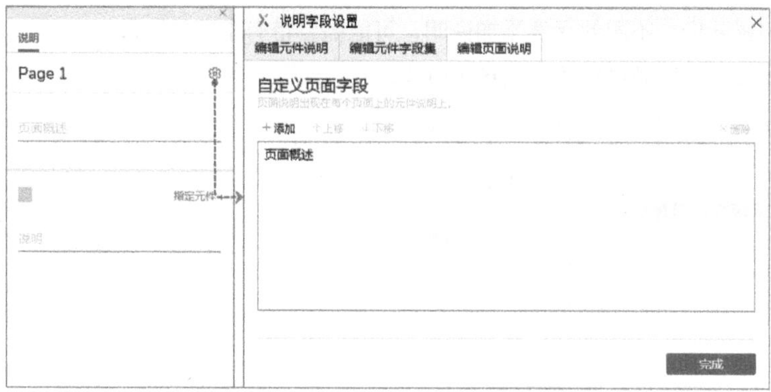

图 5-15　自定义页面说明字段

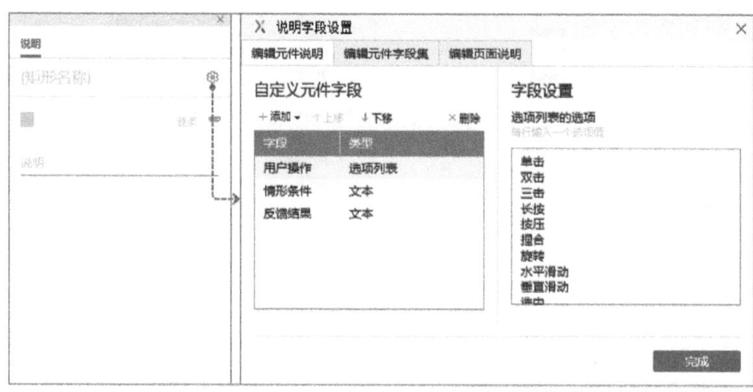

图 5-16　自定义元件说明字段

图 5-17　撰写页面或元件的说明内容

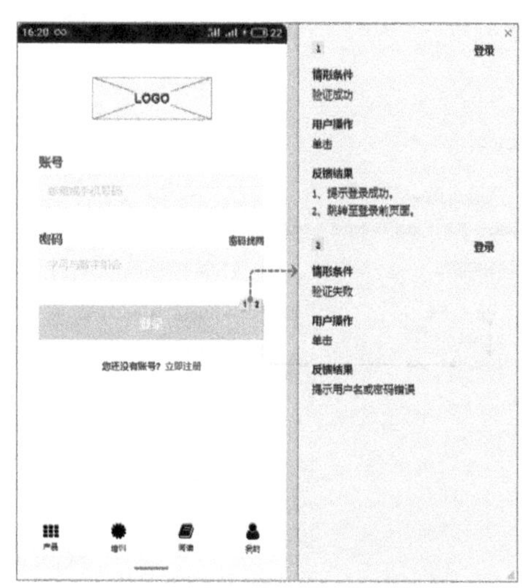

图 5-18　查看元件的说明内容

另外，有些时候我们为不同的元件添加说明，可能需要带有不同的字段。

这样的问题，我们可以通过创建字段集来解决。

首先，添加所有需要使用的字段，如图 5-20 所示。

图 5-19　查看页面中的说明内容

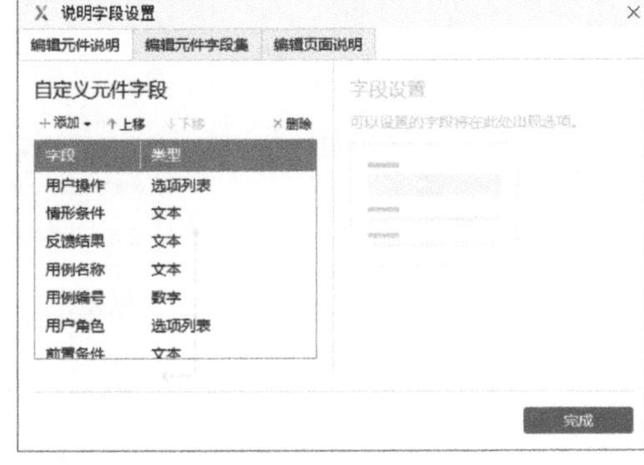

图 5-20　添加说明字段

然后，创建字段集并选择字段集所包含的字段，如图 5-21 所示。

最后，在为元件添加说明时，选择不同的字段集，就可以使用不同的说明字段，如图 5-22 所示。

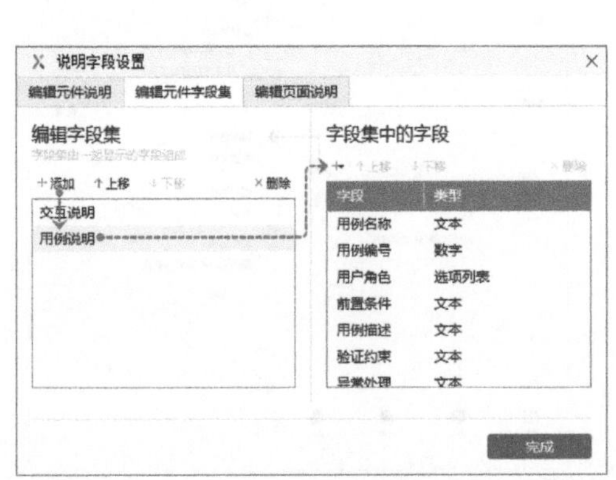

图 5-21　添加字段集

图 5-22　选择字段集

第 6 章
玩转 Axure RP 中的变量与函数

介绍变量与函数在交互原型中的应用，体现如何通过变量与函数解决原型交互需求，提升原型制作效率，让原型有更好的扩展性与重用性。

6.1 Axure RP 中的公式

有很多人会认为变量与函数非常复杂，难以学会。其实只要理解了它们的概念，就能很快掌握使用方法。

在学习使用变量与函数之前，我们需要先了解公式的格式。

公式用来进行运算，它会有运算的结果，所以当我们需要获取一个经过运算的【值】时，就需要使用公式。

在 Axure RP 中，进行【值】的输入时可以书写运算公式，运算公式需要写在一对双方括号“[[]]”中。例如，我们想计算 3 和 5 的和，公式就是“[[3+5]]”。另外，公式还能嵌入到【值】的文本中，例如，“计算结果：[[3+5]]”。也就是说，写在“[[]]”中的计算公式可以运算出结果，并且运算结果可以和外部的文本连接到一起。

提 示

> 公式不能进行嵌套运算。例如，“[[[[3+5]] - [[4+2]]]]”的运算结果是“[[8-6]]”，而不是“2”。

公式能够进行多种类型的运算，最常见的就是能够进行（+）、减（–）、乘（*）、除（/）以及余数（%）的运算。

举个例子。一箱苹果共有 30 个，分给每个小朋友 8 个，剩多少个？答案是剩 6 个。这个答案“6”就是余数，计算公式可以写成“[[30%8]]”。

在原型中，哪里会用到公式运算呢？

动画 41

案例的交互效果

例如，产品班 App 培训“信息确认”页面中就有需要运算的交互。选择报名人数的时候，需要能够自动将费用总计计算出来。也就是当下拉列表的选项改变时，设置费用总计为价格乘以当前被选项的数量值。（案例动画 41）

具体公式应该是“[[999*报名人数]]”。但是报名人数是通过下拉列表进行选择，没有办法直接写入公式。此时，下拉列表被选项需要通过局部变量获取，传递到公式中。

6.2 使用局部变量参与值的运算

局部变量虽然是一个陌生的概念，但是很多人使用过它。

在我们使用表格软件 Excel 计算两个单元格中数值的和时，需要在单元格中输入公式。例如，“=A1+B1”，如图 6–1 所示。

C1　f_x　=A1+B1

	A	B	C	D	E
1	3	5	8		
2					
3					

图 6-1　Excel 中的计算公式

公式中的“A1”和“B1”分别代表“A1”和“B1”单元格中的数值，它们就叫作局部变量。“A1”或“B1”是局部变量的名称，通过名称能够获取相应局部变量中保存的数据。在 Excel 中书写公式时，通过单击单元格或者直接输入单元格名称完成与单元格同名的局部变量创建（给变量取个名字），程序会自动完成变量的写入（将数据存入变量），当我们把变量名称写在公式中后，就能够读取出变量中保存的数据，进行公式的运算。变量的创建、写入与读取是三个缺一不可的操作，所以在使用变量时，要注意有没有包含这三个操作。

在 Axure RP 中，我们需要通过【添加局部变量】完成局部变量的创建以及数据的写入。这里以计算费用总计为例，演示局部变量的使用方法。

首先，将报名人数的下拉列表元件命名为“Amount”，将费用总计的元件命名为“Total”，如图 6-2 所示。

图 6-2　元件组成与命名 1

然后，将下拉列表元件“Amount”【选项改变时】，添加为元件“Total”【设置文本】的动作。

设置【文本】的【值】为“¥[[999*amount]].00”。公式中的“amount”是一个自定义局部变量，变量中存储的是【当前】下拉列表的【被选项】数值，如图 6-3 所示。

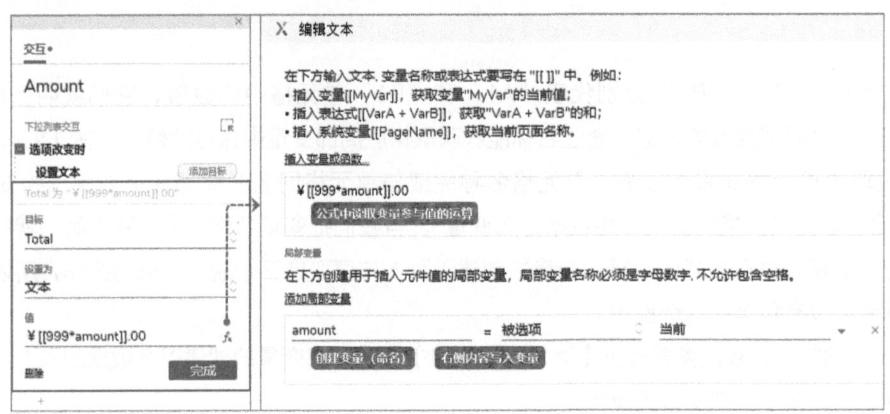

图 6-3　交互动作与局部变量设置

由示例可以看出，局部变量的主要用途就是帮助我们获取无法直接在公式中填写的数据，参与公式运算。

局部变量只作用于当前值的运算，其他值的运算中无法使用同一个变量。当我们定义了一个局部变量，在【插入变量或函数】的列表中能够看到并选择使用这个变量（见图 6-4），但是在编辑其他值的时候，【插入变量或函数】的列表中是看不到的（见图 6-5）。

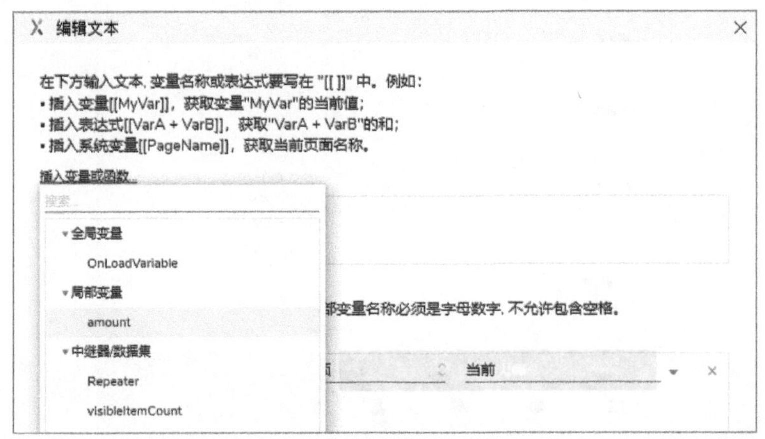

图 6-4　当前值的插入变量或函数列表

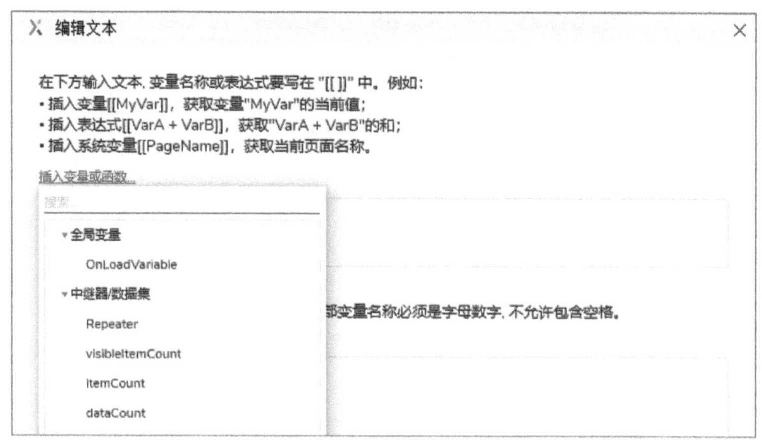

图 6–5　其他值的插入变量或函数列表

6.3　使用全局变量跨页面传递数据

除了局部变量，还有一种全局变量。

全局变量是每个原型文件自带的。即便不使用它，也必须保留，不可删除。

全局变量作用于整个原型，也就是说，在原型的所有页面中都能够使用同一个全局变量，对它进行写入与读取。这也就意味着全局变量能够在页面之间进行数据的传递。

在软件导航栏【项目】菜单中的【全局变量】选项能够打开管理全局变量的管理对话框。在这个对话框中能够进行变量的创建、删除、重命名以及设置默认值的操作。

创建全局变量的时候只能输入固定的默认值，如果想动态地将数据写入全局变量，需要通过【添加动作】列表中的【设置变量值】动作进行写入。

那么，全局变量在什么时候会用得到呢？

例如，记录用户的登录状态。

以产品班 App 为例，如果用户没有登录，单击菜单项“我的”的时候，需要打开“登录/注册”页面。当用户完成登录之后，再次单击菜单项“我的”，就能够进入“我的”页面。（案例动画 42）

动画 42

案例的交互效果

在母版“Public”中，每个菜单项都是矩形、图标和文字的组合，并分别命名为“Product”“Train”“Read”和“My”，如图 6–6 所示。

在“我的”页面中，包含一些用户信息、功能列表以及退出登录按钮，如图 6–7 所示。

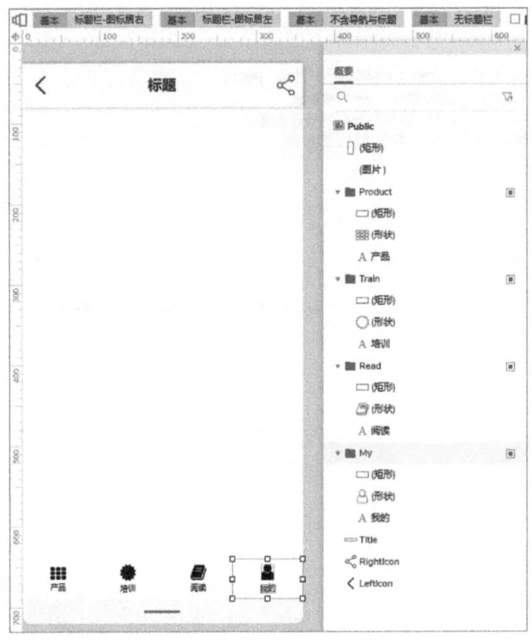

图 6–6 元件组成与命名 2

动画 43

设置全局变量的操作

在全局变量管理对话框中，将默认的全局变量重命名为“Account”。(案例动画 43)

在之前的案例中，我们已经完成了用户单击登录按钮时对账号与密码的验证，如图 6–8 所示。

图 6–7 元件组成

图 6–8 已完成的交互事件

在“账号密码均正确输入时”的情形中，我们需要先使用全局变量记录登录用户的账号，再打开链接。

提 示

一定要先使用全局变量记录登录用户的账号，再打开链接。因为交互事件是由上至下的执行顺序，在当前对话框打开链接的动作一旦执行，页面将会刷新，之后的交互动作就会全部失效。

为“账号密码均正确输入时”的情形添加【设置变量值】的动作，将变量“Account”的值设置为元件“UserName”的元件文字，如图 6–9 所示。

动画 44

拖动改变交互动作顺序的操作

完成动作添加之后，将新的动作拖动到【打开链接】动作的上方。（案例动画 44）

在母版“Public”中为每一个菜单项添加【单击时】【打开链接】到相应页面的交互，如图 6–10 所示。

图 6–9　设置变量值的交互动作设置

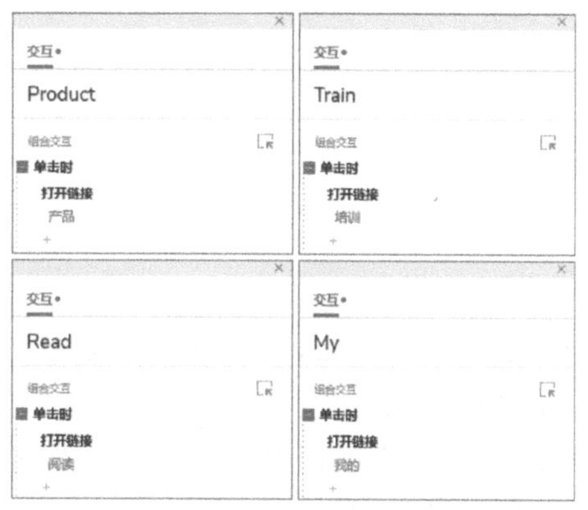

图 6–10　各菜单项的单击时交互动作设置

然后，为菜单项组合“My”添加两种情形，一种情形是用户已登录，也就是全局变量“Account”中保存了用户的账号，不为空值，如图 6–11 所示。

另一种情形是未登录的情形，此时的全局变量“Account”为空值。因为与前一种情形互斥，所以这个情形无须添加条件，如图 6–12 所示。

图 6-11　设置情形名称并添加条件 1

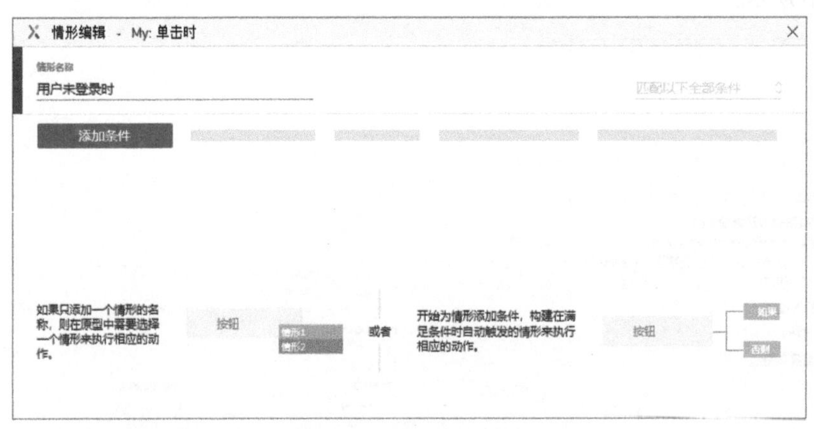

图 6-12　设置情形名称

“用户已登录时”的情形，可以进入“我的”页面。而“用户未登录时”的情形则要进入“登录/注册”页面，如图 6-13 所示。

最后，回到“我的”页面中，为退出登录按钮添加清空变量“Acount”的值，并跳转到“产品”页面的交互事件，如图 6-14 所示。

案例的交互效果

现在，“个人信息”页面中默认的账号是“iaxure”，能不能变成我们在登录面板中输入的账号呢？（案例动画 45）

当然可以！我们在登录的时候，已经把用户账号存入了变量“Account”，就能够在任意页面中进行读取。

“个人信息”页面中的内容由一些图标、形状以及文本标签组成，如图 6-15 所示。

图 6-13　交互事件设置 1

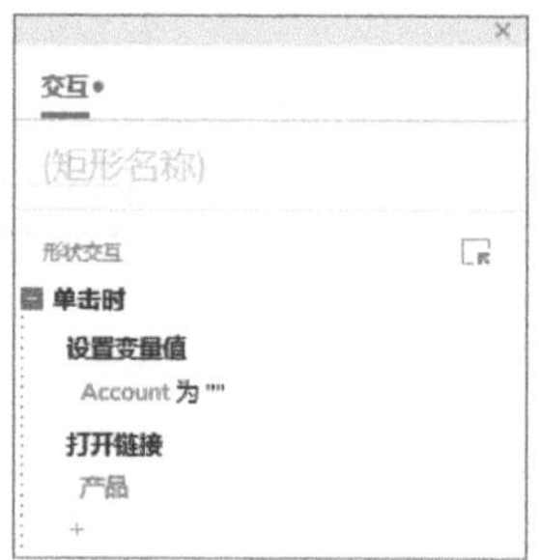

图 6-14　交互事件设置 2

图 6-15　"个人信息"页面元件组成

用于显示账号的元件，宽度为"240"像素，高度为"16"像素，并且文字【排版】【右侧对齐】，如图 6-16 所示。

然后，我们为显示账号的元件添加【载入时】【设置文本】的交互事件，设置【当前】显示账号元件的文本为全局变量"Account"的【变量值】，如图 6-17 所示。

最后，打开"我的"页面，先将页面中的组成列表项的形状与图标分别组合并命名（见图 6-18），再为"个人信息"列表项添加【单击时】【打开链接】的交互事件，打开"个人信息"页面（见图 6-19）。

图 6–16　元件样式设置

图 6–17　设置文本的交互动作设置 1

图 6–18　元件组成与命名 3

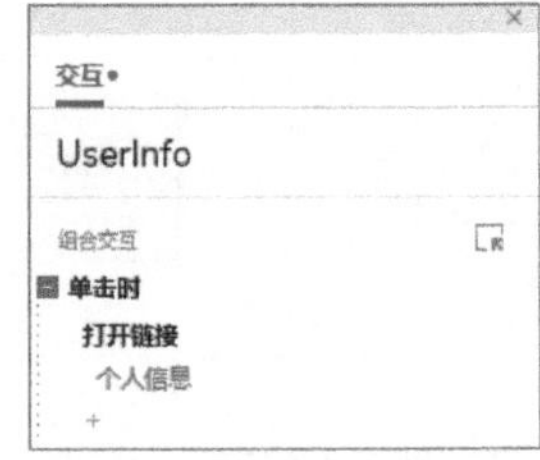

图 6–19　交互事件设置 3

变量只是数据的存储容器，因为存储的数据通过写入产生变化，所以叫作变量。不过，在使用变量时，需要注意命名必须符合规则。

变量的命名规则如下。

- 变量名称首位必须是字母或下画线，之后的字符只能由字母、数字和下画线“_”组成。
- 变量名称的长度不得超过 25 个字符。

- 变量名称在有效的范围内必须是唯一的。
- 变量名称不能是系统中的关键字。例如：name、text、this 等。

全局变量的有效范围是整个原型，所以在一个原型中不能出现多个相同名称的全局变量。而局部变量的作用范围只是在值的运算中，所以在某一个值的运算中不能出现多个相同名称的局部变量，但在多个值的运算中则可以创建相同名称的局部变量，互相不会有任何影响。

6.4　使用系统变量获取各类属性值

【插入变量或函数】列表中除了我们自定义的全局变量和局部变量之外，还有系统变量、函数以及一些运算符。

系统变量与函数区分起来很简单，凡是后面带有括号的都是函数，没有括号的就是系统变量。不过，系统变量也有不同。有的系统变量首字母是大写的，比如“This”和“Target”，还有首字母小写的，比如“width”和“height”。

首字母大写的是对象，而首字母小写的是属性。对象是一个具体的事物，比如“This”和“Target”表示的分别是“当前元件”和“目标元件”，也就是我们做交互分析时所说的交互“主体”和动作“目标”。而属性是对象的某一个属性值，比如“width”和“height”分别表示“宽度”和“高度”。

系统变量也是帮助我们获取某些数值参与运算的，只不过系统变量的创建与数据写入都是由系统完成的，我们要做的只是需要它们的时候进行读取。例如，我们想获取动作目标元件的元件文字进行运算处理，就可以通过“Target.text”进行获取。也就是通过“对象.属性”就能够获取某个对象的属性值。

如果感觉“Target.text”不太好理解。可以把英文念成中文，再把“.”念成“的”，会非常方便理解。“Target.text”就可以念成“目标元件的文本”。这样就知道“Target.text”能够帮助我们取得什么样的数据了。

接下来，通过一些案例来了解系统变量的应用场景。

还记得我们做过拖动提交评论的拖动交互效果吗？它是产品班网站“在线播放”页面中的一个功能。

当时，我们在【移动】动作的【边界】设置中，填写的是边框元件左右两侧的 X 轴坐标数值。但是这样会有一些缺点，如果改变了做好的内容的位置，或者改变了边框元件的宽度，都需要修改交互中的数值。所以，接下来我们就通过系统变量去优化这个案例。并且，通过使用系统变量，我们还能够省掉作为触点的热区元件“Contact”。

首先，删除产品班网站“在线播放”页面中的热区元件“Contact”。

然后，修改已添加的交互事件。

1）将【移动】动作中边界的数值【左侧】改为“[[border.left]]”，【右侧】改为“[[border.right]]”。

公式中“border”是自定义的局部变量，存储内容为边框“Border”的【元件】对象，然后通过元件对象调用属性“left”和“right”就能够获取到元件的左边界坐标和右边界坐标，如图 6-20 所示。

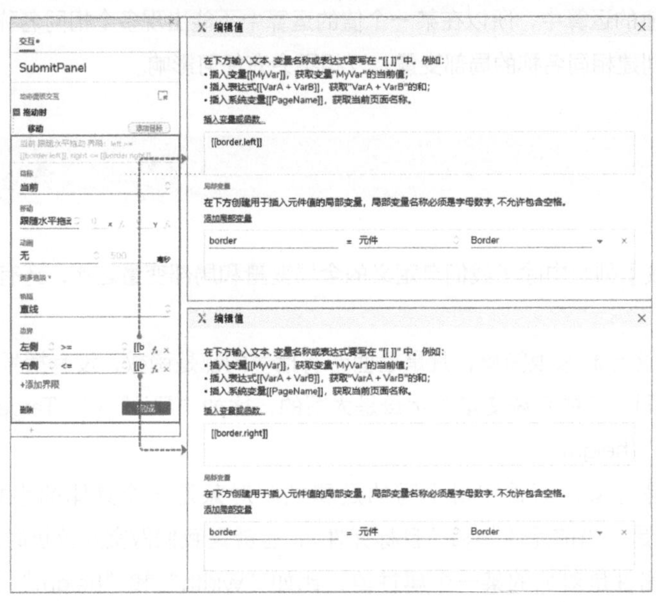

图 6-20 移动的交互动作与局部变量设置

2）修改交互事件【拖动结束时】中第一个情形的条件设置。新的条件判断为当前元件的右边界坐标【值】“[[This.right]]”【==】边框元件的右边界坐标【值】“[[border.right]]”。公式中的“This”是当前元件对象，“border”是自定义的局部变量，存储内容为边框“Border”的【元件】对象，如图 6-21 所示。

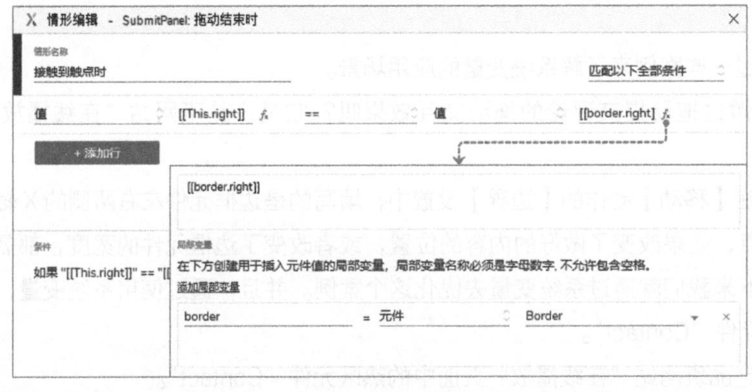

图 6-21 条件判断与局部变量设置

通过以上修改就能够完成与之前相同的交互效果，并且元件移动位置或改变尺寸都不会影响已添加的交互。

我们再来看一个案例。

动画 46

案例的交互效果

产品班网站的“信息确认”页面中有报名人数的输入项，并且在输入报名人数时，也会呈现相应的报名费用计算结果。但是和我们之前产品班 App 不同的是，这里的报名人数是通过按钮进行增减的。(案例动画 46)

首先，页面中需要添加一些关键的元件，包括矩形元件“<”“>”“Amount”以及文本标签元件“Total”，如图 6–22 所示。

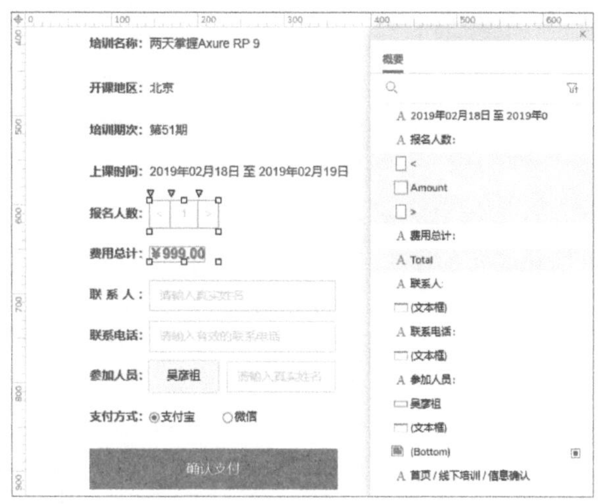

图 6–22　元件组成与命名 4

然后，为元件添加交互事件。

1) 先为“<”按钮添加【单击时】【设置文本】的交互。设置报名人数元件“Amount”的【文本】为“[[Target. text+1]]”。公式中“Target”表示动作的目标元件，即元件“Amount”；“Text”表示元件对象的元件文字。也就是说，将目标元件“Amount”上的元件文字加 1，如图 6–23 所示。

2) 继续【添加目标】，将金额总计元件“Total”的【文本】设置为“¥[[999*amount]].00”，如图 6–24 所示。公式中的“amount”是自定义局部变量，存储数据为报名人数元件“Amount”的【元件文字】，如图 6–25 所示。

动画 47

复制交互事件的操作

3) 复制“>”按钮的交互，粘贴到“<”按钮，并修改动作中的公式“[[Target.text+1]]”为“[[Target.text−1]]”，如图 6–26 所示。(案例动画 47)

4) 为“<”按钮的交互【启用情形】，添加“数量大于 1 时”的情形。因为递减的报名人数不能小于 1，所以只有报名人数元件“Amount”的【元件文字】大于 1 的时候才能够递减，如图 6–27 所示。

图 6–23　设置文本的交互动作设置 2

图 6–24　设置文本的交互动作设置 3

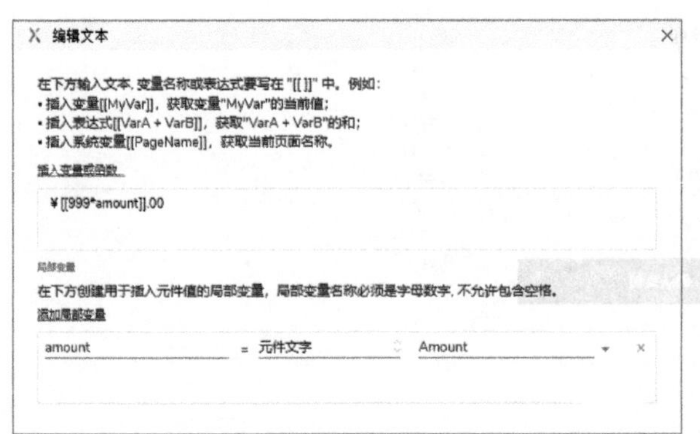

图 6–25　局部变量设置

图 6–26　修改设置文本的交互动作设置

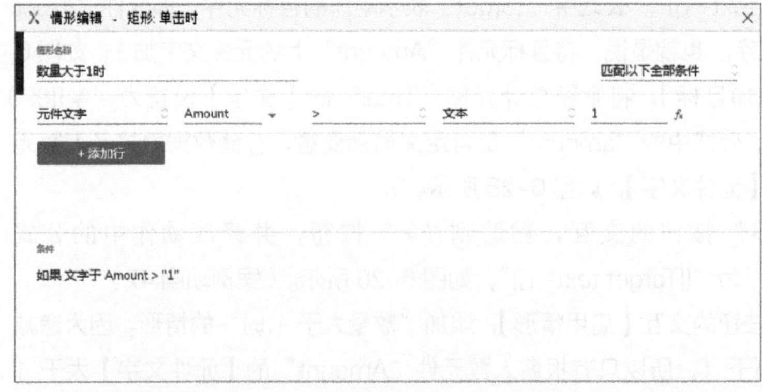

图 6–27　编辑情形名称与添加条件

到这里，我们就完成了案例的交互效果。

接下来，再完成一个跨页面改变动态面板状态的案例。

产品班 App 的“密码安全”页面中有一些选项，单击这些选项时要进入“修改信息”的页面，并且“修改信息”页面中要显示对应的信息内容。(案例动画 48)

动画 48

案例的交互效果

因为“修改信息”的页面只有一个，里面的内容变化取决于“密码安全”页面中所单击的选项。这就涉及跨页面的信息传递，需要通过全局变量来完成。另外，在这个案例中，为了便于交互的实现，部分元件采用中文命名。

首先，在导航栏【项目】菜单中，单击【全局变量】选项，打开全局变量管理窗口。添加一个新的全局变量“Action”，用于记录“密码安全”页面中的操作，如图 6–28 所示。

然后，“密码安全”页面中包含了 3 个选项，每个选项都由矩形、文本标签以及图标组合而成，这些选项的组合分别命名为“修改手机号码”“修改安全邮箱”和“修改密码”，如图 6–29 所示。

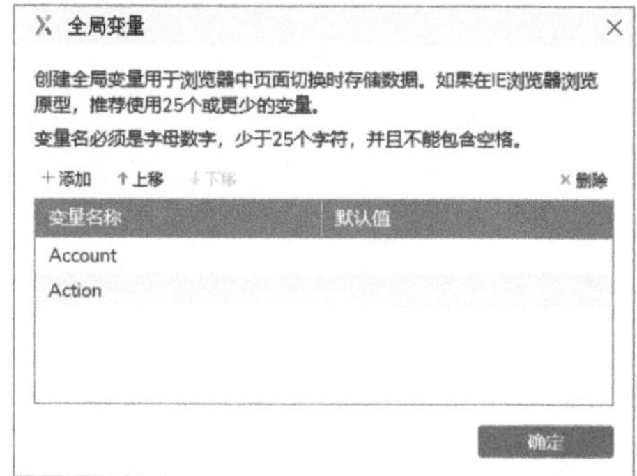

图 6–28　添加全局变量

图 6–29　元件组成与命名 5

在“修改信息”的页面中，需要改变的内容分别放入了动态面板“TogglePanel”的 3 个状态中，这些状态的命名和“密码安全”页面中选项组合的命名相一致，如图 6–30 所示。

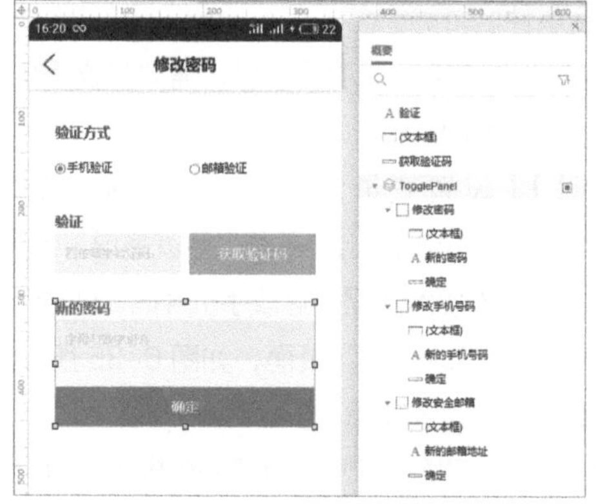

图 6–30　元件组成与命名 6

动态面板“TogglePanel”中每个状态都由文本标签、文本框以及形状按钮组成，区别在于文本标签的文字不同，文本框的【类型】、【最大长度】与【提示文本】不同，如图 6–31、图 6–32 和图 6–33 所示。

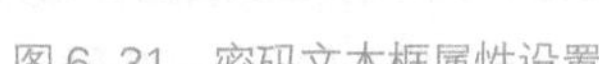
图 6–31 密码文本框属性设置

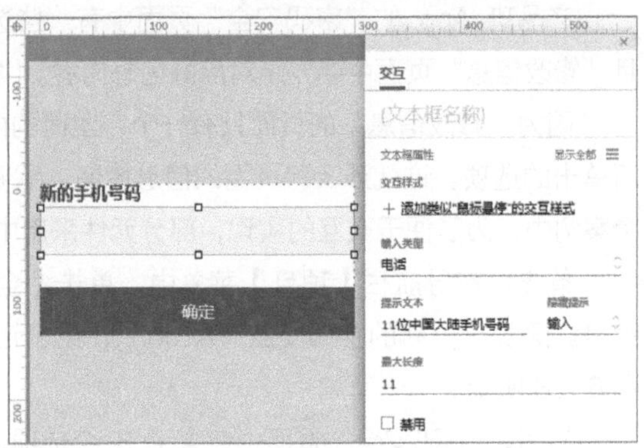

图 6–32 手机号码文本框属性设置

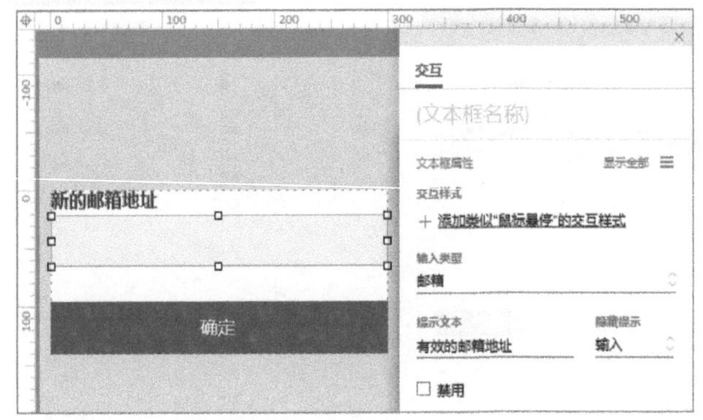

图 6–33 邮箱文本框属性设置

最后，我们为元件添加交互事件。

1）当我们在“密码安全”页面单击某一选项组合时，需要将操作信息存入全局变量“Action”。

以“修改手机号码”的选项组合为例。

为选项组合添加【单击时】【设置变量值】的交互。设置全局变量“Action”的【值】为“[[This.name]]”。公式中，“This.name”为当前组合的名称。也就是说，当用户单击了“修改手机号码”的选项组合之后，全局变量“Action”中保存的数据就是“修改手机号码”这几个字符，如图 6–34 所示。

继续添加动作，【打开链接】到“修改信息”页面，如图 6–35 所示。

完成以上操作后，将交互复制给其他选项组合。

2）在“密码安全”页面中，页面标题需要显示为“密码安全”，页面跳转“修改信息”页面之后，页面的标题要与操作相对应。

图 6–34　设置变量值的交互动作设置

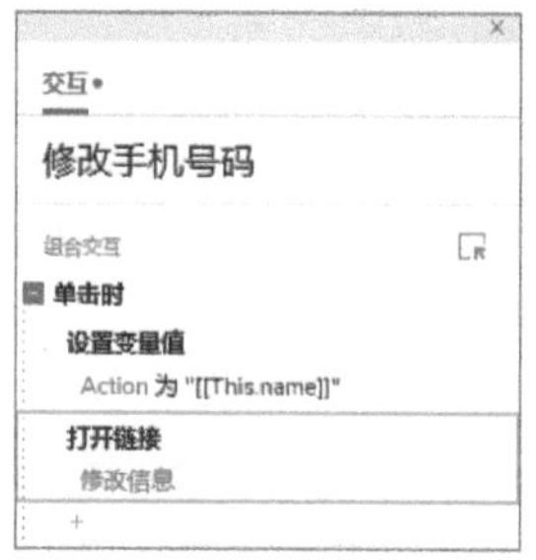

图 6–35　交互事件设置 4

先在母版“Public”中，我们为标题元件“Title”添加【载入时】【引发事件】的交互，添加引发事件“LoadTitle”，并选中，如图 6–36 所示。

在“密码安全”页面中，为母版“Public”的引发事件“LoadTitle”添加【设置文本】的交互，设置母版“Public”中标题元件“Tilte”的【文本】为“密码安全”，如图 6–37 所示。

图 6–36　添加引发事件 1

图 6–37　设置文本的交互动作设置 4

在“修改信息”页面中，为母版“Public”的引发事件“LoadTitle”添加【设置文本】的交互，设置母版“Public”中标题元件“Tilte”的【文本】为“[[Action]]”，如图 6–38 所示。

3）标题左侧的图标“LeftIcon”被单击时，需要返回“密码安全”页面。但是，这个图标是母版中的图标，在不同页面中有不同的单击交互，所以需要通过添加引发事件来添加交互。

在母版“Public”中，我们为左侧的图标元件“LeftIcon”添加【单击时】【引发事件】的交互，添加新的引发事件“ClickLeftIcon”，并选中，如图 6–39 所示。

图 6–38　设置文本的交互动作设置 5

图 6–39　添加引发事件 2

在“修改信息”页面中，我们为母版“Public”的引发事件“ClickLeftIcon”添加【打开链接】到“密码安全”页面的交互，如图 6–40 所示。

4）为动态面板“TogglePanel”添加【载入时】【设置面板状态】的交互。

在设置面板状态的动作中，【当前】的动态面板【状态】为【值】，【值】的输入框中可以填入动态面板状态的序号数字（概要中动态面板状态由上至下的顺序）或者名称。

因为，“密码安全”页面中传递到“修改信息”页面中的操作信息与动态面板“TogglePanel”要切换到的状态名称相一致。所以，在【值】的输入框中可以填入“[[Action]]”，如图 6–41 所示。

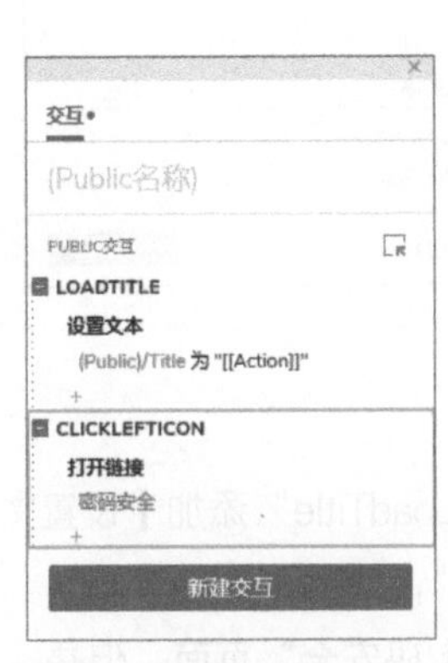

图 6–40　交互事件设置 5

图 6–41　设置面板状态的交互动作设置 1

在这个案例中，使用系统变量“This.name”获取选项组合的名称后写入全局变量，这样每个选项组合的交互都是相同的，做完一个之后，复制粘贴给其他选项组合就可以了，不用再每次都修改全局变量写入的值。

而且在这个案例中，通过动态面板状态的名称去切换状态，省略了很多条件判断。

接下来的案例，是优化产品班网站首页中返回顶部按钮的交互。

实际上，返回顶部按钮不应该一开始就出现，而是当页面内容向上滚动了一屏高度的时候才显示出来。（案例动画 49）

动画 49

案例的交互效果

页面内容没有滚动的时候，这个按钮没有必要显示出来。所以，页面内容滚动时有两种情形，一种情形是滚动距离超过一屏高度，另一种情形是滚动距离没有超过一屏高度。滚动距离超过一屏高度时，显示返回顶部按钮；滚动距离没有超过一屏高度时，隐藏返回顶部按钮。

因为用户的操作让浏览器窗口显示区域发生了滚动，所以页面滚动时的触发事件叫作【窗口滚动时】。

将返回顶部按钮所在的动态面板命名为“BackPanel”，然后隐藏，如图 6–42 所示。

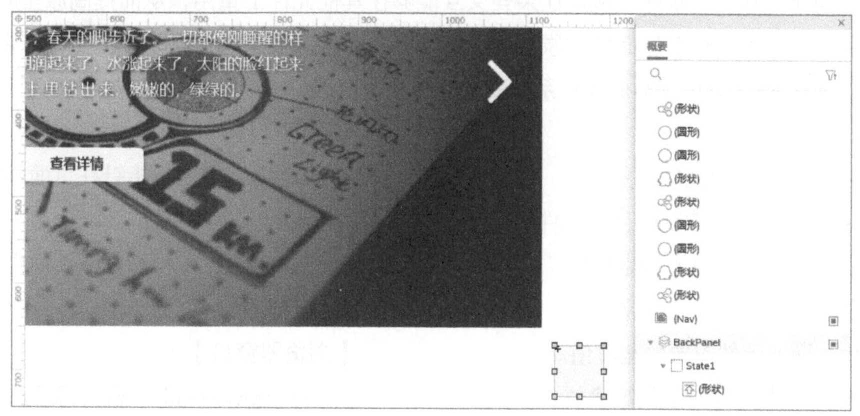

图 6–42　元件命名

然后，为页面添加交互事件。

1）单击画布空白处（或者在概要面板中单击页面名称），为【窗口滚动时】添加【显示】返回顶部按钮所在动态面板“BackPanel”的交互，如图 6–43 所示。

2）为已添加的交互【启用情形】，设置情形名称为“滚动距离超过一屏高度时”。【添加条件】判断窗口的纵向滚动距离【值】“[[Window.scrollY]]”【>=】窗口的高度【值】“[[Window.height]]”，如图 6–44 所示。

3）添加“滚动距离未超过一屏高度时”的情形，无须添加条件。设置交互为【隐藏】返回顶部按钮所在动态面板“BackPanel”，如图 6–45 所示。

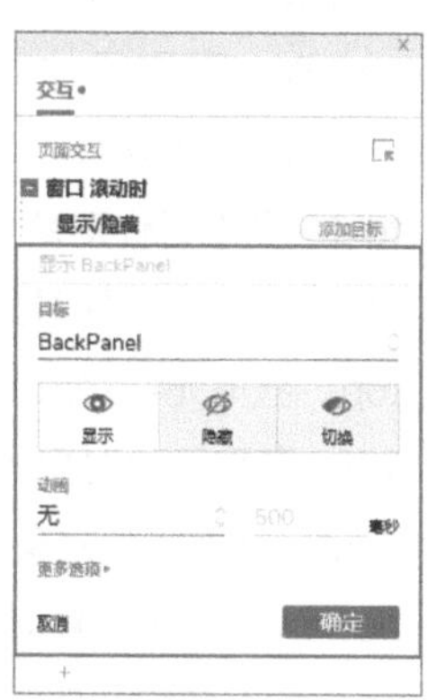

图 6–43　显示/隐藏的交互动作设置 1

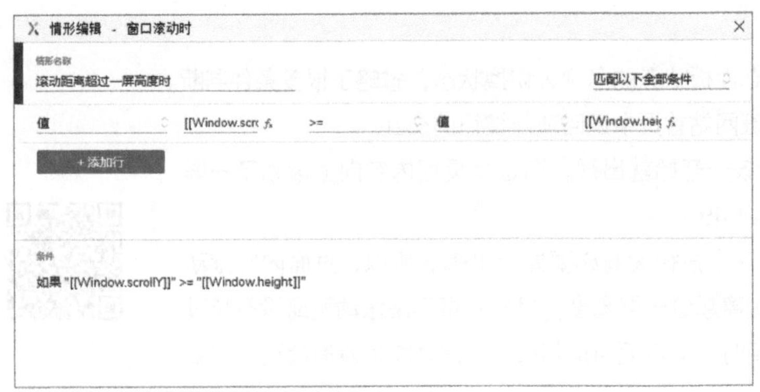

图 6–44　设置情形名称并添加条件 2

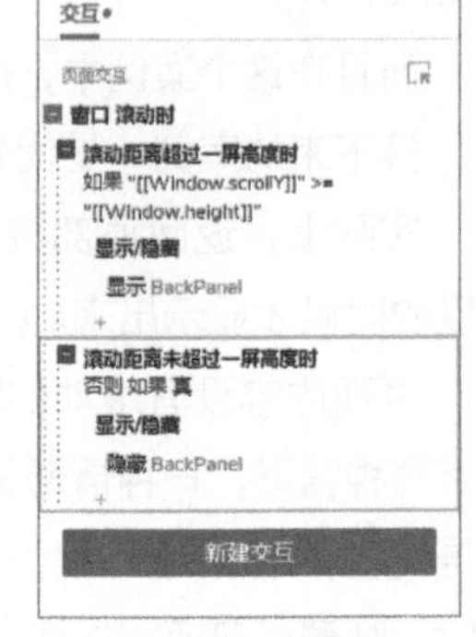

图 6–45　页面交互事件设置

这样的交互效果，如果不用系统变量根本不可能实现。所以，我们使用系统变量主要是为了解决一些交互难题，简化交互实现步骤，或是让某些交互能够在其他元件上重用，从而提高原型质量和工作效率。千万不要为了使用系统变量而增加原型的复杂程度，而是需要熟悉这些系统变量，在需要的时候灵活使用。可以参考本书附件：Axure RP 系统变量与函数速查表。

【元件】

- This：触发交互的元件对象。
- Target：交互动作控制的目标元件对象。
- x：获取元件对象的 X 轴坐标值。
- y：获取元件对象的 Y 轴坐标值。
- width：获取元件对象的宽度值。
- height：获取元件对象的高度值。
- scrollX：获取元件对象的水平滚动距离（仅限动态面板）。
- scrollY：获取元件对象的垂直滚动距离（仅限动态面板）。
- text：获取元件对象的文本文字。
- name：获取元件对象的自定义名称。
- top：获取元件对象的上边界坐标值。
- left：获取元件对象的左边界坐标值。
- right：获取元件对象的右边界坐标值。
- bottom：获取元件对象的下边界坐标值。
- opacity：获取元件对象的不透明比例。
- rotation：获取元件对象的旋转角度。

【鼠标指针】

- Cursor.x：鼠标指针在页面中位置的 X 轴坐标。
- Cursor.y：鼠标指针在页面中位置的 Y 轴坐标。

【浏览器窗口】

- Window.width：打开原型页面的浏览器当前窗口宽度。
- Window.height：打开原型页面的浏览器当前窗口高度。
- Window.scrollX：浏览器窗口中页面水平滚动的距离。
- Window.scrollY：浏览器窗口中页面垂直滚动的距离。

【日期时间】

- Year：获取系统日期对象“年份”部分的四位数值。
- Month：获取系统日期对象“月份”部分数值（1～12）。

- Day：获取系统日期对象“日期”部分数值（1～31）。
- Hours：获取系统日期对象“小时”部分数值（0～23）。
- Minutes：获取系统日期对象“分钟”部分数值（0～59）。
- Seconds：获取系统日期对象“秒数”部分数值（0～59）。

【文本】

- length：获取当前文本对象的长度，即字符数量。

6.5　使用函数参与值的运算

产品班网站的“密码安全”页面，修改手机号码模块中，单击【确定】按钮时能够对新的手机号码格式进行验证。（案例动画 50）

动画 50

案例的交互效果

这个案例需要能够获取一段数字中的第 1 位字符和第 2 位字符。

系统变量能够帮助我们获取的是对象和属性，而想要从一个文本对象中获取指定位置的字符，需要的不是文本对象的属性，而是从文本对象中获取字符的方法。而这个获取的方法我们叫它函数。

先了解一下函数的概念。

函数是帮助我们完成某件事情的一段程序。

我们不用关心这段程序由什么代码所组成，只需要知道如何调用一个函数，能够获得什么样的结果。

函数像属性一样，通过对象进行调用。

例如，对于手机号码第 1 位字符的获取，我们就可以通过手机号码的文本对象调用“charAt(index)”函数。

“charAt(index)”函数能够帮助我们获取文本对象中指定位置（index）的字符。

函数由函数名称（如 charAt”、括号“()”）以及括号中的参数（如 index）所组成，但并不是所有函数都必须提供参数。

参数是参与函数运算的数值，比如你想获取手机号码中某一位置的字符，你必须告诉函数想获取字符的具体位置，函数才能帮助你获取。不过要注意，文本对象中字符的位置是从“0”开始的，也就是说，获取手机号码的第 1 位字符时，应该写成“文本对象.charAt(0)”。

首先，在“密码安全”页面中为各个编辑按钮命名，分别为“ChangePhone”“ChangeEmail”和“ChangePassword”，并添加动态面板“Verification”，如图 6-46 所示。

动态面板“Verification”包含两个状态。

状态“Submit”中是填写并提交信息的界面。在这个界面中包含动态面板“TogglePanel”，用于修改不同的信息，以及错误提示图标“Error”。另外，新的手机号码输入框需要命名为“PhoneInput”，如图 6-47 所示。

图 6-46　元件组成与命名 7

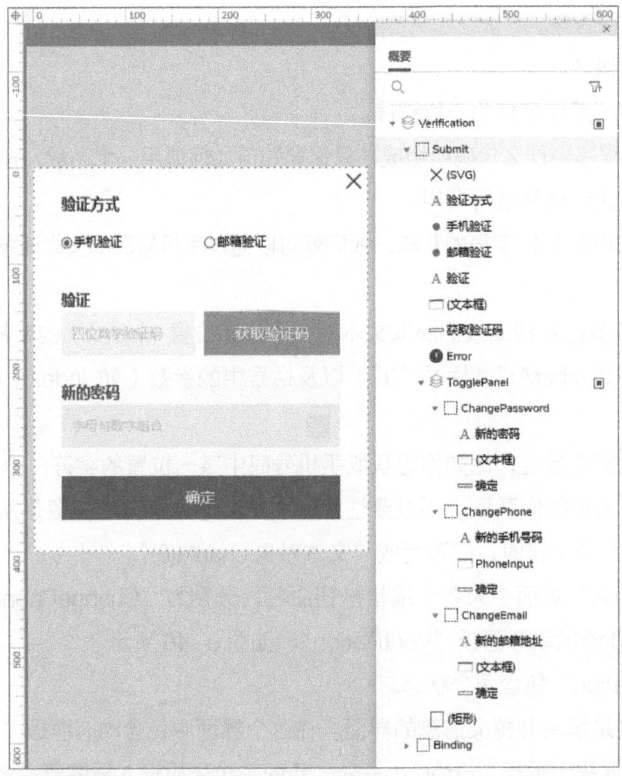

图 6-47　元件组成与命名 8

状态“Binding”中是绑定手机号码的界面，如图 6–48 所示。

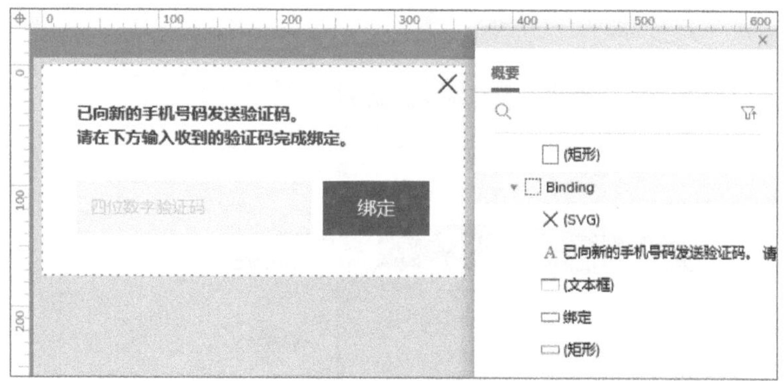

图 6–48　元件组成与命名 9

接下来，我们为元件添加交互事件。

1）为编辑手机号码的按钮“ChangePhone”添加【单击时】为动态面板“TogglePanel”【设置面板状态】的交互，设置动态面板“TogglePanel”的状态为“[[This.name]]”，如图 6–49 所示。

2）继续为交互添加动作，【显示】动态面板“Verification”，同时带有灰色半透明遮罩页面的【灯箱效果】，如图 6–50 所示。

图 6–49　设置面板状态的交互动作设置 2

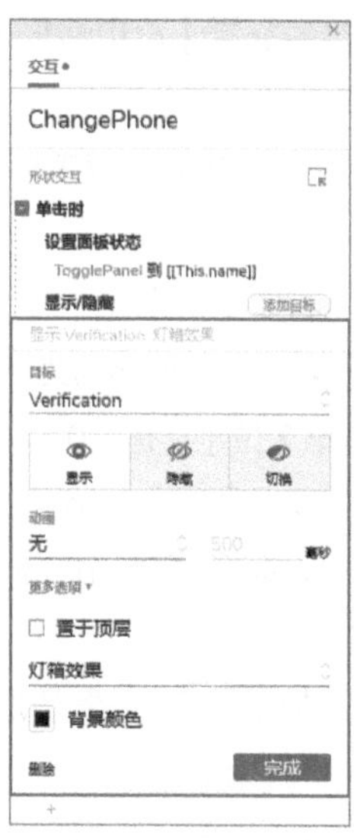

图 6–50　显示/隐藏的交互动作设置 2

到这里，用户单击编辑信息的按钮时，就会呈现对应的信息编辑界面，并带有遮罩页面的效果。

3）为动态面板“TogglePanel”状态“ChangePhone”中的“确定”按钮添加【单击时】为动态

面板“TogglePanel”【设置面板状态】的交互，设置动态面板“Verification”的状态为“Binding”，如图 6–51 所示。

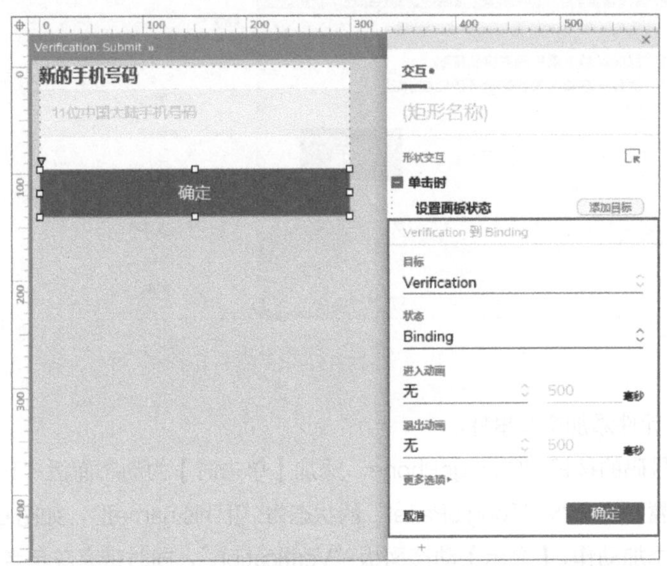

图 6–51　设置面板状态的交互动作设置 3

4）为上一步的交互【启用情形】，设置情形名称为“手机号码正确时”，并添加相应的条件判断，如图 6–52 所示。

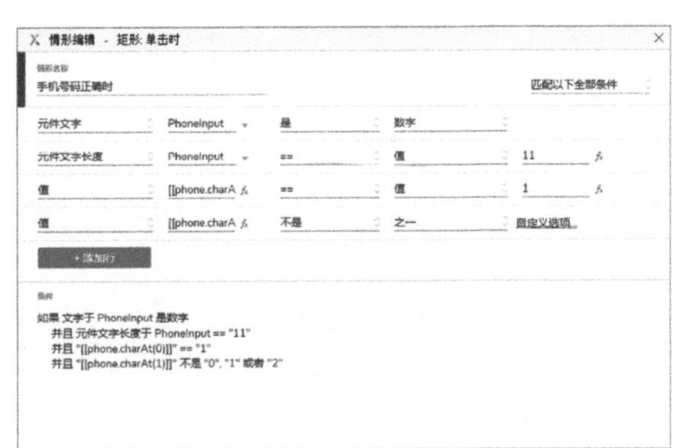

图 6–52　设置情形名称并添加条件 3

正确的手机号码应该满足以下要求：

- 手机号码必须为数字。
- 手机号码必须为 11 位。
- 手机号码第 1 位字符必须为“1”。
- 手机号码第 2 位不能是“0”“1”或“2”。

条件判断的公式中，“phone”是自定义局部变量，存储了文本框“PhoneInput”的元件文字，如图 6–53 所示。

5）继续【添加情形】，设置情形名称为“手机号码错误时”，无须添加条件。添加交互动作【显示】错误提示元件“Error”。并让元件“PhoneInput”【获取焦点】，还要在【获取焦点时选中元件上的文本】，如图 6–54 所示。

6）当用户编辑手机号码时，需要隐藏错误提示。为文本框元件“PhoneInput”添加【文本改变时】【隐藏】错误提示元件“Error”的交互，如图 6–55 所示。

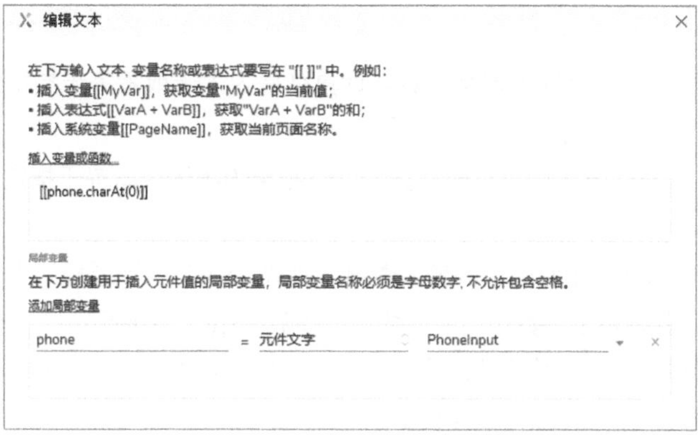

编辑文本
在下方输入文本，变量名称或表达式要写在 "[[ ]]" 中。例如：
• 插入变量[[MyVar]]，获取变量"MyVar"的当前值；
• 插入表达式[[VarA + VarB]]，获取"VarA + VarB"的和；
• 插入系统变量[[PageName]]，获取当前页面名称。
插入变量或函数
[[phone.charAt(0)]]
局部变量
在下方创建用于插入元件值的局部变量，局部变量名称必须是字母数字，不允许包含空格。
添加局部变量
phone
=
元件文字
PhoneInput

图 6–53　局部变量设置

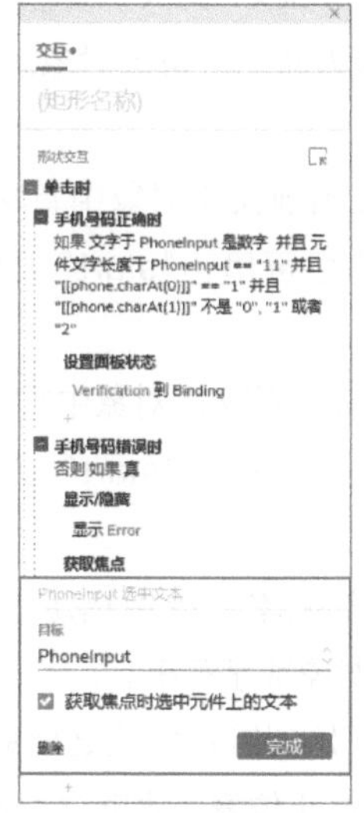

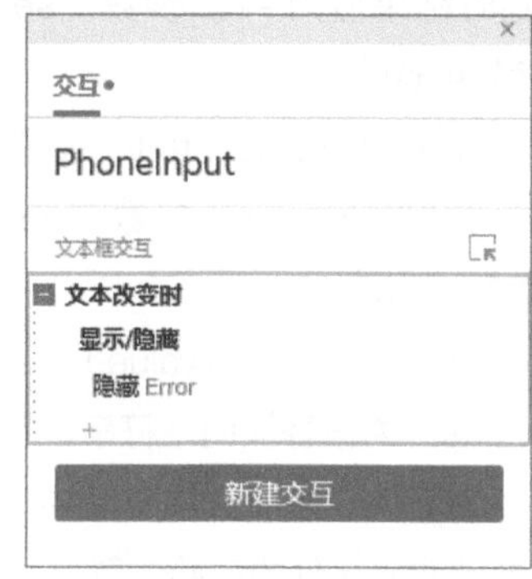

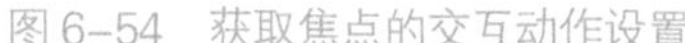

交互
(矩形名称)
形状交互
单击时
手机号码正确时
如果 文字于 PhoneInput 是数字 并且 元件文字长度于 PhoneInput == "11" 并且 "[[phone.charAt(0)]]" == "1" 并且 "[[phone.charAt(1)]]" 不是 "0"，"1" 或者 "2"
设置面板状态
Verification 到 Binding
手机号码错误时
否则 如果 真
显示/隐藏
显示 Error
获取焦点
目标
PhoneInput
获取焦点时选中元件上的文本
删除
完成

图 6–54　获取焦点的交互动作设置

交互
PhoneInput
文本框交互
文本改变时
显示/隐藏
隐藏 Error
新建交互

图 6–55　交互事件设置 6

使用函数和使用系统变量差不多，要了解包含哪些函数以及函数的用途，还要清楚每个函数要提供什么样的参数值。这里，再将常用函数罗列一下，完整的函数说明在本书附件《Axure RP 系统变量与函数速查表》中。

【数字】

toFixed(decimalPoints)：将一个数字转为保留指定位数的小数，小数位数超出指定位数时进行四舍五入。参数“decimalPoints”为保留小数的位数。

产品班培训“信息确认”页面中，选择报名人数的时候，计算费用总计后方连接了字符串“.00”形成了带有两位小数的格式。现在，将原来的计算公式改为“¥[[(999*amount).toFixed(2)”就可以自动保留两位小数了。

【数学】

- Math.ceil(x)：对参数进行向上取整计算，计算结果为大于或者等于指定数值的最小整数。参数“x”为数值。
- Math.floor(x)：对参数进行向下取整计算，计算结果为小于或者等于指定数值的最大整数。参数“x”为数值。
- Math.max(x,y)：获取多个参数中的最大数值。参数“x,y”表示逗号“,”分隔的多个数值。
- Math.min(x,y)：获取多个参数中的最小数值。参数“x,y”表示逗号“,”分隔的多个数值。
- Math.random()用途：随机数函数，获取一个 0～1 的随机小数。例如，获取 10～15 的随机小数，计算公式为 Math.random()*5+10。

【字符串】

- charAt(index)：获取当前文本对象中指定位置的字符。参数“index”为大于或者等于 0 的整数。
- concat('string')：将当前文本对象与另一个字符串连接组合为新的字符串对象。参数“string”为连接在后方的字符串。
- indexOf('searchvalue',start)：从左至右获取查询字符串在当前文本对象中首次出现的位置。未查询到时结果值为–1。参数“searchvalue”为查询的字符串，“start”为查询的起始位置，该参数可省略。
- lastIndexOf('searchvalue',start)：从右至左获取查询字符串在当前文本对象中首次出现的位置。未查询到时结果值为–1。参数“searchvalue”为查询的字符串，“start”为查询的起始位置，该参数可省略。
- replace('searchvalue','newvalue')：用新的字符串替换当前文本对象中指定的字符串。参数“searchvalue”为被替换的字符串，“newvalue”为新文本对象或字符串。
- slice(start,end)：在当前文本对象中截取从指定起始位置开始到终止位置之前的字符串。参数“start”为被截取部分的起始位置，“end”为被截取部分的终止位置，省略该参数则由起始位置截取至文本对象结尾。此函数的参数值均可为负数。
- substr(start,length)：从当前文本对象中指定起始位置开始截取一定长度的字符串。参数“start”为被截取部分的起始位置，“length”为被截取部分的长度，省略该参数则由起始位置截取至文本对象结尾。
- substring(from,to)：在当前文本对象中截取从指定位置到另一指定位置区间的字符串。右侧位置不截取。参数“from”为指定区间的起始位置，“to”为指定区间的终止位置，省略该参数则由起始位置截取至文本对象结尾。
- toLowerCase()：将文本对象中所有的大写字母转换为小写字母。
- toUpperCase()：将当前文本对象中所有的小写字母转换为大写字母。
- trim()：去除当前文本对象两端的空格。

第 7 章 通过中继器实现产品原型的数据交互

介绍中继器元件的使用方法以及其在高保真原型中的应用。

中继器元件一般用于创建列表，能够模拟添加、删除、修改、排序、筛选等与数据交互相关的操作。

7.1 了解中继器的结构和基本设置

产品班网站中的商品列表、评论列表以及产品班 App 中的文章列表等，都能够通过中继器元件来创建，如图 7–1、图 7–2 和图 7–3 所示。

图 7–1 商品列表

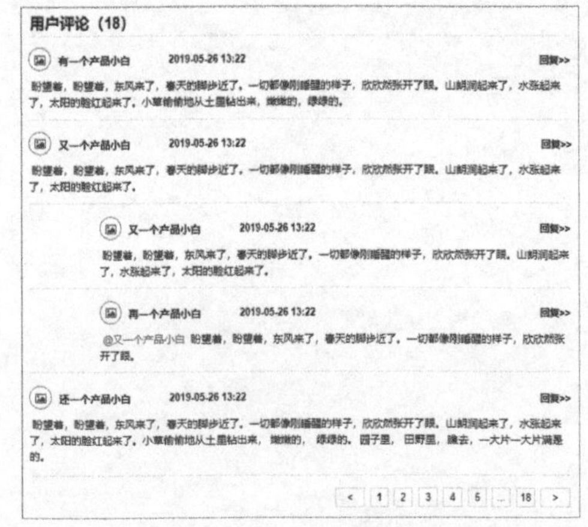

图 7–2 评论列表

图 7–3 文章列表

如果想掌握中继器元件的使用，需要先了解中继器的组成结构，如图 7-4 所示。

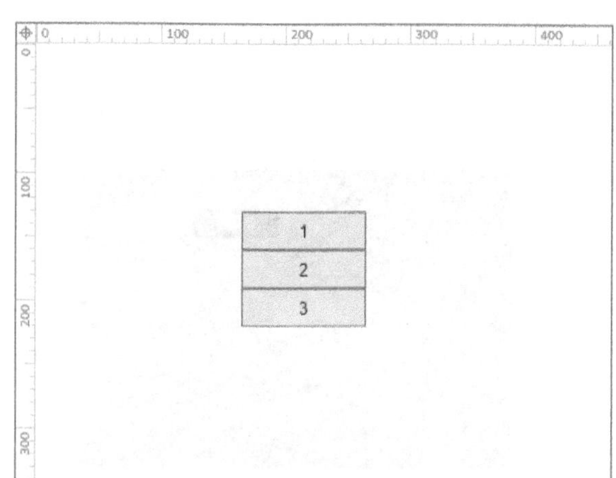

图 7-4　中继器元件

中继器元件拖入画布中，看上去像是 3 个纵向排列的矩形。

为什么会有 3 个矩形呢？双击中继器元件，进入编辑状态，在编辑状态的画布中，默认存在 1 个矩形元件。这个矩形元件，被中继器自动重复了 3 次。我们可以在中继器的编辑状态中，放入更多的元件（见图 7-5），关闭编辑状态回到页面中，就能够看到新放入的元件也被重复了 3 次（见图 7-6）。

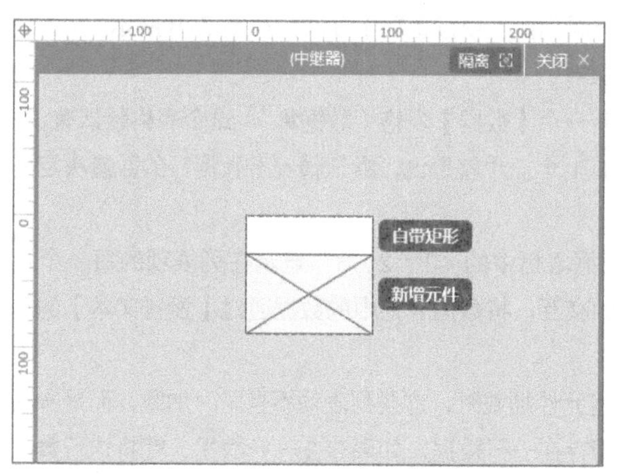

图 7-5　添加元件到中继器的编辑状态 1

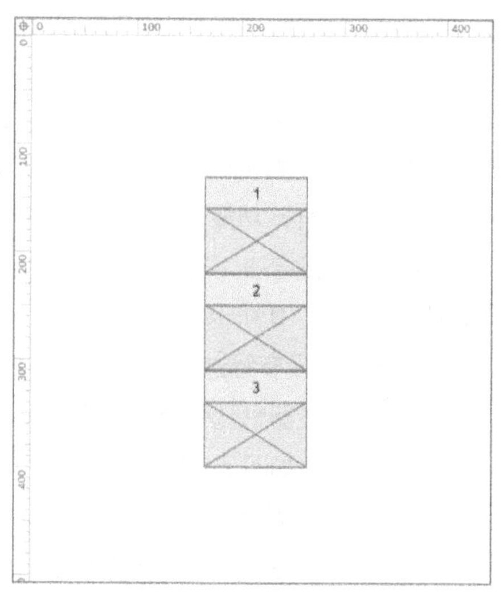

图 7-6　重复的列表项

我们再做一个尝试，清空中继器编辑状态中的内容，将由多个元件组成的商品项放入中继器的编辑状态中，如图 7–7 所示。

图 7–7　添加元件到中继器的编辑状态 2

关闭中继器的编辑状态回到页面中，我们能够看到商品项被重复了 3 次，如图 7–8 所示。

为什么中继器编辑状态中的元件被重复了 3 次?

我们切换到样式功能面板，中继器的样式中有一个【数据】表格（数据集），这个表格默认有 3 行数据。如果为表格增加 1 行数据，商品项也会增加 1 个。也就是说，默认情况下数据行的数量决定列表项的数量，如图 7–9 所示。

中继器元件没有经过任何编辑时，能够将数据表格中的“1、2、3”显示在列表项的每一个矩形上。这是因为中继器默认带有一个【每项加载】的交互，将数据表格中的数据通过【设置文本】的动作绑定到了元件上，如图 7–10 所示。

中继器元件一般会包含多个列表项，在中继器元件加载时，这些列表项不是同时加载，而是一项一项加载出来。整个过程就是程序先查找中继器是否存在一行数据，如果存在一行数据，就将这行数据与元件绑定，加载显示到页面中。然后，再查找是否存在下一行数据，如果存在再进行绑定加载。直到找不到新的一行数据时，中继器元件加载完成。此时，页面上将呈现完整的列表。

图 7–8　重复的商品项

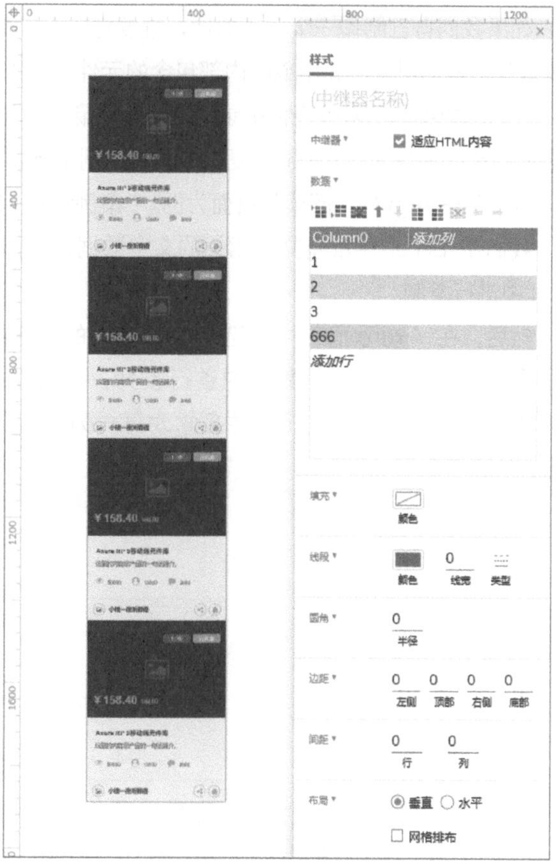

图 7–9　重复的列表项

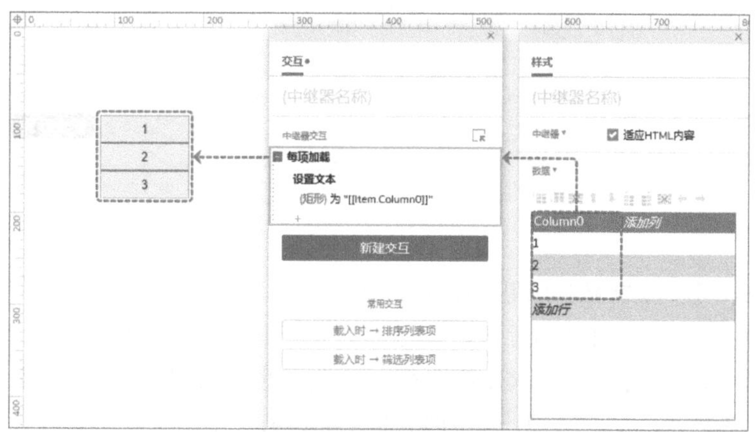

图 7–10　中继器的默认交互事件

如果我们自己制作一个列表的话，就要把所有相关的数据先录入到中继器元件的数据表格，再通过交互和中继器内部包含的元件进行绑定。

因为在中继器的数据表格中录入数据比较麻烦，可以使用 Excel 来帮我们快速整理数据，然后将数据从 Excel 中复制，再粘贴到中继器的数据表格（数据集）中。

以产品班 App 的“阅读”页面为例。（案例动画 51）

动画 51

案例的交互效果

我们在 Excel 中准备文章相关的文字数据，如图 7-11 所示。准备完成后，在 Excel 中进行复制。

然后，在 Axure RP 中，选中需要编辑的中继器元件，打开样式功能面板，单击【数据】表格（数据集）的首行首列，通过快捷键〈Ctrl+V〉进行粘贴。粘贴完成后，删除末尾的空行，并且修改每一列的列名，如图 7-12 所示。（案例动画 52）

动画 52

复制 Excel 数据到中继器数据集的操作

要想维权快，坐上引擎盖	奔驰事件在网上发酵了近一周后，车主与4S	2019/03/31 13:21	6778
7000字深度总结：运营必备的 15 个数据分析方法	提起数据分析，大家往往会联想到一些密密	2019/03/31 06:09	7064
高思教育获华平领投1.4亿美元D轮融资，发力B端全	4月18日下午，高思教育在北京举办了主题	2019/03/30 15:45	9773
阿里设计师分享设计方法：如何基于场景做设计？	移动互联网时代，智能设备的广泛应用把人	2019/03/29 22:57	5416
如何打造高性能大数据分析平台	大数据是最近IT界最常用的术语之一。然而	2019/03/29 15:45	5740
换一种方式骑行：兔子、野兽骑行竞品分析	曾经有一位老前辈告诉我：“一个人可以骑	2019/03/29 03:45	8106
抖音乌托邦，快手人世间	快手把2018年定为“商业化元年”，立下百	2019/03/28 10:57	3109
快资讯的信息淘金矿争夺战	如果说把移动互联网的发展分为上下半场，	2019/03/27 18:09	5247
微信读书是如何用社交做用户增长的？	最近，微信读书频频刷爆朋友圈，将阅读与	2019/03/26 22:57	4843
巨舰转向 苹果能否借此重回巅峰？	硬件业务疲态日显，库克正主导苹果力转软	2019/03/26 01:21	5525
打造线体扁平风格宣传海报	无论是否将其进行填色，我们都能被线条所	2019/03/25 06:09	8372
B端设计如何进行简单优化	2017年，从业以来一直在做各类C端设计的	2019/03/24 10:57	2965
埃森哲：超过一半的员工欢迎智能技术	工作人员乐于学习和使用人工智能（AI）等	2019/03/24 08:33	8165
产品经理必备效率工具	子曰：“工欲善其事，必先利其器。”互联	2019/03/23 20:33	8680
由内而外，如何给科技公司设定技术伦理框架	科技发展到今天，学界和业界一直在讨论它	2019/03/23 01:21	5746
如何解决：销量不行，新品买的人不多？	领导组织一个会议，告诉大家公司要上新品	2019/03/22 10:57	5972
五点，告别中层管理者的平庸	众多优秀的人才都被无能的HR阻挡在来的路	2019/03/21 22:57	5858
春心浮动，这些品牌在樱花季如何搞事？	寒冷走后，蓝天、白云、暖阳伴随着春天的	2019/03/21 13:21	9702
社群是用户的，而不是群主的	通过与大咖交流、自身运营社群的经验以及	2019/03/21 01:21	9857
中国白酒走红美国，他们到底做了什么？	无论是降低酒精浓度，还是做白酒鸡尾酒，	2019/03/20 20:33	7341
咆哮体广告：效果与审美的矛盾	电梯里、电视上、微博上…循环播放的“想	2019/03/20 01:21	2721
宝洁：赢得是市场，输的是时代	近日，美国快消巨头宝洁被爆从巴黎泛欧证	2019/03/19 15:45	9351
三线城市的互联网产品，如何做运营？	近两年，一线城市的互联网红利期已经不再	2019/03/19 10:57	1670
WiFi万能钥匙钱途何在？	时至今日，回想起 2013 年的移动互联网	2019/03/18 18:09	8309
让设计师小哥愉快地帮你改图	需求方与“射击师”积怨已久不是没由来，	2019/03/17 20:33	8626

图 7-11 Excel 表格中的数据

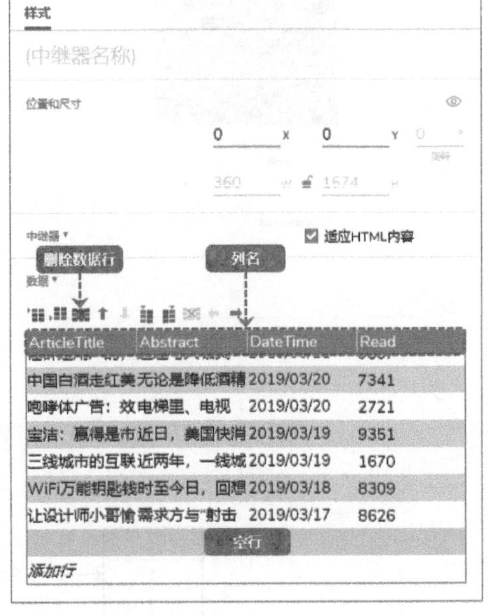

图 7-12 添加数据到数据集

除了文字数据，我们还需要添加相应的图片数据。

在【数据】表格中，单击【添加列】按钮添加新的一列表格，然后，在单元格上单击鼠标右键，上下文菜单中选择【导入图片】，就可以将本地的图片导入到中继器的数据表格（数据集）中，如图 7-13 所示。如果文章没有图片，数据集中那一行的图片单元格不必进行图片导入。

商品列表中的每一个商品项都具有相同的结构。在完成数据的添加之后，我们在中继器的编辑状态中创建列表项的模板，也就是一个列表项的元件组成，如图 7–14 所示。

数据 ▾

ArticleTitle	Abstract	DateTime	Read	ArticleImage	添加列
快资讯的信息流	如果说把移动互	2019/03/27	5247	8.png	
微信读书是如何	最近，微信读书	2019/03/26	4843	9.png	
巨舰转向 苹果	硬件业务疲态日	2019/03/26	5525	10.png	
打造线体扁平风	无论是否将其进	2019/03/25	8372		
B端设计如何进	2017年，从业	2019/03/24	2965	12.png	
埃森哲：超过一	工作人员乐于学	2019/03/24	8165	13.png	
产品经理必备效	子日："工欲善	2019/03/23	8680		
由内而外，如何	科技发展到今	2019/03/23	5746	15.png	

引用页面
导入图片
插入行

图 7–13　导入图片到数据集的单元格

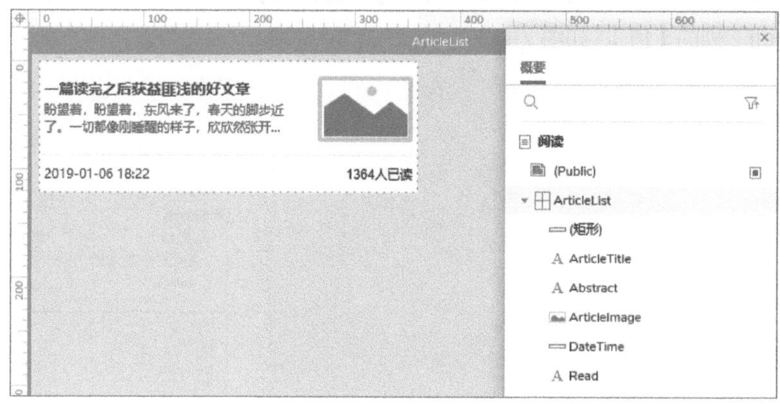

图 7–14　创建列表项的模板

接下来，我们将数据表格（数据集）中的数据和模板中的元件进行【每项加载】的绑定。

1）添加动作是元件 "ArticleTitle"【设置文本】为数据表格中 "[[Item.ArticleTitle]]" 列的【值】。公式中的 "Item" 是当前正在加载的列表项所对应数据行的对象。通过 "Item.列名" 可以获取数据行中某一列的列值，如图 7–15 所示。"[[Item.ArticleTitle]]" 可以通过手动输入，也可以通过在【插入变量或函数】列表中选择输入，如图 7–16 所示。

2）为【设置文本】的动作【添加目标】，设置元件 "Abstract" 的【文本】为数据表格中 "[[Item.Abstract]]" 列的【值】。不过要注意，数据表格（数据集）中摘要内容字符数量较多，我们只需要显示 39 个字符，其余用 "..." 表示。所以，公式需要写成 "[[Item.Abstract.substr(0,39)]]..."。公式中的函数 "substr(start,length)" 能够对文本对象从起始位置（start）截取指定长度（length）的字符，如图 7–17 所示。

图 7–15　将文章标题数据绑定到模板元件

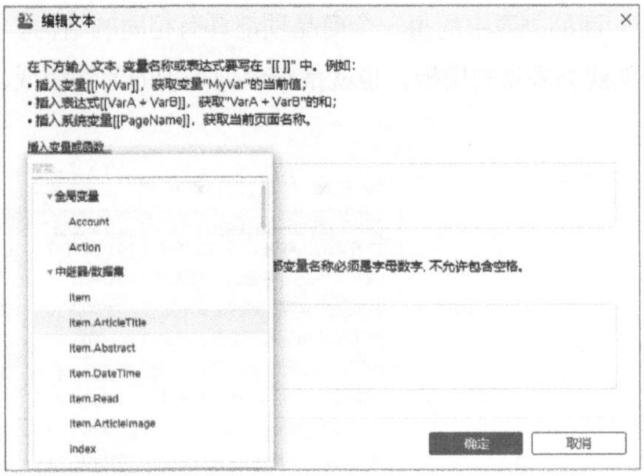

图 7–16　中继器的属性列表

3）继续为【设置文本】的动作【添加目标】，设置元件“DateTime”的文本为数据表格中“[[Item.DateTime]]”列的【值】，如图 7–18 所示。

图 7–17　将文章摘要数据绑定到模板元件

图 7–18　将发布时间数据绑定到模板元件

4）继续为【设置文本】的动作【添加目标】，设置元件“Read”的文本为数据表格中“[[Item.Read]]”列的【值】，并在公式后方连接“人已读”这 3 个文字，如图 7–19 所示。

5）继续添加【设置图片】的动作，设置元件“ArticleImage”的【值】为数据表格中“[[Item.ArticleImage]]”列的【值】，如图 7–20 所示。

6）文章的标题有的太长，需要进行处理。未超出 15 个字符的默认加载，超出 16 个字符的需要截取。为【每项加载】【启用情形】，将“默认加载”设置为第 1 种情形，而“标题超出 16 个字符时”作为第 2 种情形。为“标题超出 16 个字符时”的情形【添加条件】，判断数据表格（数据集）中

“[[Item.ArticleTitle.length]]” 列的【值】【>】“16”（见图 7–21），并添加动作为元件 “ArticleTitle”【设置文本】为 “[[Item.ArticleTitle.substr(0,15)]]...”。公式中 “length” 是文本对象长度属性，能够获取文本对象的字符数量，如图 7–22 所示。

图 7–19　将阅读数量数据绑定到模板元件

图 7–20　设置图片

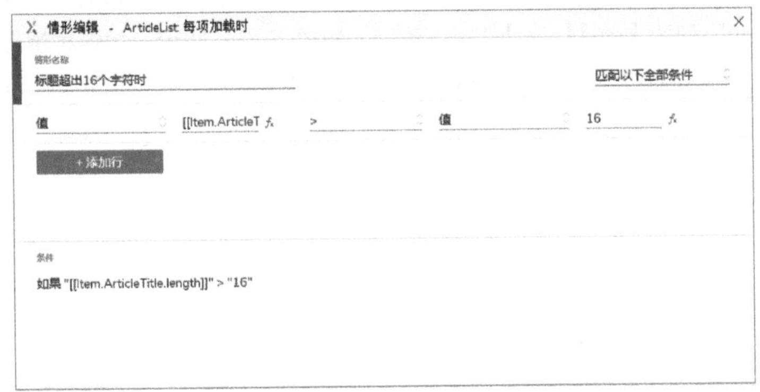

图 7–21　设置情形名称并添加条件 1

此时，标题并没有发生变化。这是因为新添加的情形和 “默认加载” 的情形存在联系。“默认加载” 的情形是 “如果” 开头，并且没有添加任何条件，这样的情形是无条件执行的。而 “标题超出 16 个字符时”，这种情形是 “否则” 开头的，和 “默认加载” 的情形形成了关联，是一组条件判断。既然 “默认加载” 的情形是无条件执行的，那么 “标题超出 16 个字符时” 的情形就永远没有执行的机会。

所以，添加了 “标题超出 16 个字符时” 的情形之后，要在情形名称上单击鼠标右键，通过上下文菜单中的 “切换为[如果]或[否则]” 选项，将这种情形变为 “如果” 开头，如图 7–23 所示。

图 7–22　设置文本的交互动作设置 1

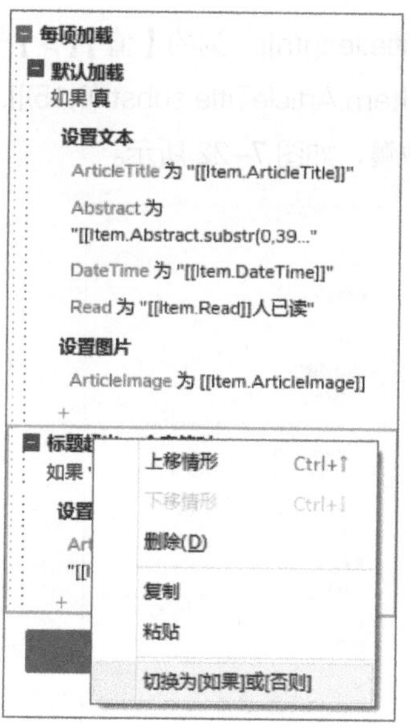

图 7–23　切换条件逻辑关系

7）没有图片的文章，显示了默认的图片元件，这也是一种需要处理的情形。为【每项加载】【添加情形】，添加第 3 种“没有文章图片时”的情形。【添加条件】判断数据表格（数据集）中“[[Item.ArticleImage]]”列的【值】【==】“”（空值），如图 7–24 所示。为这种情形添加【隐藏】元件“ArticleImage”的动作，如图 7–25 所示。然后，也将这一种情形在上下文菜单中转换为“如果”开头。

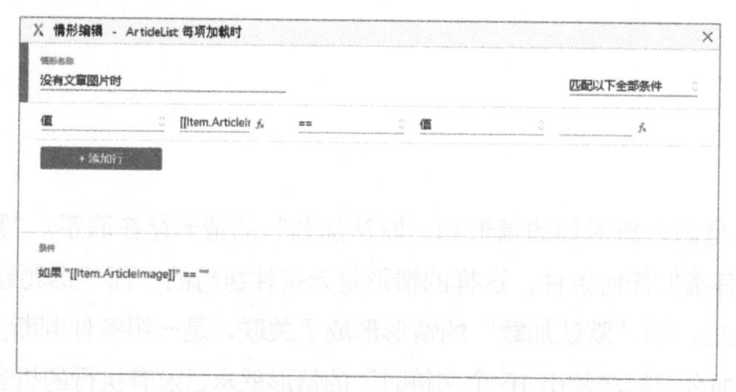

图 7–24　设置情形名称并添加条件 2

图 7–25　显示/隐藏的交互动作设置 1

8）如果文章没有图片，要增加摘要宽度。继续为“没有文章图片时”的情形添加【设置尺寸】的动作。设置元件“Abstract”的宽度为“350”像素，如图 7–26 所示。

9）如果文章没有图片，摘要改变字数限制。继续为“没有文章图片时”的情形添加【设置文本】的动作。设置元件“Abstract”的【文本】为“[[Item.Abstract.substr(0,57)]]...”，如图 7–27 所示。

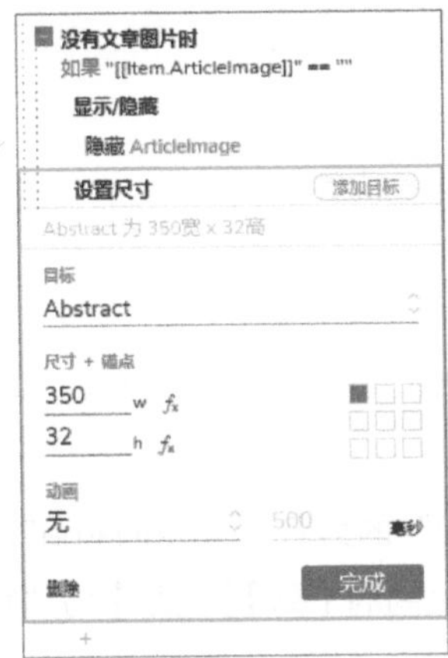

图 7–26　设置尺寸的交互动作设置

图 7–27　设置文本的交互动作设置 2

中继器制作任何一个列表都需要添加数据、创建模板以及添加交互将数据绑定到元件这 3 个步骤，只有这样才能够使用中继器制作出完整的列表，并能够进行进一步的交互。

中继器的强大之处不仅仅在于能够创建列表，还在于对列表能够进行添加、删除、更新、筛选、排序、分页等交互的模拟。如果不需要这些交互，实际上我们创建列表不需要使用中继器，就像之前的线框草图，修改一下草图中的图片和文字，也能做出同样视觉效果的列表。

7.2　为数据集添加数据

动画 53

案例的交互效果

我们先来看产品班网站线下培训的“信息确认”页面中添加学员姓名的功能。

当用户在输入框中输入学员姓名后，光标离开文本框或用户按〈Enter〉键时，将学员的姓名呈现到列表中，如图 7–28 所示。(案例动画 53)

图 7–28　添加学员姓名的交互效果

首先，我们完成添加中继器列表的基本操作。

1）在画布中放入中继器元件，命名为“StuList”，双击进入编辑状态。在编辑状态中删除自带的矩形元件，添加用于显示学员姓名的矩形“StuName”以及用于删除列表项的图标，如图 7–29 所示。

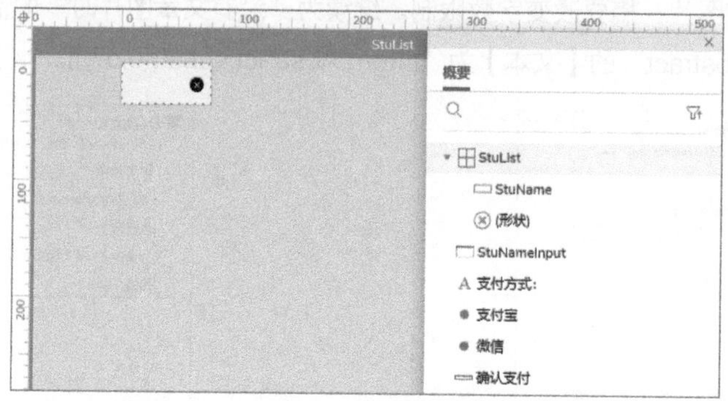

图 7–29　创建列表项模板

2）在中继器“StuList”的样式中，修改默认列“Column0”的列名为“StuName”，只保留一行数据（学员姓名）。并且，设置中继器【水平】【布局】，列表项之间的【列】【间距】为“10”像素，如图 7–30 所示。

3）向中继器添加【每项加载】为元件“StuName”【设置文本】的交互。将元件的文本设置为中继器数据表格（数据集）中的列值“[[Item.StuName]]”，如图 7–31 所示。

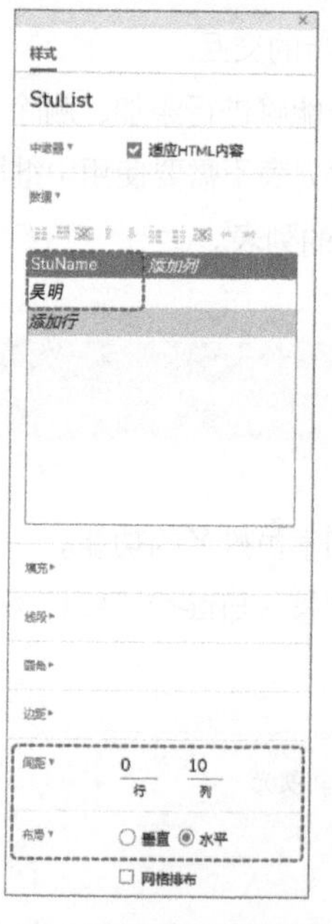

图 7–30　设置中继器的样式

图 7–31　将学员姓名数据绑定到模板元件

到这里，中继器列表的基本操作结束。

然后，在页面中添加获取用户输入的文本框元件“StuNameInput”（见图 7–32），在属性设置中添加【提示文本】“请输入真实姓名”（见图 7–33）。并且，在元件上下文菜单中选择【交互样式】设置，为元件添加【获取焦点】时的样式，如图 7–34 所示。

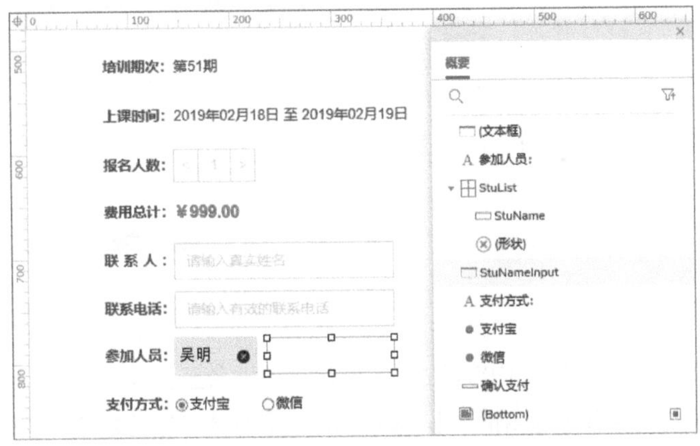

图 7–32　添加元件并命名 1

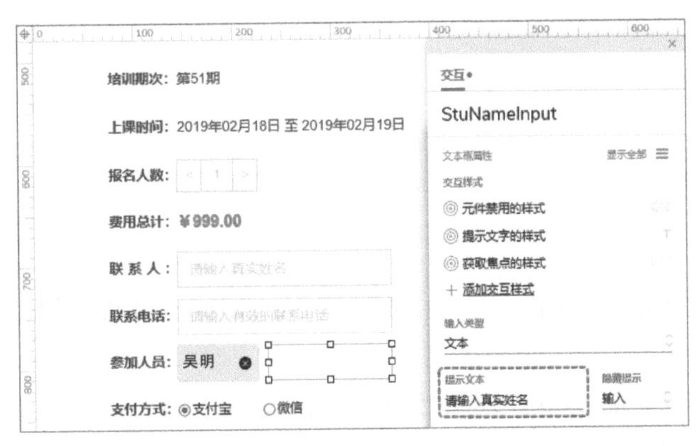

图 7–33　设置文本框元件的提示文本

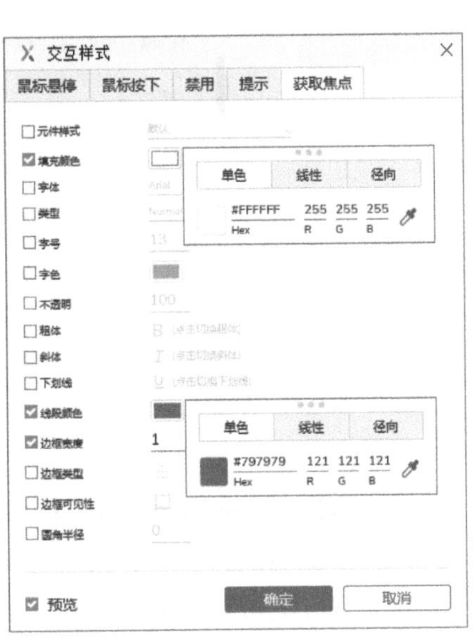

图 7–34　设置文本框元件的交互样式

接下来，我们为元件添加交互事件。

1）当光标离开文本框“StuNameInput”时，需要将文本框中所输入的内容添加到学员列表“StuList”。为文本框“StuNameInput”添加【失去焦点时】【添加行】到中继器“StuList”的交互，通过系统变量“[[This.text]]”获取当前文本框的文本，添加到数据行的“StuName”列中，如图 7-35 所示。

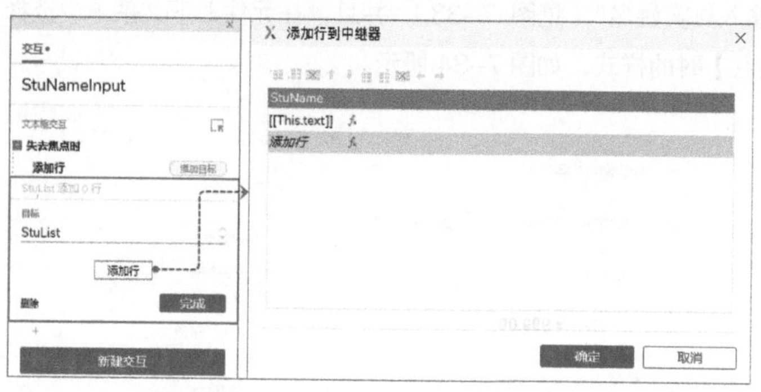

图 7-35　添加行的交互动作设置

2）文本框“StuNameInput”的内容超过 1 个字符（姓名至少 2 个字符）时，才能够添加到列表。所以，我们为已添加的交互【启用情形】，添加情形的名称为“字符数量大于 1 时”，并设置条件判断【当前】元件的【元件文字长度】【>】“1”，如图 7-36 所示。

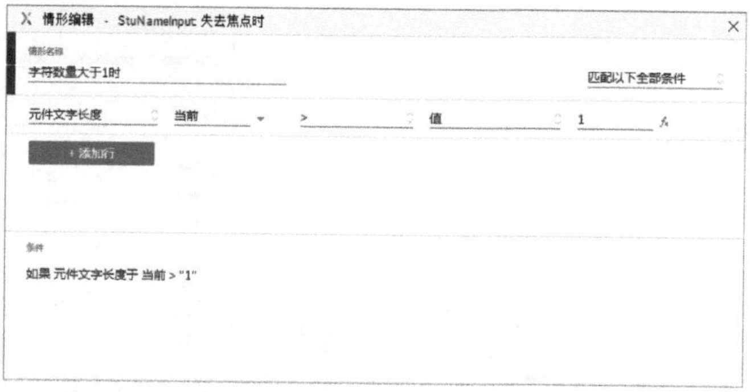

情形编辑 - StuNameInput 失去焦点时
情形名称
字符数量大于1时
匹配以下全部条件
元件文字长度　当前　>　值　1
+ 添加行
条件
如果 元件文字长度于 当前 > "1"

图 7-36　设置情形名称并添加条件 3

3）当添加了新的学员姓名时，【当前】文本框“StuNameInput”要水平（x 轴）向右【移动】【经过】“90”像素，如图 7-37 所示。

4）为了方便用户输入新的学员姓名，需要在完成一次输入之后，为【当前】文本框“StuNameInput”【设置文本】，将元件的【文本】设置为“”（空值），如图 7-38 所示。同时，还要让【当前】文本框元件“StuNameInput”【获取焦点】，如图 7-39 所示。

这里也可以不清空文字，而是让文字变成选中的状态，如图 7-40 所示。解决办法是不添加【设置文本】的动作，而是在添加【获取焦点】的动作时，选中【获取焦点时选中元件上的文本】。不过在这个案例中，极少有在前一个姓名基础上修改为新姓名的需求，所以没有必要这么设置交互。

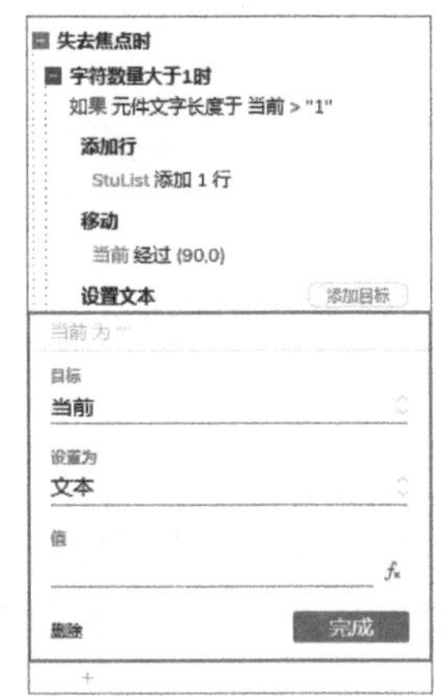

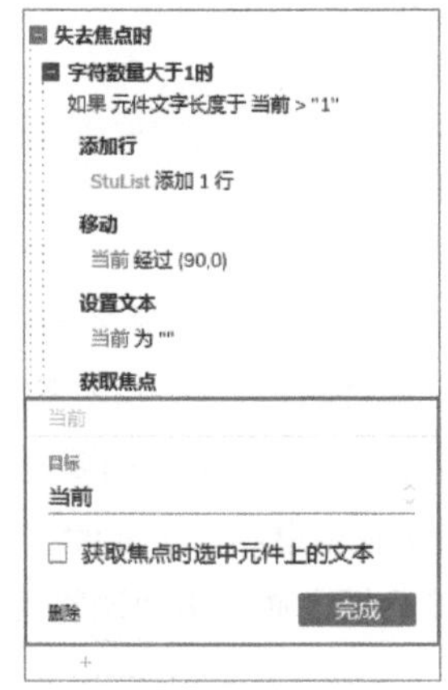

图 7–37　移动的交互动作设置　图 7–38　设置文本的交互动作设置 3　图 7–39　获取焦点的交互动作设置 1

图 7–40　获取焦点时选中文字的交互效果

5）用户通过按〈Enter〉键（回车键）也能够完成学员姓名的添加。在【按键松开时】通过【触发事件】，让【当前】元件【失去焦点时】的交互再次执行，如图 7–41 所示。不过，只有按〈Enter〉键时才可以执行这个交互，所以，需要为这个交互【启用情形】，设置情形的名称为“按下回车键时”，添加条件判断【按下的键】的【键值】【==】“Return”，如图 7–42 所示。

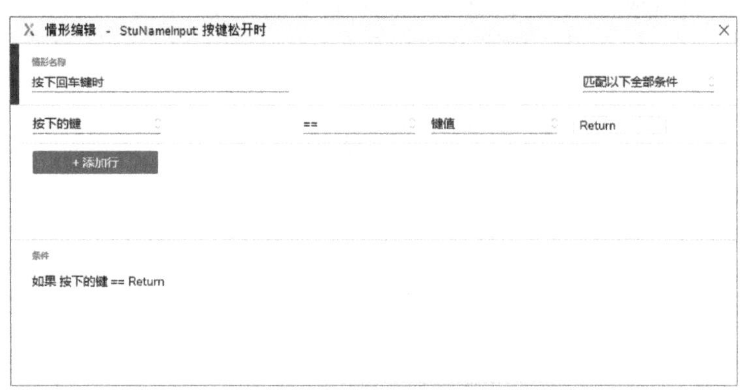

图 7–41　触发事件的交互动作设置 1　　　图 7–42　设置情形名称并添加条件 4

动画 54

设置键值的操作

提 示

“Return”的输入是单击【键值】后方的空白矩形，按下〈Enter〉键。（案例动画 54）

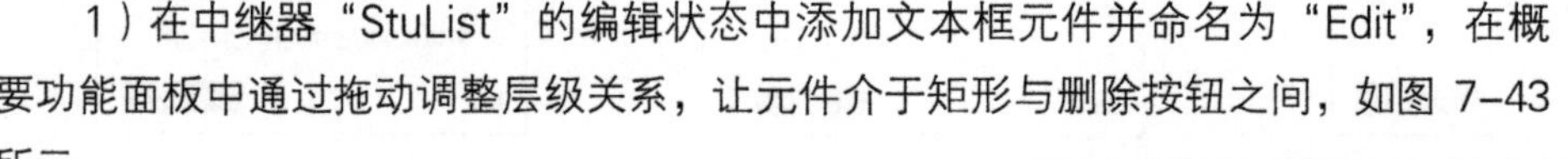

7.3　更新数据集的数据

在使用添加学员姓名的功能时，如果姓名输入错误，我们可以让用户通过双击已添加的姓名进行修改。（案例动画 55）

动画 55

案例的交互效果

首先，我们准备好需要使用的元件。

1）在中继器“StuList”的编辑状态中添加文本框元件并命名为“Edit”，在概要功能面板中通过拖动调整层级关系，让元件介于矩形与删除按钮之间，如图 7–43 所示。

2）在样式功能面板中设置文本框“Edit”的边框线段值为“0”，并默认隐藏元件，如图 7–44 所示。

然后，我们为元件添加交互事件。

1）为中继器“StuList”【每项加载】【设置文本】的动作【添加目标】，设置元件“Edit”的【文本】为列【值】“[[Item.StuName]]”，如图 7–45 所示。

2）为矩形“StuName”添加【双击时】【显示】元件“Edit”的交互，如图 7–46 所示。

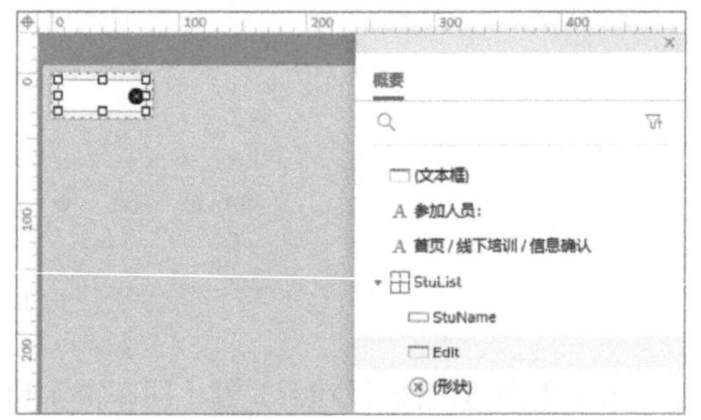

图 7–43　添加元件并命名 2

3）显示文本框的同时，需要让光标进入文本框。继续【添加动作】让元件“Edit”【获取焦点】，并且【获取焦点时选中元件上的文本】，如图 7–47 所示。

图 7–44　设置元件样式

图 7–45　将学员姓名数据绑定到模板元件

4）当用户编辑结束，光标离开文本框时，如果文本框中字符数量超过 1 个，则将新的姓名保存到中继器“StuList”的数据表格（数据集）中，否则恢复文本框中的内容，并隐藏文本框。

为元件“Edit”添加【失去焦点时】【更新行】的交互，更新中继器“StuList”【当前】行中的“StuName”列。通过系统变量“[[This.text]]”获取当前元件的元件文字，更新数据行“StuName”列的【值】，如图 7–48 所示。

图 7–46　显示/隐藏的交互动作设置 2

图 7–47　获取焦点的交互动作设置 2

图 7–48　更新行的交互动作设置

为当前新添加的交互【启用情形】，情形名称设置为“字符数量大于 1 时”，添加条件判断【当前】元件的【元件文字长度】【 > 】“1”，如图 7–49 所示。

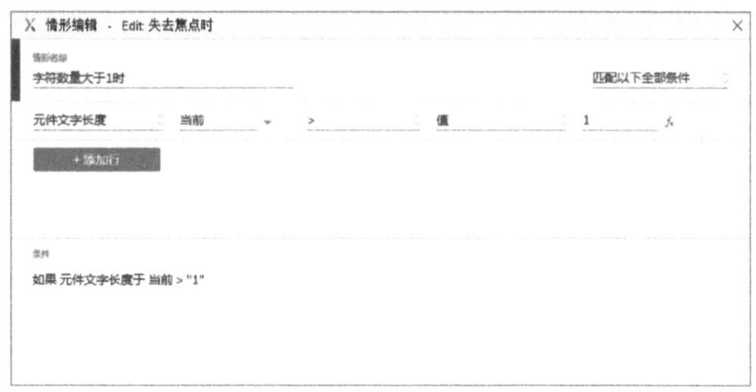

图 7–49　设置情形名称并添加条件 4

再为【失去焦点时】的交互【添加情形】，名称为“不符合上述情形时”，不添加任何条件。为这一种情形添加【设置文本】的交互，设置【当前】元件的文本为中继器“StuList”的列【值】“[[Item.StuName]]”，如图 7–50 所示。同时，【隐藏】【当前】文本框元件，如图 7–51 所示。

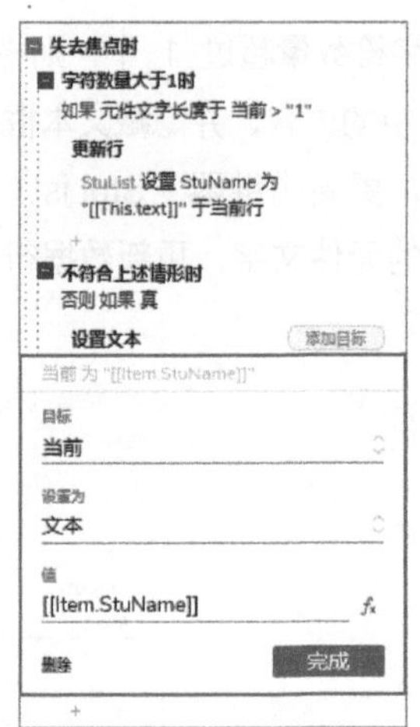

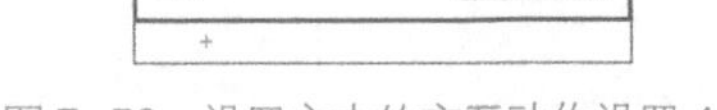

图 7-50　设置文本的交互动作设置 4

图 7-51　显示/隐藏的交互动作设置 3

5）用户通过〈Enter〉键也能够完成数据的更新。为元件“Edit”添加【按键按下时】【触发事件】的交互，触发【当前】元件【失去焦点时】的交互，如图 7-52 所示。

并且，为当前新添加的交互【启用情形】，添加条件判断【按下的键】的【键值】【==】“Return”，如图 7-53 所示。

图 7-52　触发事件的交互动作设置 2

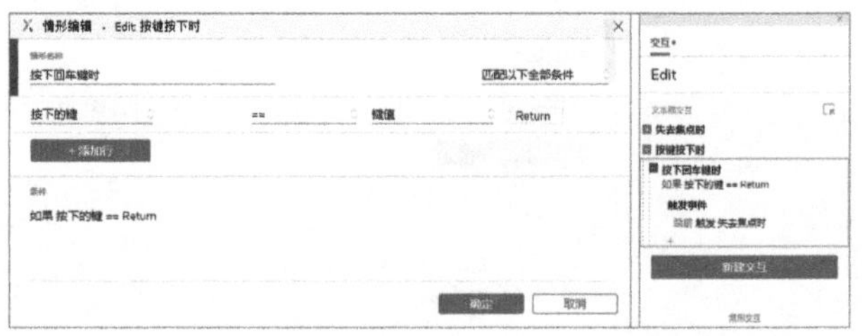

图 7-53　设置情形名称并添加条件 5

到这里，我们就完成了修改学员姓名功能的交互效果。

7.4　删除数据集的数据

接下来，我们一起完成单击删除按钮时删除学员姓名的交互效果。删除列表项的交互可以通过中继器数据集的交互动作【删除行】来实现。

我们为元件添加交互事件。

1）双击打开中继器“StuList”的编辑状态。为删除图标添加【单击时】【删除行】的交互，删除中继器“StuList”中【当前】删除按钮所在列表项对应的行，如图 7–54 所示。

2）删除列表项之后，需要水平方向【移动】文本框“StuNameInput”【经过】“–90”像素，如图 7–55 所示。

图 7–54　删除行的交互动作设置

图 7–55　移动的交互动作设置

删除当前列表项的交互很简单，但也有更复杂的删除交互。

例如产品班 App“我的收藏”页面中的文章列表。长按列表项能够选中当前列表项，并进行删除的操作。（案例动画 56）

动画 56

案例的交互效果

我们先添加中继器元件到页面中，完成基础操作，进行文章列表的创建。

1）添加中继器元件到页面中，并命名为“ArticleList”。双击中继器“ArticleList”进入编辑状态，放入矩形元件作为列表项的背景，再放入文本标签、文本段落以及图片元件，分别命名为“ArticleTitle”“Abstract”以及“ArticleImage”，如图 7–56 所示。

2）在样式功能面板中，为中继器“ArticleList”的数据表格（数据集）添加数据，对应模板中呈现数据的元件名称，为每一列编辑列名，如图 7–57 所示。同时，在样式功能面板中为列表设置【行】【间距】为“20”像素，如图 7–58 所示。

3）参考 7.1 节的案例，为中继器“ArticleList”添加【每项加载】的交互，如图 7–59 所示。

到这里，中继器列表的基本操作结束。接下来，我们完成整体案例的实现。首先，准备好需要使用的元件。

1）在中继器“ArticleList”上单击鼠标右键，上下文菜单中选择【转换为动态面板】，并且设置动态面板为适合的高度。

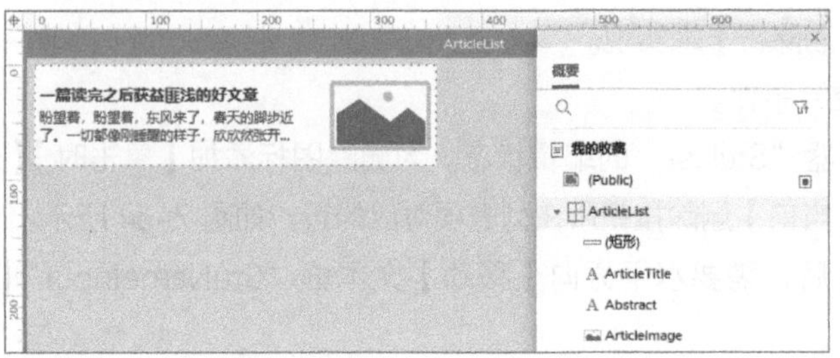

图 7-56　添加元件到中继器的编辑状态 3

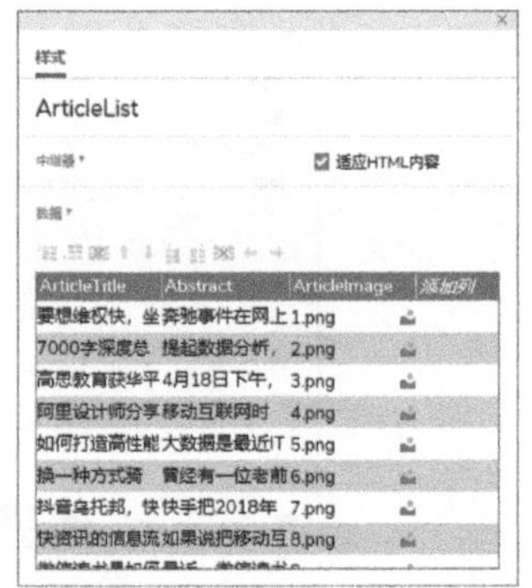

图 7-57　为中继器的数据集添加数据

图 7-58　设置中继器样式

2）在动态面板上单击鼠标右键，上下文菜单中【滚动条】选项的二级菜单中选择【垂直滚动】，如图 7-60 所示。

图 7-59　交互事件设置

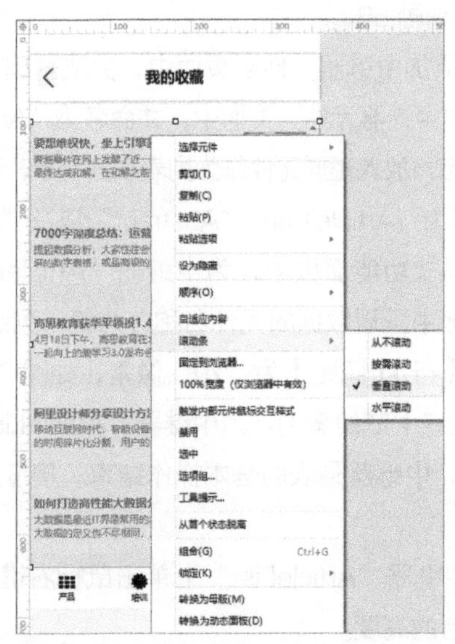

图 7-60　动态面板的滚动条设置

3）在页面中添加“取消”和“删除”按钮并进行组合，将组合命名为“Buttons”，并隐藏，如图 7–61 所示。

4）进入中继器“ArticleList”的编辑状态，为背景矩形添加【选中】时的交互样式，如图 7–62 所示。

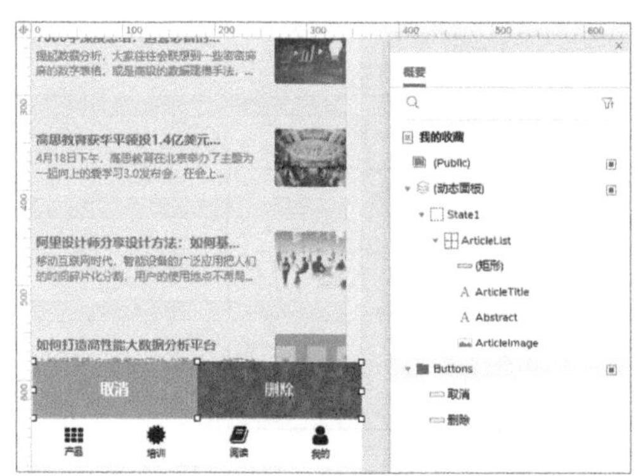

图 7–61　添加元件并命名 3

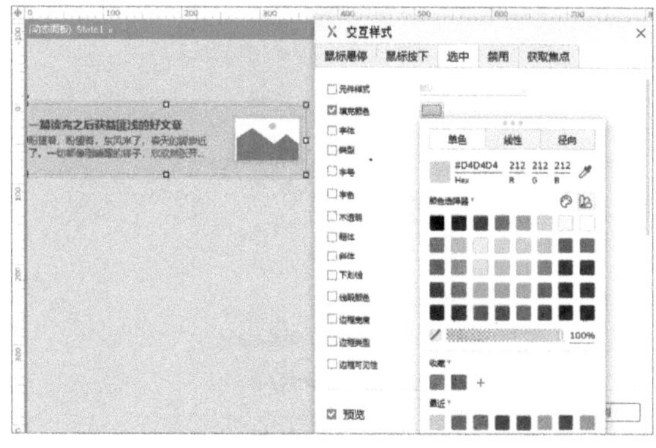

图 7–62　元件交互样式设置 1

5）将中继器编辑状态中所有元件组合，命名为“Article”，如图 7–63 所示。并为组合“Article”添加选项组名称“article”，以便选择列表项时，只有一项改变颜色，如图 7–64 所示。

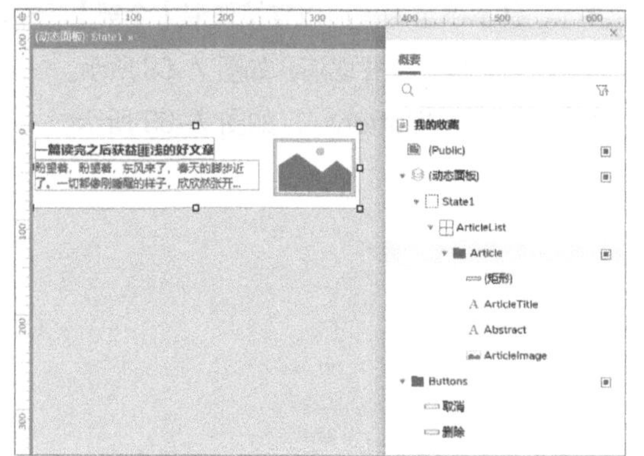

图 7–63　组合元件并命名

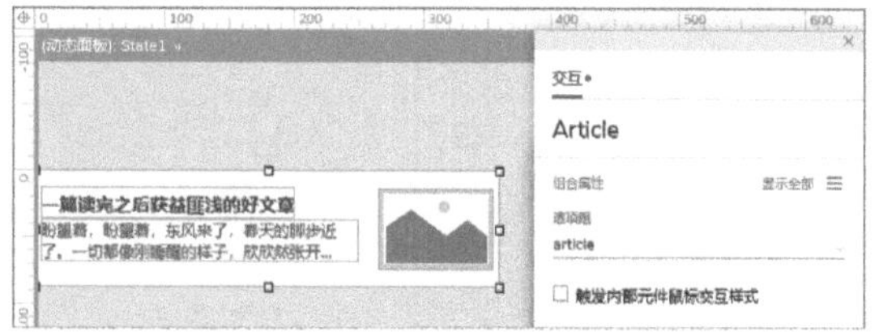

图 7–64　组合属性设置

注意，在组合的属性中有多个选项组的设置项，需要添加到【组合】的设置项中。

6）在中继器“ArticleList”的属性中，取消【隔离列表项之间的选项组】的选项，如图 7–65 所示。

为什么中继器会有【隔离列表项之间的选项组】的选项呢？因为中继器模板内容中有可能会添加多个元件的选项组，也就是中继器列表项中的多个元件可以单选。在这种情况下，如果不【隔离列表项之间的选项组】，就会导致中继器中所有列表项都是相同的选项组，所有列表项中只有一个元件能够被选中，而不是每一个列表项中都只能有一个元件被选中。例如，用中继器做一个类似单项选择题的列表时，就需要【隔离列表项之间的选项组】。

接下来，我们为元件添加交互事件。

1）为组合“Article”添加【鼠标长按时】【选中】【当前】组合的交互，如图 7-66 所示。

图 7-65　中继器属性设置

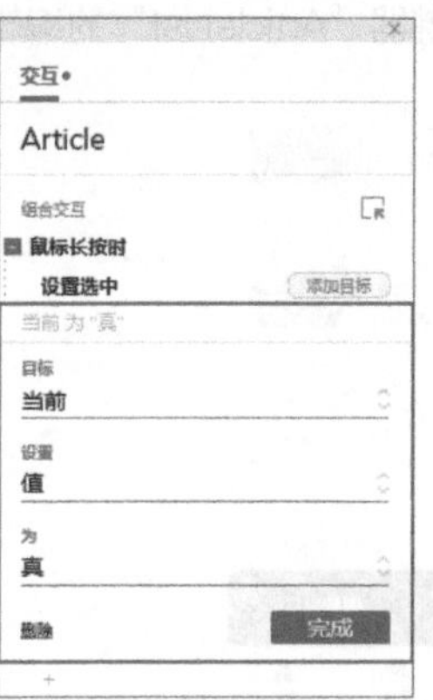

图 7-66　设置选中的交互动作设置 1

2）同时，通过【标记行】的动作，标记中继器“ArticleList”的【当前】行，如图 7-67 所示。这样，在单击“删除”按钮删除列表项对应的数据行时，可以删除【已标记】的行。但是要注意，在标记当前行之前，我们需要取消之前的标记。因为之前哪一行被标记是不确定的，所以直接取消【全部】标记。【取消标记】的动作完成后要移动到【标记行】动作之前，以免将当前标记一并取消，如图 7-68 所示。

3）继续添加交互动作，【显示】“取消”与“删除”按钮的组合“Buttons”，如图 7-69 所示。

图 7-67　标记行的交互动作设置

图 7-68　取消标记的交互动作设置

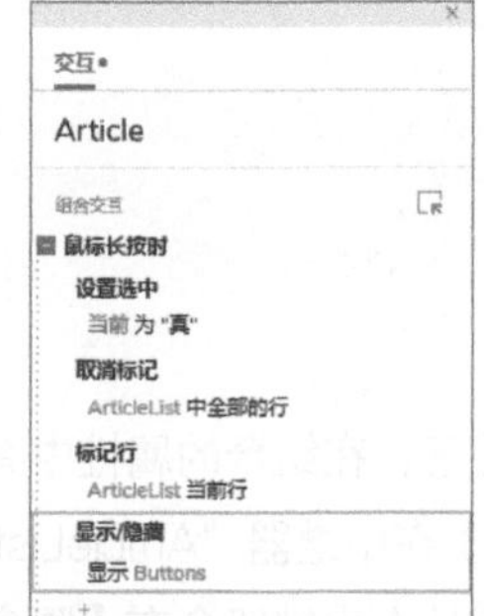

图 7-69　显示/隐藏的交互动作设置 4

4）为“取消”按钮，添加【单击时】隐藏组合“Buttons”的交互，如图 7-70 所示。

5）取消选中中继器“ArticleList”中的列表项组合“Article”，即【设置选中】为【假】，如图 7-71 所示。

图 7–70　显示/隐藏的交互动作设置 5

图 7–71　设置选中的交互动作设置 2

6）为"删除"按钮，添加【单击时】隐藏组合"Buttons"的交互，如图 7–72 所示。

7）继续为"删除"按钮添加【单击时】【删除行】的交互，删除中继器"Article"中【已标记】的行，如图 7–73 所示。

图 7–72　显示/隐藏的交互动作设置 6

图 7–73　删除行的交互动作设置

目前，我们完成的是单选删除的交互效果。在进行列表的操作时，往往也需要能够批量删除。

动画 57

案例的交互效果

例如，长按可以选中列表项，同时进入可以单击其他列表项进行多选的状态，单击"取消"按钮退出选择的状态。还有，选中的列表项还能够取消选中。（案例动画 57）

这种交互方式也能够实现。我们在"我的收藏"页面上单击鼠标右键，上下文菜单中选择【重复】【页面】。在新的页面中，我们完成批量删除交互效果的实现。

首先，删除列表项组合"Article"的【选项组】名称，以便列表项能够选中多个，如图 7–74 所示。然后，为元件添加交互事件。

1）按照我们的思路，要为列表项组合“Article”添加【单击时】【切换】【当前】元件选中状态的交互。但是【鼠标长按时】与【单击时】这两个交互事件会被同步触发，而导致冲突。所以，我们需要将交互设置为【鼠标按下时】【切换】【当前】元件选中状态。另外，因为能够批量选中列表项，【取消标记】的动作需要删除，如图 7–75 所示。

图 7–74　删除组合的属性设置

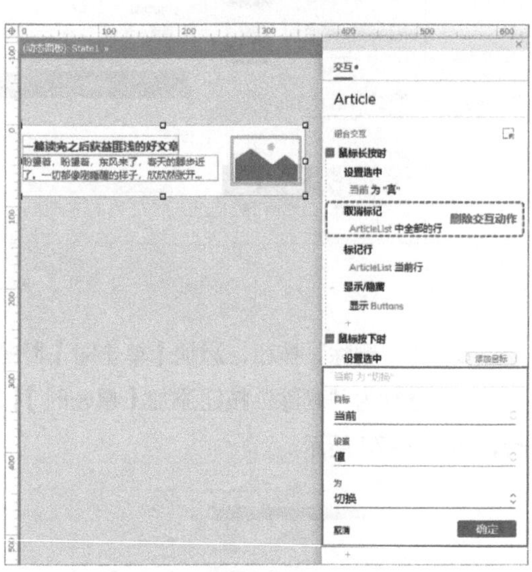

图 7–75　设置选中的交互动作设置 3

2）选择状态才能单选选中列表项，不是选择状态时，单击列表项会进入“文章详情”页面。为上一步添加的交互【启用情形】，选择状态下会显示“Buttons”组合，所以只有在“Buttons”组合显示时，才能够单击选中列表项。设置情形名称为“进入选择状态时”，添加条件判断组合“Buttons”的【元件可见】【==】【真】【值】，如图 7–76 所示。

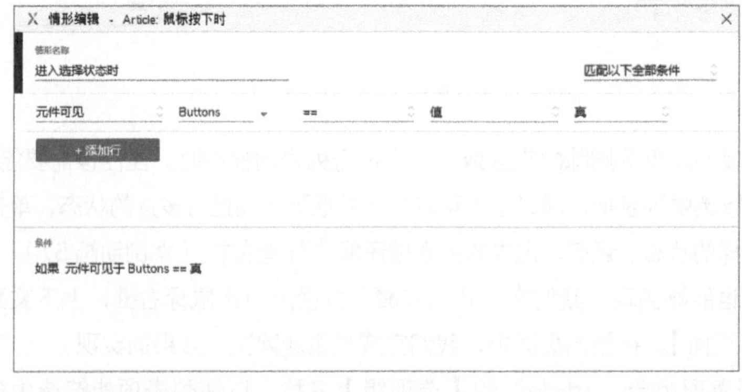

图 7–76　设置情形名称并添加条件 6

3）列表项的选中状态能够切换。选中时需要标记中继器的数据行，取消选中时则取消标记。但是组合没有【选中时】和【取消选中时】的触发事件。不过，组合中的元件都有这两个触发事件，我们可以把交互加在组合中任意一个元件上，如文章标题元件 “ArticleTitle”。

在概要功能面板中选中列表项组合 “Article” 中的文章标题元件 “ArticleTitle”，添加【选中时】【标记行】的交互，标记中继器 “ArticleList” 的【当前】行，如图 7–77 所示。

4）继续添加【取消选中时】【取消标记】的交互，取消中继器 “ArticleList” 的【当前】行的标记，如图 7–78 所示。

图 7–77　标记行的交互动作设置

图 7–78　取消标记的交互动作设置

7.5　实现列表的筛选功能

接下来，我们来看筛选的功能。

以产品班网站中 “产品原型” 页面的商品列表为例。在这个页面中，我们完成对商品的搜索以及筛选功能，如图 7–79 所示。

首先，完成商品列表的创建。

1）在画布中放入中继器元件，命名为 “GoodsList”。双击打开中继器编辑状态后，为中继器添加组成列表项模板的元件，如图 7–80 所示。

2）列表项的模板包含的元件很多，看似比较复杂，实际上只是元件的摆放与命名不同。不过，在这些元件中有两个动态面板元件 “ImagePanel” 和 “HeadPanel”，需要仔细查看它们里面包含的一些元件。

在组成模板的元件中，动态面板 “ImagePanel” 只有一个状态 “State1”，在这个状态中包含了商品图片 “GoodsImage”、商品折扣 “Discount”、商品类型 “Type” 以及商品价格 “Price” 等元件，如图 7–81 所示。

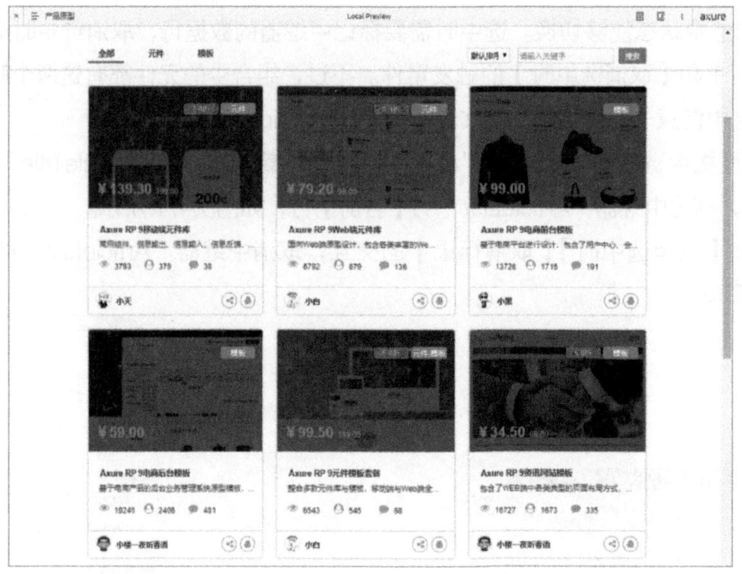

图 7–79　商品列表的呈现效果

图 7–80　添加元件并命名 4

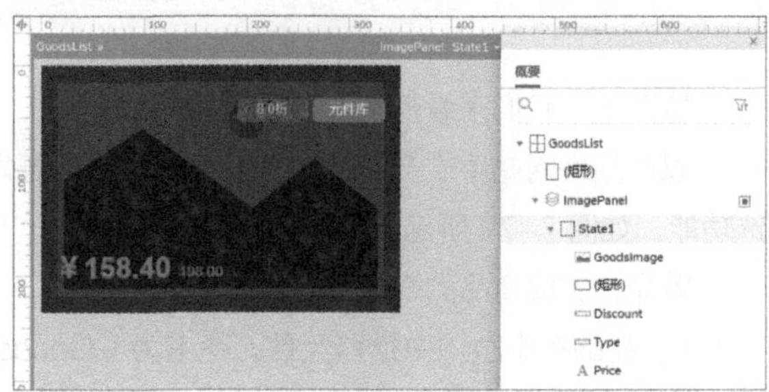

图 7–81　元件的组成

动态面板“ImagePanel”中有一个没有名称的矩形元件。这是一个黑色半透明的元件，覆盖在商品图片的上一层，让商品图片看上去暗一些，也能够让图片上商品价格文字更清楚一些，如图 7–82 所示。另外，还要注意，动态面板“ImagePanel”状态“State1”的样式也需要设置，因为它顶部的两个角都是【圆角】,【半径】为“5”像素，如图 7–83 所示。

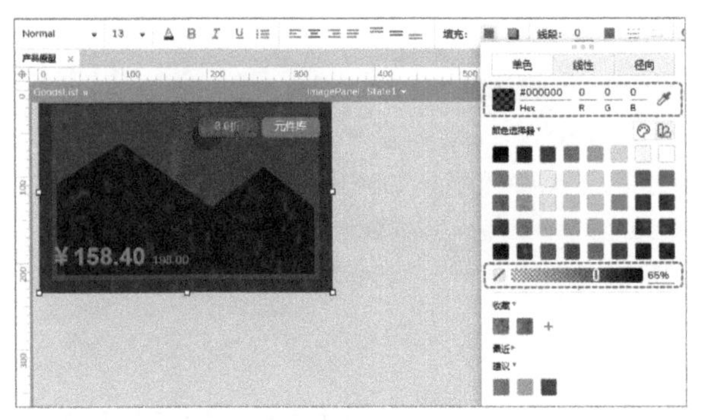

图 7–82　矩形元件的样式设置

图 7–83　动态面板元件的样式设置

3）动态面板“HeadPanel”包含了 4 个状态，每个状态中是一个商品作者的头像图片，并且状态名称与发布人相同，如图 7–84 所示。

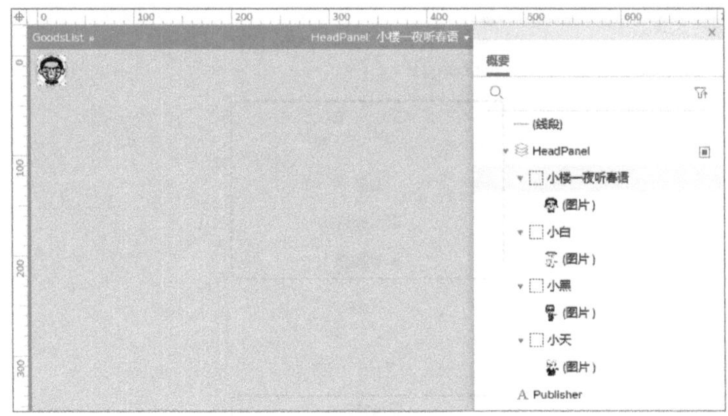

图 7–84　动态面板的状态组成

4）其余的元件中，商品名称“GoodsName”、商品简介“Introduction”、浏览量“Pageview”、购买量“Consumer”、评论量“Comment”以及发布人“Publisher”均为文本标签元件，只需要设置字体样式进行摆放即可，此外，图标与形状元件，需要设置尺寸、颜色等样式，并摆放在合适的位置上。

另外，还有一个名为“Speed”的隐藏元件，这个元件的文字默认为“30”，是商品图片每 100 毫秒移动的距离。我们会在之后的交互设置中用到它。

5）完成模板的创建后，我们从 Excel 表格（本书附件：数据表）中复制数据，粘贴到样式功能面板中继器的数据表格（数据集）中，并设置相应的列名。在最后一列之后【添加列】，命名为“GoodsImage”，然后在这一列的单元格上单击鼠标右键，通过上下文菜单中的【导入图片】选项逐一添加所有的商品图片，如图 7–85 所示。

中继器 ▾　　☑ 适应HTML内容

数据 ▾

GoodsName	Introduction	Publisher	ImageHeight	Type	Price	PromotionPr...	Pageview	Consumer	Comment	GoodsImage	添加列
Axure RP 9移动	常用组件、信息	小天	1484	元件	199	139.3	3793	379	38	1.jpg	
Axure RP	面向Web端原	小白	269	元件	99	79.2	6792	679	136	2.png	
Axure RP 9电商	基于电商平台进	小黑	991	模板	99	99	13728	1716	191	3.png	
Axure RP 9电商	基于电商产品的	小楼一夜听春语	673	模板	59	59	19246	2406	481	4.png	
Axure RP 9元件	整合多款元件库	小白	1759	元件,模板	199	99.5	6543	545	68	5.jpg	
Axure RP 9资讯	包含了WEB端	小楼一夜听春语	605	模板	69	34.5	16727	1673	335	6.png	
Axure RP 9 iOS	包含了常用界面	小白	631	元件	59	59	5794	579	72	7.png	
Axure RP 9 安	包含安卓系统常	小白	2062	元件	129	129	24816	2757	306	8.png	

引用页面　导入图片　插入行　删除行　上移行　下移行　插入列

图 7-85　为中继器的数据集添加数据

6）同时，在样式功能面板中，我们对中继器列表的样式进行设置，将列表【水平】排列，【网格排布】的【每行项数量】为“3”个，列表项之间的【行】【列】【间距】都为“30”像素，并且列表分【多页显示】，【每页项数量】为“12”个，【起始页】为第“1”页，如图 7-86 所示。

图 7-86　中继器的样式设置

接下来，我们为中继器“GoodsList”进行数据与模板元件的绑定。

在进行数据与模板元件绑定时，价格相关的数据并不是直接进行关联，我们要考虑不同情形。

- 第一种情形：当商品有折扣时，我们需要计算折扣比例，并且在商品价格中同时呈现促销价格和原价格。
- 第二种情形：当商品没有折扣时，我们需要隐藏显示折扣的元件，并且在商品价格中只显示原价格。

1）为中继器“GoodsList”的【每项加载】添加【设置文本】的交互。设置折扣元件“Discount”的【文本】为促销价格除以原价格后乘以 10 的【值】，并保留 1 位小数，公式为“[[(Item.PromotionPrice/

Item. Price*10).toFixed(1)]]折”。公式中的函数“toFixed(decimalPoints)”能够将小数四舍五入保留指定的位数“decimalPoints”，如图 7–87 所示。

2）继续添加动作，设置价格元件“Price”的文本为【富文本】(见图 7–88)，富文本编辑文本框中填写“￥[[Item.PromotionPrice.toFixed(2)]]，[[Item.Price.toFixed(2)]]”，并为文字设置不同的样式，如图 7–89 所示。

图 7–87　将商品折扣数据绑定到模板元件 1

图 7–88　将商品价格数据绑定到模板元件 2

图 7–89　商品价格的文字样式编辑

3）为【每项加载】的交互【启用情形】，设置名称为“有折扣时”，并添加条件判断促销价格列【值】“[[Item.PromotionPrice]]”【<】原价格列【值】“[[Item.Price]]”，如图 7–90 所示。

4）为【每项加载】的交互【添加情形】，设置名称为“无折扣时”，不添加任何条件。并为“无折扣时”的情形添加【隐藏】折扣元件“Discount”的交互，如图 7–91 所示。

5）继续添加动作【设置文本】，设置价格元件“Price”的文本为原价格列值保留两位小数后的【值】，如图 7–92 所示。

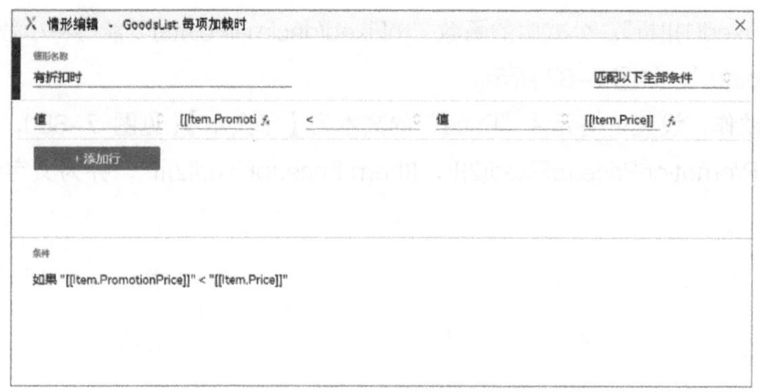

图 7-90　设置情形名称并添加条件 7

图 7-91　交互事件设置

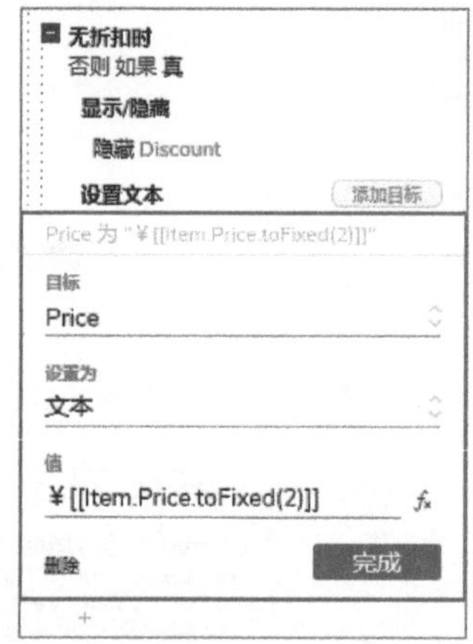

图 7-92　将商品价格数据绑定到模板元件

除了以上情形之外的交互，都是对数据与元件的直接关联。

6）为【每项加载】继续添加情形，名称为“默认加载”，不添加任何条件。添加“默认加载”的情形之后，在情形名称上单击鼠标右键，上下文菜单中选择【切换为[如果]或[否则]】选项，将情形转换为“如果”开头，以免与前两种情形产生关联，如图 7-93 所示。

图 7-93　添加情形

7）为“默认加载”的情形添加【设置文本】的交互，为商品类型、商品名称、商品简介、浏览量、购买量、评论量以及发布者元件分别绑定相应的列值。这里需要注意，商品简介只显示 20 个字符，超出部分以“...”省略，所以需要通过“substr(start,length)”函数进行截取，这个函数能够从文本对象的指定起始位置“start”截取指定的长度“length”。完整的公式为“[[Item.Introduction.substr(0,20)]]...”，如图 7-94 所示。

8）为“默认加载”的情形添加【设置图片】的交互，将商品图片元件“GoodsImage”的【设置默认图片】设置为商品图片列【值】“[[Item.GoodsImage]]”，如图 7–95 所示。

图 7–94　将商品数据绑定到模板元件

图 7–95　将商品图片数据绑定到模板元件

因为模板中商品图片元件尺寸是固定的，而导入的图片却有长有短，导致显示不正常。所以，在数据表格中有一个“ImageHeight”列，列值就是商品图片的高度。我们只需要在【每项加载】为商品图片【设置尺寸】。

9）为“默认加载”的情形添加【设置尺寸】的交互，将商品图片元件“GoodsImage”的【高度】设置为“ImageHeight”列的列【值】“[[Item.ImageHeight]]”，如图 7–96 所示。

10）为“默认加载”的情形添加【设置面板状态】的交互，将头像面板“HeadPanel”的【状态】设置为“Publisher”列的列【值】“[[Item.Publisher]]”，这样就能够根据列值中的【名称】切换动态面板的状态，如图 7–97 所示。

图 7–96　设置尺寸的交互动作设置

图 7–97　设置面板状态的交互动作设置

商品图片之所以有长有短，是因为这里有一个交互效果，当鼠标指针进入图片的时候，图片会向上滑动，以便用户浏览整张图片，而鼠标指针离开时，图片会向下滑动，回到初始位置（案例动画 58）。

动画 58

案例的交互效果

我们预置的“Speed”元件的文本就是鼠标指针进入图片的时候图片的移动速度，向上移动时我们需要设置文本为负值，向下移动时则设置为正值。

11）为动态面板“ImagePanel”添加【鼠标移入时】【设置文本】的交互。设置元件“Speed”的【文本】为目标元件的文本乘以“–1”，公式为“[[Target.text*–1]]”，如图 7–98 所示。

提 示

> *之所以把交互添加到动态面板元件上，是因为图片上还有商品折扣、商品类型等元件。如果把交互添加到图片上，当鼠标指针进入其他元件时，就会导致交互发生错误。*

12）继续为【鼠标移入时】添加【移动】图片元件“GoodsImage”的交互。移动图片元件垂直方向（Y 轴）【经过】指定的距离，这个指定的距离就是元件“Speed”上的文本，通过创建局部变量“speed”进行获取，如图 7–99 所示。并且，移动时带有“100”毫秒的【线性】【动画】。另外，图片向上移动时，底部边界不能超过动态面板状态内部的底部边界，而状态内部的底部边界坐标值等同于动态面板的高度值。所以，我们还要在【更多选项】的【边界】设置中【添加界限】，设置【底部】【>=】当前动态面板元件的高度“[[This.height]]”，如图 7–100 所示。

图 7–98　设置文本的交互动作设置 5

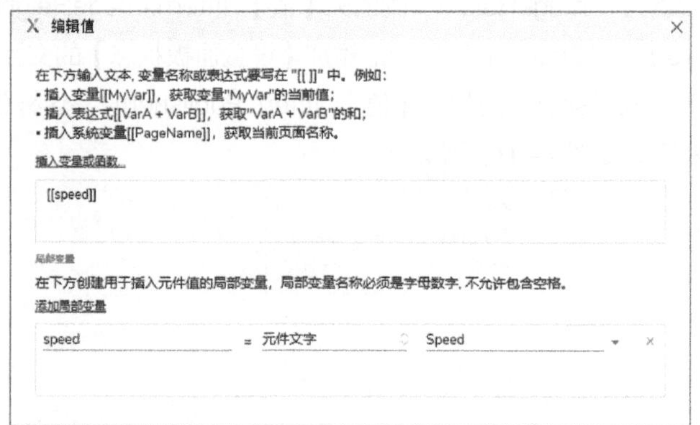

图 7–99　“speed”局部变量设置

13）当用户将鼠标指针离开图片区域时，图片移动的方向发生改变。因为鼠标移入时元件“Speed”的文本已经变为负值，所以【鼠标移出时】，我们仍然要设置元件“Speed”的文本为目标元件的文本乘以“–1”。并且，【移动】图片元件“GoodsImage”的交互中，除了【添加界限】是【顶部】【<=】“0”外，其他都与上一步一致，如图 7–101 所示。

图 7–100 移动的交互动作设置 1

图 7–101 移动的交互动作设置 2

这一步操作，可以直接复制【鼠标移入时】的交互，粘贴给【鼠标移出时】，然后修改一下【移动】动作中的【界限】设置就好啦！（案例动画 59）

动画 59

复制并修改交互事件的操作

可是，这样设置完交互之后，鼠标进入图片时，图片只移动 30 像素就会停止。如果想让图片一直移动到末尾，需要让它【移动时】再【移动】，就能够不停移动了。

14）为图片元件“GoodsImage”添加【移动时】的交互。先添加一个【等待】“100”毫秒的动作，等待前一次移动动画结束，如图 7–102 所示。然后，同样添加【移动】的动作，设置与动态面板“ImagePanel”【鼠标移出时】的【移动】动作相同，只是在更多选项的【界限】设置中，再添加上【底部】【>=】动态面板“ImagePanel”高度“[[panel.height]]”的设置，如图 7–103 所示。公式中的“panel”是自定义局部变量，存储了动态面板“ImagePanel”这个【元件】，如图 7–104 所示。

图 7–102　等待的交互动作设置

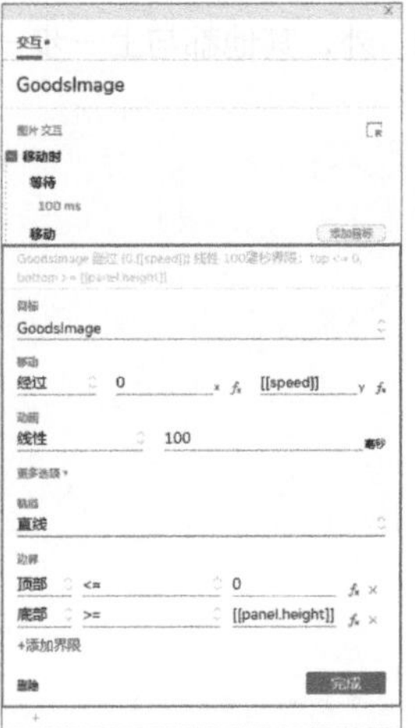

图 7–103　移动的交互动作设置 3

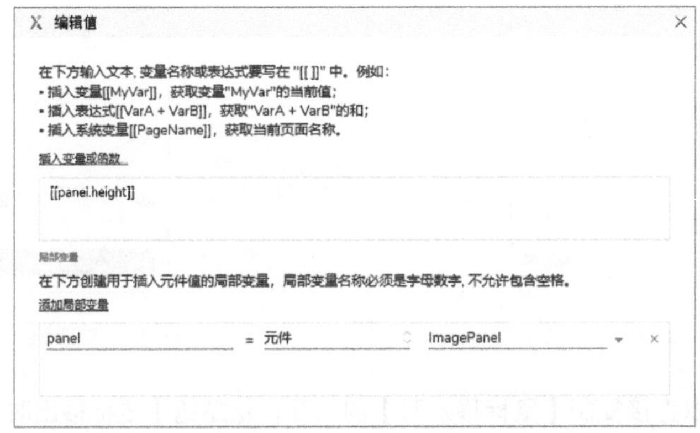

图 7–104　"panel" 局部变量设置

提 示

图片元件被上层的半透明矩形元件遮挡，导致无法选中图片元件。其实，在 Axure RP 中，如果同一个区域有多个元件互相遮盖的话，在这个区域中每次单击可以向下一层选择元件。也就是说，可以先单击矩形元件，然后再次单击矩形元件，就能够选中下一层的图片元件。当然，还是在概要功能面板中选择被遮挡的元件比较方便。

在这个交互实现中，我们没有在鼠标移入时直接移动图片到最终的位置，而是不停地循环移动一定距离。这是因为，如果直接移动到最终的位置，我们需要设置长时间的动画，而程序必须等待动画执行完毕才能执行下一个交互。这就会导致鼠标移入时图片向上移动，而在向上移动时鼠标移出的话，向上移动不会停止，而是等图片完全移动到最终位置后才会执行鼠标移出时的交互。这样就无法实现实时根据鼠标的移入或移出向不同方向移动了。

接下来，我们完成对商品列表进行筛选的功能。（案例动画 60）

动画 60

案例的交互效果

首先，准备需要用到的元件。

1）在页面中我们放入 3 个文本标签，输入不同的商品类型文字；再放入一个线段元件，命名为“Line”，设置填充颜色为蓝色；最后，放入文本框元件和矩形元件作为搜索栏，这两个元件分别命名为“KeyInput”和“Search”，如图 7–105 所示。

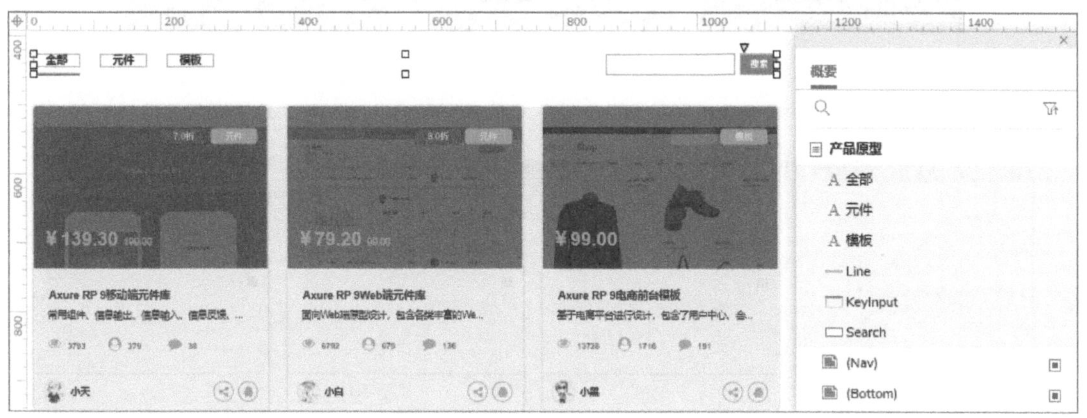

图 7–105　添加元件并命名 5

2）文本框元件需要在属性设置中添加【提示文本】“请输入关键字”，同时指定【提交按钮】为元件“Search”，以便用户可以通过按〈Enter〉键进行搜索，如图 7–106 所示。

图 7–106　文本框属性设置

3）因为筛选与搜索功能的下方有一个水平方向铺满全屏的底边（见图 7–107），我们需要将上述元件放入固定尺寸的动态面板中，在样式功能面板中选中【100%宽度】，并且为动态面板的状态“State1”添加【水平重复】的【背景图片】，如图 7–108 所示。

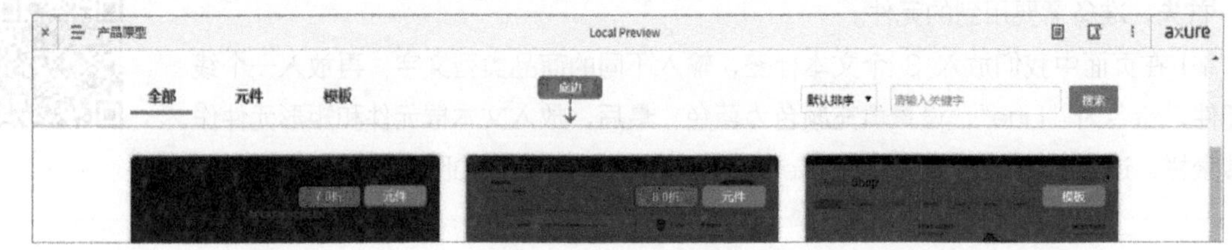

图 7–107 铺满全屏的底边

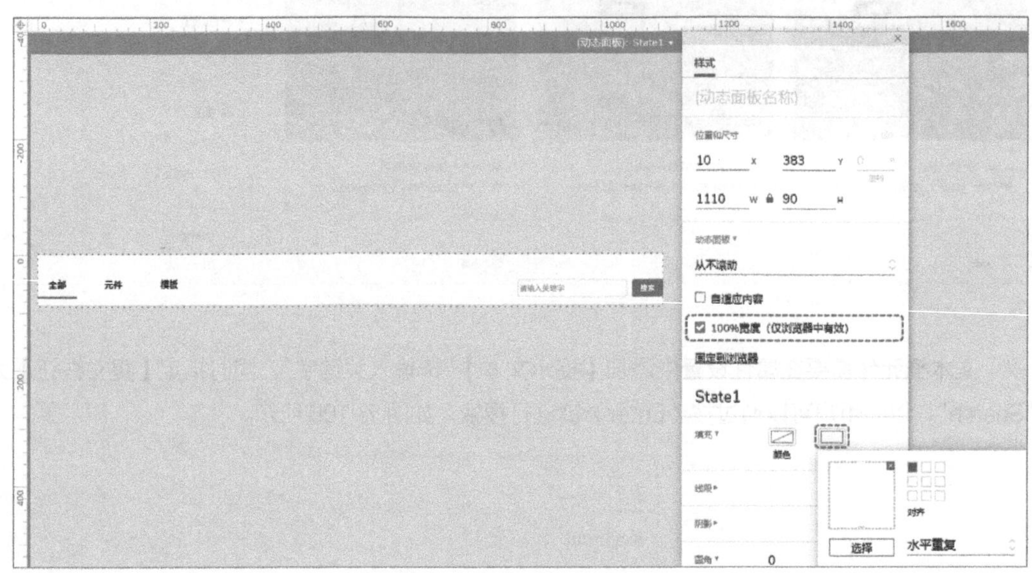

图 7–108 动态面板样式设置

接下来，为元件添加交互事件。

1）用户单击每个商品类别时，都需要蓝色线段水平移动到当前元件底部。所以，需要每个商品类别元件都添加【单击时】【移动】线段“Line”【到达】当前元件的 X 轴坐标位置“[[This.x]]”以及目标元件“Line”的 Y 轴位置“[[Target.y]]”，如图 7–109 所示。

2）用户单击“元件”与“模板”这两个商品类别时，都需要进行筛选。所以，在这两个元件【单击时】需要为中继器“GoodsList”【添加筛选】动作，【筛选】的名称可以自定义为“Filter01”和“Filter02”，规则中填写“[[Item.Type==This.text]]”。注意，必须选中【移除其他筛选】，否则会在其他筛选结果之上进行筛选，如图 7–110 所示。

图 7-109　移动的交互动作设置 4

图 7-110　添加筛选的交互动作设置

交互动作的规则中填写的是条件表达式，也就是让中继器的列表项在符合某种条件时显示出来。条件表达式可以使用“==”“!=”“>”“<”“>=”<=”这 6 种关系运算符，对运算符两侧的值进行比较。两侧的值可以是固定的值，也可以是变量、函数或算式。当两侧内容符合关系运算符所表示的关系时，这个条件表达式的运算结果为真值“True”，否则为假值“False”。当我们为中继器添加筛选时，只有符合规则的项（条件表达式结果为真值）才会被显示出来。

例如，刚才的条件表达式“[[Item.Type==This.text]]”的意思就是哪一个列表项对应数据行的“Type”列值与当前被单击元件的文字相同，就将这一个列表项加载出来。

那关键字搜索功能在添加交互时怎么设置规则呢？规则就是商品名称要包含输入的关键字。

在字符串函数中有一个函数名为“indexOf('searchvalue')”，这个函数能够在文本对象中查询指定字符串“searchvalue”首次出现的位置，如果查到位置得到的结果是一个大于或等于“0”的数字，而查不到时得到的结果是“-1”。包含的关系实际上就是从文本对象中查询指定的字符串时能够查询到它的位置，所以这里可以使用函数来帮助我们完成条件表达式。

3）为搜索按钮“Search”添加【单击时】【添加筛选】到中继器“GoodsList”的交互。【筛选】的名称自定义为“Filter03”，【规则】中输入条件表达式“[[Item.GoodsName.indexOf(key)>=0]]”，如图 7-111 所示。公式中的“key”为自定义局部变量，保存了文本框“KeyInput”的【元件文字】，如图 7-112 所示。

图 7-111　添加筛选的交互动作设置

4）当用户单击“全部”按钮时，我们需要显示全部列表项，也就是移除全部的筛选效果。所以，需要为“全部”元件的【单击时】交互添加【移除筛选】动作，移除【全部】筛选，如图 7–113 所示。到这里，我们就完成了交互目标的实现。

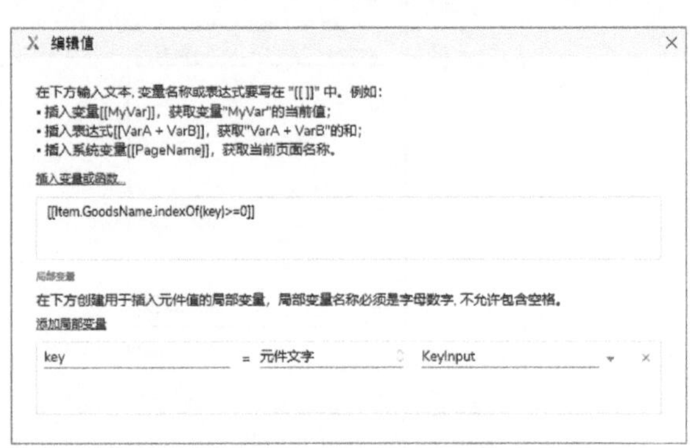

图 7–112 “key”局部变量设置

图 7–113 移除筛选的交互动作设置

7.6 实现列表的排序功能

动画 61

案例的交互效果

接下来，我们再来看排序的功能。我们用一个下拉列表作为排序的选择功能。（案例动画 61）

首先，准备好需要用到的元件。

1）在包含筛选功能相关元件的动态面板中添加下拉列表元件，如图 7–114 所示。

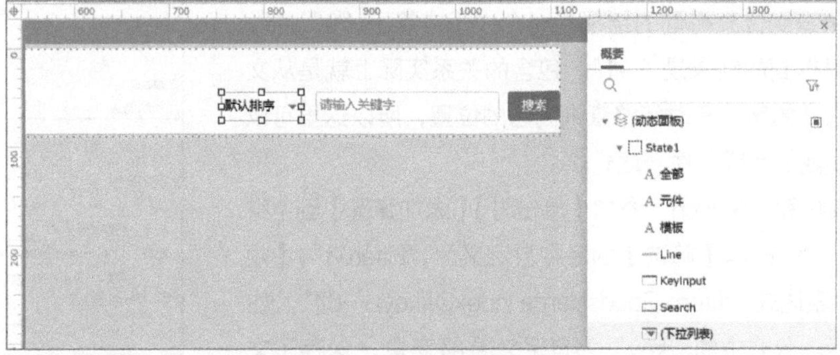

图 7–114 添加下拉列表元件

2）双击下拉列表原件，单击【编辑多项】为列表添加列表项。我们只做根据商品销量进行升序和降序的排列，如图 7–115 所示。

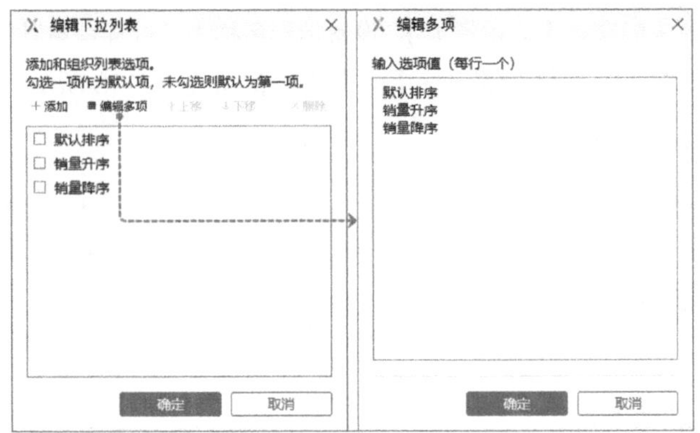

图 7–115　编辑下拉列表选项

接下来，我们为元件添加交互事件。

列表项中选中项的改变决定了中继器列表“GoodsList”不同的排序方式。所以，我们为下拉列表元件的【选项改变时】添加交互。

1）向【选项改变时】添加为中继器“GoodsList”【添加排序】的交互，排序【名称】自定义为“Sort01”，排序的【列】选择商品销量“Consumer”，【排序类型】为数字“Number”，【排序】选择【升序】，如图 7–116 所示。

提 示

排序类型除了“Number”外，还有“Text”字母类型、“Text(Case Sensitive)”区分大小写的字母类型以及两种格式的日期“Date”类型“YYYY-MM-DD”和“MM/DD/YYYY”，如图 7–117 所示。

图 7–116　添加排序的交互动作设置

图 7–117　排序的类型

2）为【选项改变时】的交互【启用情形】，设置情形名称为“选择销量升序选项时”，添加条件判断【当前】元件的【被选项】【==】【销量升序】的【选项】，如图 7–118 所示。

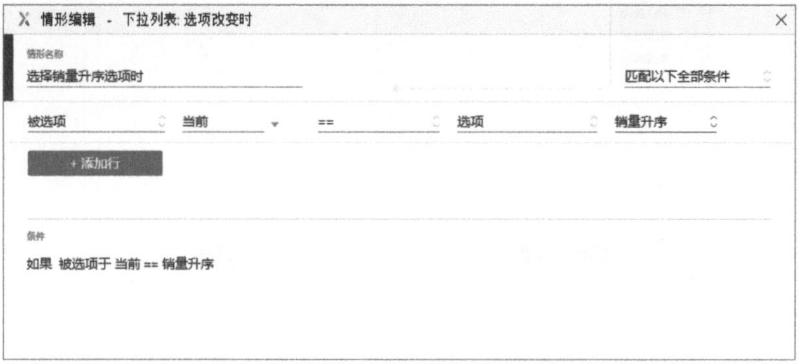

图 7–118　设置情形名称并添加条件 8

3）继续为【选项改变时】【添加情形】，设置情形名称为“选择销量降序选项时”，添加条件判断【当前】元件的【被选项】【==】【选项】【销量降序】，如图 7–119 所示。

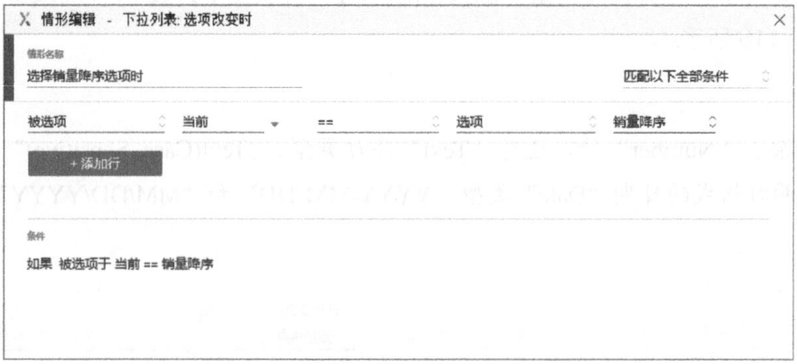

图 7–119　设置情形名称并添加条件 9

4）为“选择销量降序选项时”的情形【添加排序】到中继器“GoodsList”的交互，排序【名称】自定义为“Sort02”，排序的【列】选择商品销量“Consumer”，【排序类型】为数字“Number”，【排序】选择【降序】，如图 7–120 所示。

5）继续为【选项改变时】【添加情形】，设置情形名称为“不符合以上情形时”，不添加任何条件。并为这一种情形添加【移除排序】的交互，移除中继器“GoodsList”中的【全部】排序，如图 7–121 所示。

排序效果能够叠加。例如，按照价格升序排列的同时，相同价格的商品还要按照销量降序排列。这样的需求，只需要添加不同名称的排序交互就可以实现。

图 7–120　添加排序的交互动作设置

图 7–121　移除排序的交互动作设置

提 示

如果排序名称相同，排序效果会被覆盖而不是叠加。而且以哪一个排序为主排序，就后添加哪一个排序。

另外，我们还能够在同一个交互中进行升降序排序的交互。在【添加排序】时，【排序】设置中有【切换】的选项，我们只需要选择这个选项，并指定第一次触发交互时【默认】是【升序】还是【降序】就可以了。

7.7　实现列表的分页与翻页

接下来，我们来完成商品列表的分页功能。（案例动画 62）

案例的交互效果

虽然，已经在中继器的样式中设置了【多页显示】，但是还需要添加翻页的交互才能够对商品列表进行翻页。而翻页的交互需要先完成分页条模块的制作。

首先，我们准备需要用到的元件。

1）在页面中放入矩形元件制作分页条，除了首页、尾页、前一页、后一页之外，数字页码元件的数量与中继器分页数量保持一致，如图 7–122 所示。

2）为每一个数字页码元件设置【选中】时的交互样式（见图 7–123），并且在属性中设置相同的【选项组】名称（见图 7–124）。

接下来，我们为元件添加交互事件。

图 7-122 添加元件并命名 6

图 7-123 元件的交互样式设置

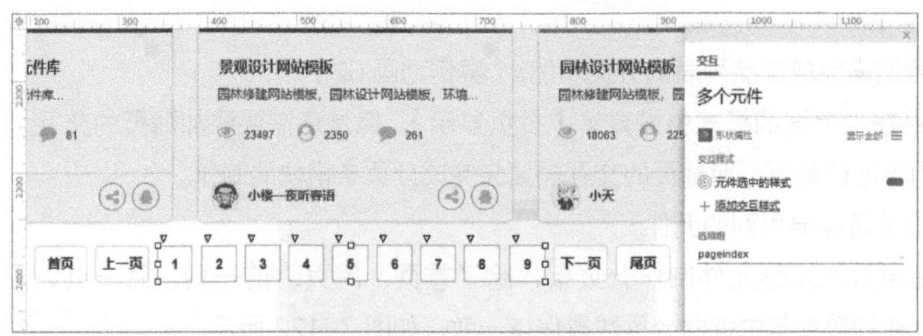

图 7-124 元件的属性设置

1）向“首页”按钮添加【单击时】为中继器“GoodsList”【设置当前显示页面】的交互，选择页面为【Value（值）】，并设置【页码】为“1”，如图 7-125 所示。

2）向“上一页”按钮添加【单击时】为中继器“GoodsList”【设置当前显示页面】的交互，设置

【页面】为【Previous（上一个）】，如图 7–126 所示。

图 7–125　设置当前显示页面的交互动作设置 1

图 7–126　设置当前显示页面的交互动作设置 2

3）向“下一页”按钮添加【单击时】为中继器“GoodsList”【设置当前显示页面】的交互，设置【页面】为【Next（下一个）】，如图 7–127 所示。

4）向“尾页”按钮添加【单击时】为中继器“GoodsList”【设置当前显示页面】的交互，设置【页面】为【Last（最后）】，如图 7–128 所示。

图 7–127　设置当前显示页面的交互动作设置 3

图 7–128　设置当前显示页面的交互动作设置 4

5）因为每个“页码”按钮上的数字就是页码，所以向每个页码按钮“Page01～Page09”添加【单击时】为中继器“GoodsList”【设置当前显示页面】的交互，选择页面为【Value（值）】，并设置【页码】为当前元件的文本“[[This.text]]”。以按钮“Page01”为例的页面如图 7–129 所示。

6）单击每个“页码”按钮时，还要让按钮改变颜色。所以为每个页码按钮“Page01～Page09”的【单击时】继续添加动作【设置选中】【当前】元件。如图 7–130 所示，以按钮“Page01”为例。

图 7–129　设置当前显示页面的交互动作设置 5

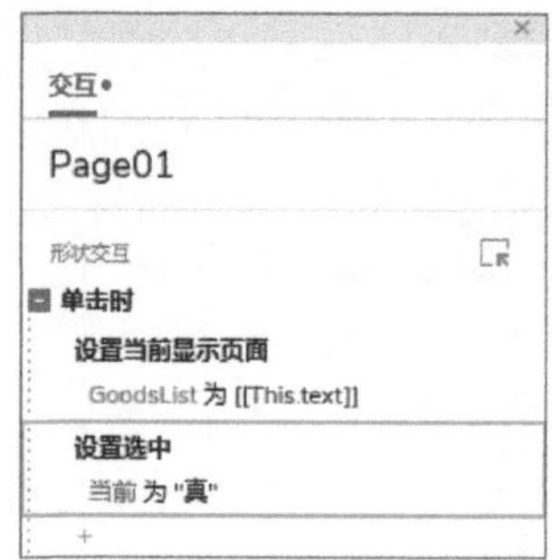

图 7–130　设置选中的交互动作设置 4

7.8　使用系统变量完善列表功能

分页条模块中，第一页的页码按钮应该在页面打开时就是蓝色，并且通过“首页”“尾页”“上一页”和“下一页”按钮翻页时，数字页码按钮也要相应改变颜色。这就需要使用与中继器属性相关的系统变量来帮助我们实现。

与中继器相关的系统变量分为两类，一类和列表相关，另一类和数据集相关。

与列表相关的系统变量如下。

- Repeater：中继器的对象，Item.Repeater 即为 Item 所在的中继器对象。
- visibleItemCount：中继器列表中可见项的数量。
- itemCount：获取中继器项目列表的总数量，或者叫作加载项数量。
- dataCount：获取中继器数据集中数据行的总数量。
- pageCount：获取中继器分页的总数量，即获取分页后共有多少页。
- pageIndex：获取中继器项目列表当前显示内容的页码。

与数据集相关的系统变量如下。

- Item：获取数据集一行数据的集合，即数据行的对象。
- TargetItem：目标中继器数据行的对象。
- Item.列名：获取数据行中指定列的值。
- index：获取数据行的索引编号，编号起始为 1，由上至下每行递增 1。
- isFirst：判断数据行是否为第 1 行；如果是第 1 行，值为“True”，否则为“False”。
- isLast：判断数据行是否为最末行；如果是最末行，值为“True”，否则为“False”。
- isEven：判断数据行是否为偶数行；如果是偶数行，值为“True”，否则为“False”。

- isOdd：判断数据行是否为奇数行；如果是奇数行，值为“True”，否则为“False”。
- isMarked：判断数据行是否为被标记的行；如果被标记，值为“True”，否则为“False”。
- isVisible：判断数据行对应的列表项是否可见；如果可见，值为“True”，否则为“False”。

动画 63

案例的交互效果

接下来，我们通过系统变量解决之前数字页码变色的问题。（案例动画 63）

首先，我们添加一些交互事件。

1）为每个页码按钮添加【载入时】【选中】当前元件的交互。如图 7–131 所示，以按钮“Page01”为例。

2）为【载入时】的交互【启用情形】，设置名称为“列表页码与按钮页码相同时”，添加条件判断中继器“GoodsList”的页码【值】“[[goodslist.pageIndex]]”【==】【当前】元件的【元件文字】，如图 7–132 所示。公式中的“goodslist”是自定义局部变量，存储了中继器“GoodsList”【元件】对象，如图 7–133 所示。

图 7–131　设置选中的交互动作设置 5

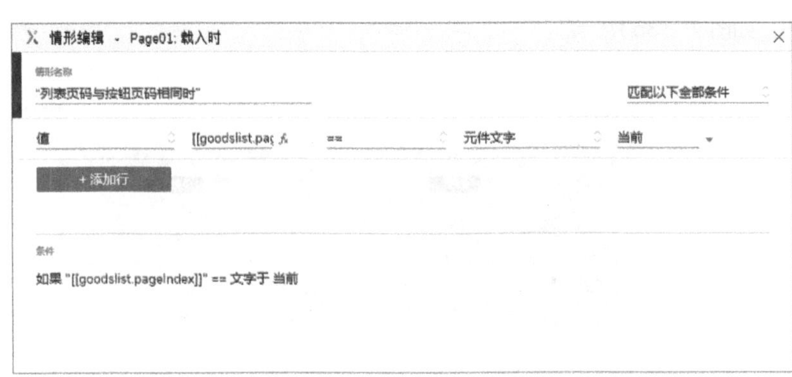

图 7–132　设置情形名称并添加条件 10

编辑文本

在下方输入文本，变量名称或表达式要写在 "[[ ]]" 中。例如：
• 插入变量[[MyVar]]，获取变量"MyVar"的当前值；
• 插入表达式[[VarA + VarB]]，获取"VarA + VarB"的和；
• 插入系统变量[[PageName]]，获取当前页面名称。
插入变量或函数...

[[goodslist.pageIndex]]

局部变量
在下方创建用于插入元件值的局部变量，局部变量名称必须是字母数字，不允许包含空格。
添加局部变量

goodslist = 元件 GoodsList

图 7–133　局部变量设置

3）为“首页”“尾页”“上一页”和“下一页”按钮的【单击时】继续添加【触发事件】的交互，触发每个“页码”按钮的【载入时】【事件】，如图 7–134 所示。

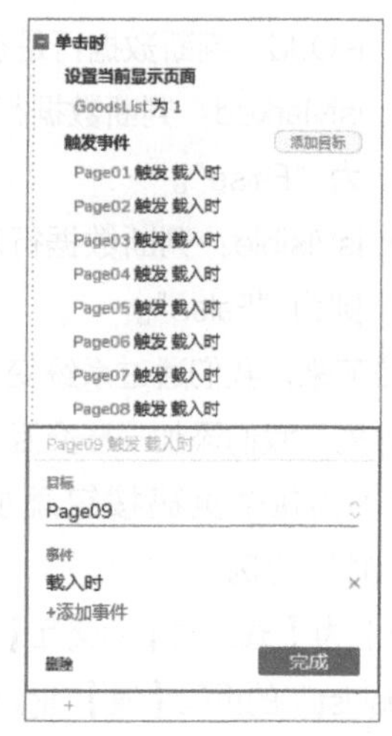

图 7–134 触发事件的交互动作设置

这个交互动作的意思是单击翻页按钮时，让数字页码元件分别去执行它们的载入时交互事件，哪一个数字页码元件的元件文字与页码相同，哪个数字页码元件就被选中。

我们再来添加一个功能。在搜索商品的时候，能够显示搜索结果的数量。（案例动画 64）

动画 64

案例的交互效果

列表项的数量通过中继器属性的系统变量“itemCount”进行获取。

首先，我们准备需要用到的元件。

1）在中继器列表的顶部左侧添加一个文本标签元件，命名为“Message”，并隐藏这个元件，如图 7–135 所示。

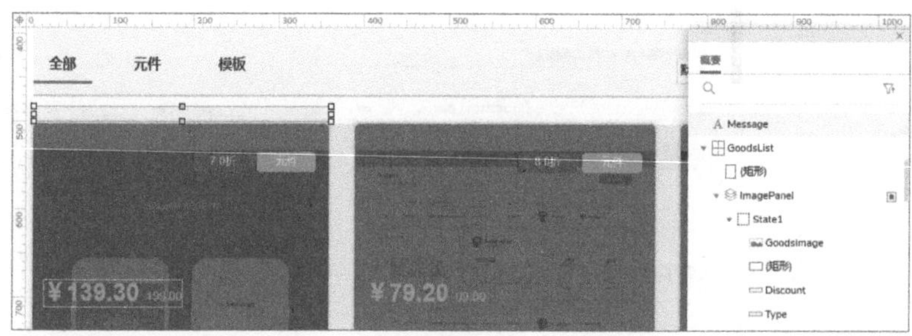

图 7–135 添加元件并命名 7

2）将商品列表下方组成的分页条所有元件【转换为动态面板】，如图 7–136 所示。

图 7–136 将分页条元件放入动态面板

提 示

> 因为在显示搜索结果时，需要向下推动商品列表，此时会推动到分页条的部分元件，所以要将所有组成分页条的元件放入动态面板，以便全部被推动。

接下来，我们为元件添加交互事件。

1）为搜索按钮元件“Search”的【单击时】交互继续添加【设置文本】的动作，为元件“Message”设置【富文本】（见图 7–137），内容为“当前共有 [[goodslist.itemCount]] 条搜索结果...”。公式中的“goodslist”是自定义局部变量，存储了中继器“GoodsList”【元件】对象。另外，在富文本编辑文本框中，可以将文字设置为斜体，并将公式部分文字颜色设置为红色，如图 7–138 所示。

2）继续为搜索按钮元件“Search”的【单击时】交互添加【显示】元件“Message”的动作。并且，在显示时向【下方】【推动元件】，如图 7–139 所示。

图 7–137　设置文本的交互动作设置 6

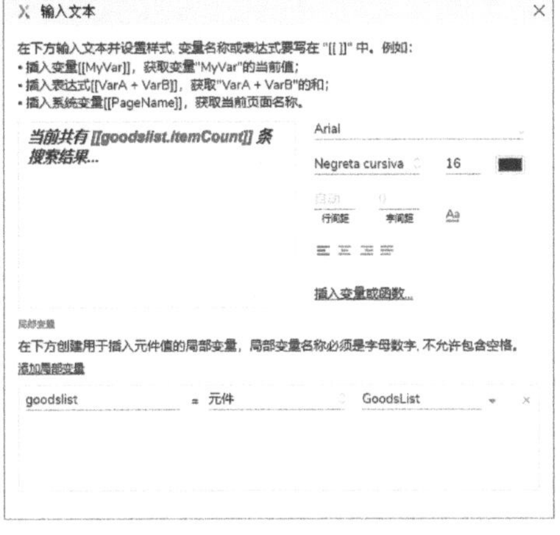

图 7–138　搜索结果的文字样式设置

图 7–139　显示/隐藏的交互动作设置 7

经过以上两个步骤，就能够在搜索商品时，显示搜索结果的数量。由此能够看出，与中继器属性相关的系统变量能够很方便地获取中继器列表的相关信息。

尾　声

学到这里，关于 Axure RP 的常用内容基本上全部讲解完毕。如果还想了解更多的案例，可以访问 Axure 原创教程网（iaxure.com），上面有很多案例可供学习参考。不过，再复杂的交互都是由这些讲过的基础知识所组成，只要多做练习，勤于思考，将基础知识完全理解并掌握，自然就能够很灵活地去应用。

另外，建议继续完善产品班网站与 App 原型剩余的页面和交互，可以当作练习去完成。